中南大學
地球科學
學術文庫

丙申 何繼善

中南大学地球科学学术文库
中南大学地球科学与信息物理学院　组织编撰

时间域航空电磁数值模拟与反演研究

NUMERICAL SIMULATION AND INVERSION OF AIRBORNE TRANSIENT ELECTROMAGNETIC

强建科　汤井田　著

有色金属成矿预测与地质环境监测教育部重点实验室
有色资源与地质灾害探查湖南省重点实验室
联合资助

图书在版编目(CIP)数据

时间域航空电磁数值模拟与反演研究/强建科,汤井田著.
--长沙:中南大学出版社,2017.9
ISBN 978-7-5487-2730-9

Ⅰ.①时… Ⅱ.①强… ②汤… Ⅲ.①航空电磁法—研究
Ⅳ.①P631.3

中国版本图书馆 CIP 数据核字(2017)第 044142 号

时间域航空电磁数值模拟与反演研究

SHIJIANYU HANGKONGDIANCI SHUZHIMONI YU FANYAN YANJIU

强建科 汤井田 著

□**责任编辑** 刘石年
□**责任印制** 易红卫
□**出版发行** 中南大学出版社
社址:长沙市麓山南路 邮编:410083
发行科电话:0731-88876770 传真:0731-88710482
□**印 装** 长沙超峰印刷有限公司

□**开 本** 720×1000 1/16 □**印张** 15.5 □**字数** 311 千字 □**插页** 2
□**版 次** 2017 年 9 月第 1 版 □2017 年 9 月第 1 次印刷
□**书 号** ISBN 978-7-5487-2730-9
□**定 价** 60.00 元

内容简介 Introduction

时间域航空电磁法(也称航空瞬变电磁法)是一种快速高效的勘探手段,凝聚着许多高技术成分。本书系统总结了作者课题组多年来在时间域航空电磁法正演模拟与反演成像方面的一系列研究成果。本书主要介绍了航空瞬变电磁一维正演算法、定性和半定量解释算法、一维反演算法、2.5D 有限差分正演模拟算法、2.5D 有限单元正演模拟算法和 2.5D 有限单元反演成像算法的理论推导和程序实现。书中涉及了大量的数学方程,如汉克尔变换、傅氏变换、G-S 逆拉氏变换、Chave-连分式变换、有限差分法和有限单元法等,详细阐述了怎样利用这些数学变换求解复杂的瞬变电磁场问题,很有参考价值。每章还计算了一些典型的地质模型,可以帮助理解地质模型与二次瞬变场之间的因果关系。

本书的读者对象为地球物理专业高年级大学生、硕士和博士研究生、科技工作者,也可作为应用数学、应用物理专业师生的参考材料。

作者简介

About the Author

强建科，男，1967 年出生，副教授，博士，现任教于中南大学地球科学与信息物理学院。2006 年博士毕业于中国地质大学地球物理与空间信息学院地球探测与信息技术专业。长期从事地球物理电磁法正演与反演成像、工程地球物理应用等教学与研究工作。先后主讲了电磁法勘探原理、地球物理概论、固体地球物理学、Matlab 程序设计与应用等课程。主持国家自然科学基金课题 2 项、国家“863”计划专题 1 项、国家深部探测项目专题 1 项。发表学术论文 55 篇，其中被 SCI、EI 收录 13 篇，出版专著 1 本。

汤井田，男，1965 年出生，博士，中南大学教授，博士研究生导师。1992 年毕业于中南工业大学，获工学博士学位。1994 年晋升教授，1998 年被评为博士研究生导师，同年以高级访问学者留学美国劳仑兹（伯克利）国家实验室；中国地球物理学会会员，美国勘探地球物理学家协会（SEG）会员。主要从事电磁场理论、应用及信号处理方面的研究，已发表学术论文 200 篇以上。主持国家科技专项、国家“863”高技术研究发展计划、国家自然科学基金、湖南省自然科学基金等科研项目近 30 项。

总序

Preface

中南大学地球科学与信息物理学院具有辉煌的历史、优良的传统与鲜明的特色，在有色金属资源勘查领域享誉海内外。陈国达院士提出的地洼学说(陆内活化)成矿学理论，影响了半个多世纪的大地构造与成矿学研究及找矿勘探实践。何继善院士发明的电磁法系统探测方法与装备，获得了巨大的找矿勘探效益。所倡导与践行的地质学与地球物理学、地质方法与物探技术、大比例尺找矿预测与高精度深部探测的密切结合，形成了品牌效应的“中南找矿模式”。

有色金属属于国家重要的战略资源。有色金属成矿地质作用最为复杂，找矿勘查难度最大。正是有色金属资源宝贵性、成矿特殊性与找矿挑战性，铸就了中南大学地球科学发展的辉煌历史，赋予了找矿勘查工作的鲜明特色。六十多年来，中南大学地球科学研究在地质、物探、测绘、探矿工程、地质灾害和地理信息等领域，在陆内活化成矿作用与找矿勘查、地球物理探测技术与装备制造、深部成矿过程模拟与三维预测、复杂地质工程理论与新技术以及地质灾害监测等研究方向，取得了丰硕的研究成果，做出了巨大的科技贡献，产生了广泛的社会影响。当前，中南大学地球科学研究，瞄准国际发展方向和国家重大需求，立足于我国复杂地质背景下资源勘查与环境地质的理论与方法创新研究，致力于多学科联合开展有色金属资源前沿探索与应用研究，保持与提升在中南大学“地(质)、采(矿)、选(矿)、冶(金)、材(料)”特色与优势学科链中的地位和作用，已发展成为基础坚实、实力雄厚、特色鲜明、国际知名、国内一流的以有色金属资源为主兼顾油气、岩土、地质灾害、环境领域的人才培养基地和科学研究中心。

中南大学有色金属成矿预测与地质环境监测教育部重点实验室、有色资源与地质灾害探查湖南省重点实验室，联合资助出版

“中南大学地球科学学术文库”，旨在集中反映中南大学地球科学与信息物理学院近年来取得的系列研究成果。所依托的主要研究机构包括：中南大学地质调查研究院、中南大学资源勘查与环境地质研究院和中南大学长沙大地构造研究所。

本文库内容主要涵盖：继承和发展地洼学说与陆内活化成矿学理论所取得的重要研究进展，开发和应用双频激电仪、伪随机和广域电磁法系统所取得的重要研究成果，开拓和利用多元信息找矿预测与隐伏矿大比例尺定位预测所取得的重要找矿成果，探明和研发深部“第二勘查空间”成矿过程模拟与三维定量预测方法所取得的重要研究成果，预警和防治复杂地质工程与矿山地质灾害所取得的重要技术成果。本文库中提出了有色金属资源勘查理论、方法、技术和装备一体化的系统研究成果，展示了多项突破性、范例式、可推广的找矿勘查实例。本文库对于有色金属资源预测、地质矿产勘探、地质环境监测、地质灾害探查以及地质工程预防，特别对于有色金属深部资源从形成规律到分布规律理论与应用的研究，具有重要的借鉴作用和参考价值。

感谢中南大学出版社为策划和出版该文库所给予的大力支持。感谢何继善先生热情指导和题词。希望广大读者对本文库专著中存在的不足和错误提出宝贵的意见，使“地球科学学术文库”更加完善。

是为序。

2016 年 10 月

前言

Foreword

现代电子技术的发展对地球物理的深入研究起到了关键作用，表现在地球物理仪器性能的大幅改进，以及后期海量数据的再处理方面，特别是发展了大量高效的数值模拟方法与数据反演方法，使得计算机能够任意模拟研究不同地质模型的物理场特征，也能够通过实测数据反算地下介质的物性分布，与三十多年前人们基于理论推导、手工计算、物理模拟实验相比，已经是天翻地覆的变化了。但是，研究出一个好的正演或反演算法并不是一件容易的事，它需要研究者具有扎实的数学、物理基础和计算机软件编程技术，还需要坚强的毅力。本书将介绍最近几年本课题组在航空瞬变电磁正演模拟与反演解释方面的研究成果。

时间域电磁法包括瞬变电磁法和激发极化法，而瞬变电磁法相对于其他电磁方法来说发展较慢，主要原因是瞬变效应——二次衰变场数值太小，且最大值与最小值相差3～5个数量级，这给仪器设计和数据处理带来很大困难。航空瞬变电磁法（简称ATEM，也称为时间域航空电磁法）是地面瞬变电磁法的延伸，能够大幅提高野外生产效率，但ATEM实施难度更大。尽管这样，西方发达国家已经在航空瞬变电磁领域研究了二十多年，而且已经开始大规模商业化生产，但国内的ATEM发展仅处于起步阶段，仪器研制处在样机试验阶段，数值模拟和数据反演解释也在研究探索中，目前定性、半定量解释、一维正演与反演方法比较成熟，2.5D、3D正演模拟研究进展顺利，但2.5D、3D反演方法还在研发中。

在理论研究中，一维层状模型是基础，因为它具有解析解，一方面可用来研究不同电阻率组成的层状模型的瞬变效应和一维反演算法，另一方面可验证二维、三维数值算法的正确性。在求解解析解过程中，关键环节为汉克尔变换、G-S逆拉普拉斯变换(简称逆拉氏变换)、波形施加以及Chave-连分式变换等，每个环节对精度控制非常严格，计算的有效衰变时间范围为$10^{-6}\sim10^{-2}$s。

在航空瞬变电磁法的数据解释中，定性和半定量方法一直被广泛使用，主要原因是简单易行，对于具有海量数据的航空瞬变电磁法来说，能够快速寻找出异常位置是至关重要的。定性和半定量的方法计算速度快，可以很快圈定出异常在平面和纵深方向的大概位置。本书将介绍全区视电阻率(或全时域视电阻率)的转换方法、电导率深度转换方法(CDT)——浮动薄板法以及基于虚拟背景场的相对感应场法。

由于定性和半定量方法的局限性，得出的异常空间位置误差较大，无法进一步指导钻探生产，还需要研究更精确的反演方法。最基本的是一维反演方法，是基于层状模型建立起来的方法，是目前航空瞬变电磁法工作中主流的解释方法，一维反演方法有很多种类。本书第4章介绍两种一维反演算法：奥康姆(Occam)反演法和模型交替调整反演法。其中奥康姆反演法通过合理使用粗糙度和正则化因子，能够使变化幅度达几个数量级的二次场衰变数据稳定收敛，迭代次数仅需5~10次即可达到误差要求。模型交替调整反演法是基于Zohdy法改进而来，属于一种人机交互反演方法，根据每一道的观测响应值在插值函数表中通过插值法取得相应的视电阻率值，并计算相应的深度值，形成一个初始模型，再通过深度调整和电阻率值的交替调整直到满足误差条件为止。

由于地下介质结构非常复杂，大多数情况下为二维和三维结构，一维层状介质的研究已经不能满足勘探要求，这就需要研究二、三维问题。但由于三维问题耗费内存和计算时间巨大，实际应用并不现实，因此，研究基于三维场源、二维地质结构的2.5D正反演问题具有现实价值。本书研究了航空瞬变电磁有限差分法(第5章)和有限单元法数值模拟算法(第6章)，有限差分法相对于有限单元法求解过程简单，容易实现，但前者计算精度略低于后者，而且后者适合更复杂的地质模型。书中也计算分析了一些典型二维地质模拟的瞬变电磁响应特征，可为其他研究者提供参考。

最后一章介绍了航空瞬变电磁法2.5D的反演算法。在2.5D

有限元正演算法基础上，利用非线性共轭梯度法实现了时间域航空电磁法2.5D反演方法，着重解决了迭代反演过程中计算效率和计算精度、灵敏度矩阵计算、最佳迭代步长计算、初始模型选取等问题。在灵敏度矩阵计算中，采用了基于拉式傅氏双变换的伴随方程法，时间消耗只需计算两次正演，从而节约了大量计算时间。对于最佳步长计算，采用二次插值向后追踪法能够保证反演迭代的稳定性。模型计算和实测数据证明算法稳定可靠。

在本书研究和书稿整理中，强建科做了主体性工作。李永兴参加了第2、3、4章的大部分工作，罗延钟参加了第3章的部分内容，周俊杰参加了第6章的主体工作，汤井田和辛会萃参加了第5章的主体工作，龙剑波和满开峰参加了第7章的主体工作。另外，中国国土资源航空物探遥感中心的熊盛青教授、陈斌教授、于长春教授为本研究提出过很好的意见和合理的建议，在此表示衷心感谢。国家“863”计划(2006AA06A205－5－4)、国家自然科学基金(41174104，41472301)给予了经费支持，在此表示感谢。

由于作者水平有限，书中难免存在疏漏、不足和错误之处，敬请广大读者批评指正。

强建科

2016年8月于长沙

目录

Contents

第 1 章　绪论

随着地质找矿工作逐步向深部和自然条件恶劣的区域(如复杂地形的山区、广阔的沙漠戈壁或沼泽浅海等)发展，传统勘探手段受到很大的限制，需要更高效的探测方法，如航空勘探。

航空电磁法是航空勘探方法之一。最近十多年来，由于社会发展对矿产资源的需求增加，航空电磁法领域的研究和投资力度不断增大，国外在基础理论、关键技术、仪器系统、数据处理及反演解释等方面取得了巨大的进步[1-5]，特别是在时间域航空电磁法方面的发展更为显著[6-7]。然而，我国在时间域航空电磁法领域，由于基础理论研究不足，航空物探仪器设计技术力量薄弱等原因，致使航空电磁方法发展滞后于国际社会[5]。

时间域航空电磁法主要观测地下介质受激发后产生的二次感应电磁场，信号微弱，且动态范围大(约几个数量级)，这些特点使得该方法在数值模拟、仪器设计及数据处理解释等方面面临很多困难[8-15]，比如：计算精度要求高，否则经过多次变换后积累误差会很大[16, 17]；计算速度要求越快越好，航空电磁数据具有多源特性，计算量随激励源的数量增加而急剧增大，导致三维正反演计算时间难以接受[18]；另外，传统时间域航空电磁法中，仅用电磁单分量或三分量，信息量不足，分辨率较低，采用单波形激发不能同时获得浅部和深部异常信息，而梯度张量和组合波形能够弥补上述不足，但目前研究较少。

1.1　时间域航空电磁正演模拟与反演方法研究现状

航空电磁分为频率域和时间域两大类，频率域航空电磁发展较早(1948 年后)，方法原理相对成熟，适合解决浅部地质问题，如地质填图、环境调查、浅表水普查等[19]。时间域航空电磁(ATEM)方法原理相对复杂，发展较晚(1990 年后)，但时间域电磁(TEM)方法具有对低阻体敏感、勘探深度大、可直接获得目标体纯异常等优点，成为勘探者重点研究的对象。

研究物理场分布特征的方法有物理模拟和数值模拟两大类，数值模拟因其快速和高精度而成为发展主流。

简单的均匀半空间模型和一维层状模型由于具有解析解，在数值方法发展中起着重要作用，不仅可以用于验证数值方法的正确性，也可以用于近似解决一些复杂问题。在野外生产中也常常使用一维或近似一维的方法进行反演解释[20-39]。

但是，真实的大地是复杂的二维或三维结构，为了能够更好地了解这些复杂结构产生的电磁场分布规律，国内外众多学者开展了对二维或三维正演的数值方法研究。时间域航空电磁法二维或三维数值模拟方法主要包括：有限差分法、有限单元法和积分方程法。

1.1.1 有限差分法

Yee(1966)[40]首次提出求解电磁场偏微分方程的时间域有限差分方法，由于方法简单且易于实现，在电磁正演计算中得到较广泛应用，但早期有限差分法时间域电磁场正演模拟的精度和速度较低。Goldman and Stoyer(1983)[41]利用有限差分法计算了轴对称模型的时间域响应；Oristaglio 等人(1984)[42]利用 dufort-frankel 方法给出了二维瞬变电磁法的正演，文中利用向上延拓的方法解决了地空边界条件；Adhidjaja 和 Hohmann(1989)[43]开始尝试利用磁场的二阶方程进行三维瞬变电磁法的直接时域有限差分正演模拟，计算中很难精确地计算各个物理参数的二阶导数；Leppin(1992)[44]实现了矩形回线源激发的瞬变电磁 2.5D 有限差分正演，计算中存在的最大问题就是耗时问题，一个典型模型的计算时间为60 个小时；Wang and Hohmann (1993)[45]用非均匀的 Yee 氏交错网格方案和改进的 DuFort-Frankel 方案离散准静态的麦克斯韦方程组，得到计算总场的差分方程；Commer and Newman(2004)[46]实现了瞬变电磁法三维有限差分模拟的并行算法，初步解决了三维数值模拟耗时的问题。Maao(2007)[47]对海洋瞬变电磁法进行了三维数值模拟。在国内，应用 3D 时间域有限差分法模拟瞬变电磁场的研究也很多[48-53]。

1.1.2 有限单元法

有限单元法应用于2.5D 电磁法数值模拟开始于 1971 年[54]。随后人们研究了不同激励源、不同地电模型的瞬变电磁响应[55-62]。Sugeng 等(1993)[63]基于等参有限元方法研究开发了 2.5D 频率域航空电磁有限单元正演模拟程序，通过一些模型计算，可以重新认识复杂模型的异常特征。Sugeng(1998)[64]使用全域有限单元法模拟了三维时间域电磁响应。Wilson 等(2006)[13]在波数域下用有限单元法实现了 2.5D 航空瞬变电磁求解，并用高斯牛顿法(Gauss-Newton)对 Tempest 等系统的实测数据进行反演，计算时间以小时来度量。周俊杰(2011)[65]实现了时间域航空电磁 2.5D 有限元数值模拟，然而精度和速度都有待提高。Qiang 等(2013)[66]、王宇航(2013)[67]和余小东(2014)[68]基于有限元方法实现 2.5D 时间域航空电磁法正演模拟，讨论了典型地质模型的电磁响应特征。殷长春等(2015a)[69]实现了基于非结构有限元法的时间域航空电磁 2.5D 数值模拟，研究了起伏地表条件下的电磁响应特征。

1.1.3 积分方程法

积分方程法是模拟三维电磁问题最精确的方法之一。Hohmann(1971)[70]使用积分方程法模拟了电性线源附近导电性均匀半空间中二度异常体的电磁响应，得到一些重要结论：随着异常体埋深的增加异常响应迅速衰减；水平磁分量相位具有最大勘探深度，垂直磁分量相位可反映异常体电导率；磁场振幅可很好地确定异常体的水平位置和埋深。Raiche(1974)[71]给出了含三维异常体介质所满足的积分方程，利用数值积分的理念给出积分方程的离散形式，指出迭代解法会优于直接解法，并推导了地下两层介质格林函数的表达式。Weidelt(1975)[72]推导出任意层状介质中张量格林函数的表达式，并讨论了积分方程直接求逆法和迭代法的优缺点。Lee(1975)[11]采用伽里金法求解层状介质中球体瞬变响应的积分方程，早期衰减曲线与无异常体时相近，晚期曲线衰减率为常数且等于自由空间中球体的情况，增大线圈尺寸可全程增大感应电压幅值，为了获得足够大的晚期响应，建议野外尽量采用较大的线圈。Das 和 Verma(1981)[73]进一步讨论了一般层状模型中任意三度体电磁响应积分方程法的数值计算方法和模拟结果。Wannamaker 等(1984)[74]，改进了已有的积分方程算法，采用脉冲函数近似的等效电流分布代替了三维不均匀体，使用张量格林函数近似层状模型，进而构建矩阵方程，通过对电和磁张量格林函数和散射电流乘积的积分求得散射电磁场。分别由 6 个电性和 5 个磁性分量组成的汉克尔积分确定电和磁张量格林函数，提出二次剖分长方体单元以提高狭长异常体的模拟精度，避免二次项格林函数奇异性，用体积分代替原先的面积分可提高首次电荷项的计算精度。Tripp 和 Hohmann(1984)[75]提出当异常体具有两个对称的垂直面时，可以将复阻抗矩阵转化为块对角矩阵，可使矩阵求逆运算量缩小 12 倍，存储空间量缩小 6 倍。Sanfilipo 和 Hohmann(1985)[76]利用时间域积分方程法，对矩形发射回线激发下均匀半空间中的三维棱柱体的电磁场散射问题进行了数值模拟，取得了良好效果。朴化荣等(1985)[77]详细推导了均匀半空间电磁张量格林函数表达式，模拟结果与物理模拟特征和规律一致。Newman 和 Hohmann(1986, 1988)[78, 79]利用积分方程法模拟了层状介质中三维棱柱体频率域电磁场散射问题，并利用余弦变换求取了时间域电磁场，该算法可以模拟电性差异较大的地电模型。Xiong(1986)[80]等研究了两层各向异性介质中三维地质体的积分方程解法。Xiong(1992)[81]提出求解积分方程的块迭代思想，减少了计算中所需的内存，提高了计算效率。Xiong 和 Tripp(1993)[82]利用空间的水平均匀性和格林函数的对称性大大提高了矩阵的生成效率。殷长春等(1994)利用积分方程法模拟了在电偶源激励下三层背景介质中极化异常体的瞬变电磁响应，并利用反余弦变换方法将其转换为时间域电磁响应，讨论了瞬变效应和 IP 效应特征。Ellis(1995)[83]对比研究了 4 种航空电磁正演模拟方法，3D 直接混合法(有限元与积分方程混合)结果最精确，3D born 近似法结果最差。Zhdanov 和 Fang(1996)[84]提出拟线性近似的方法，引入电反射系数矩阵的概念，认为异常场等于电发射系数与背景场的乘积，而电反射系数可以通过求解最小二乘问题获得，这样就避免了直接求解大型矩阵方程。Avdeev 等(1998)[85]使用积分方程法模拟了三维频率域航空电磁响应。Hursan 和 Zhdanov(2002)[86]引入一种紧缩积分方程的思想(CIE)，在传统积分方程中增加一个预条件格林算子，该算子由地电模型的电导率对角矩阵构成且其范数小于 1，明显提高了迭代方法的收敛率。Gao 等(2004)[87]提出基于多重网格技术的拟线性近似方法，先在粗网格下获得电反射系数，再通过插值求得精细网格下的电反射系数，进而求得精细网格内的异常场值。Zhdanov 等(2006)[88]引入了不均匀背景电导率的概念，指出在包含多个异常体的空间中，仅将其中一个作为异常部分，其他的作为背景部分来处理，然后用耦合迭代的方法来最终确定每个异常体的内部总场。Endo 等(2008)[89]将这种思路应用到大型异常体的求解中，取得了显著效果。魏宝君和 Liu(2007a)[90]研究了层状介质中计算体积分方程的弱化 BCGS-FFT 方法，同年又提出了基于 DTA 的三维电磁波散射快速模拟算法[91]。陈桂波等(2009)[92]用积分方程法对各向异性海底地层海洋可控源电磁响应进行了三维数值模拟，并给出了基于传输线理论推导出的并矢格林函数表达式。胡俊华(2014)[93]在 Marco/Marcoair 程序的基础上通过改进汉克尔积分速度，对瞬变电磁的正演进行了模拟研究。王德智(2015)[94]通过利用系数矩阵的 Toeplitz 性质，使传统积分方程方法中遇到的稠密矩阵的存储困境得到了有效的解决，利用不均匀背景电导率的概念，在考虑异常体之间耦合的基础上，给出了对多个异常体进行响应模拟的方法。

航空电磁数据具有多源性和紧凑性的特点，为提高正反演速度，直接分解求解方程、并行计算和 Footprint 等新技术的应用而被广泛采用[95, 14, 18, 96, 5, 97]。

根据上述研究现状和动态可以看出，在三种航空电磁正演模拟方法中，有限差分方法简单并容易实现，但该方法目前只能采用规则网格剖分计算区域，无法精确拟合地形和复杂模型。有限元法可以模拟任意复杂的地质模型和不规则的边界，相比于有限差分法，有限元法计算精度高，但是计算量大，对内存需求较大，计算速度慢。积分方程法是一种常用的电磁模拟手段，既可对局部异常体剖分，也可以对全局剖分，特别适合三维电磁模拟。然而，积分方程形式的线性方程组的系数矩阵是稠密的，矩阵存储所需要的内存巨大，导致方程组求解耗时较长。如果能够突破系数矩阵存储和代数方程高速求解的话，积分方程法可能会成为最有效的三维电磁模拟方法。

1.2 时间域航空电磁三分量及其梯度张量研究现状

航空电磁探测平台最大的优点是速度快、观测信息量丰富，且传感器可多样化，这为电磁多分量及梯度观测提供了方便[19, 5, 98, 2, 99, 100]。

国外航空电磁仪器发展较早，多分量观测已经陆续实现(两分量系统有COTRAN、SPECTREM、AeroTEM和SkyTEM，三分量系统有ExplorHEM、THEM、Heli-GEOTEM和NewTEM)[98, 5]，国内也发展了三分量系统Y12IV[2, 101, 97]。

对于航空电磁多个分量的数值模拟研究也越来越多。国内已有一些学者研究了地面上的瞬变电磁三分量特征[102-105]。王琦等(2013)推导了任意姿态角度以及任意摆动角度情况下的固定翼航空电磁响应三分量计算表达式，模拟了层状大地模型在平稳飞行状态下的固定翼时间域航空三分量电磁响应。李冰冰(2015)[106]基于航空电磁探测理论，研究了阶跃发射电流的多分量off-time电磁响应计算方法，推导了任意发射波形下的二次场三分量响应。朱凯光等(2015)[36]利用水平和垂直磁场分量进行联合反演，得到的反演结果相比传统的单分量反演结果的精度提高7%。

理论和实践表明梯度装置具有更高的分辨率，航空重力梯度张量和磁法梯度张量与总场相比，包含更丰富的信息，可以准确划分不同地层分界线、确定火成岩的分布范围以及断裂构造带的平面位置等[107-110]。

由此可以看出，航空电磁多分量观测已经有了一定的研究，但对于时间域航空电磁梯度张量的研究目前资料很少，为了能够获取高分辨率的电磁信息，开展航空电磁梯度张量研究，可能会得到新的突破。

1.3 不同波形激励、各向异性介质的时间域电磁响应研究现状

模拟研究不同波形激发的时间域电磁响应对于仪器设计和异常认识非常重要。自1959年第一套航空瞬变电磁系统被开发以来，具有各种激励电流波形(如正负半正弦波、三角波、梯形波和正负方波等)的仪器不断涌现，为了优化激励效果，人们也通过数值模拟的方法研究不同波形的激励响应[111-117]。殷长春等(2013)对半正弦波和梯形波激励均匀半空间模型的on-time和off-time电磁响应特征进行模拟和分析，并将数值转换方法推广到三维电磁响应的正演模拟，通过阶跃响应和实际发射波形的褶积获得对于任意发射波形的正演模拟算法。接着又出现了组合波形的研究，CGG公司在2013—2014年间推出了最新的航空瞬变电磁系统——MULITIPULSE，这个系统允许发射机在半周期内首先发射一个高能量的半正弦波，在末端再发射一个低功率的能够快速关断的方波或者梯形波，使系

统既有利于深部目标体的探测，又具有较高的近地表分辨率的能力[7]。

随着时间域航空电磁技术的进步，发射电流波形由传统的单波形向更复杂的混合发射波形发展，需要人们持续研究这些复杂波形激励的全时间域(on-time 和 off-time)电磁响应特征，服务于仪器设计和观测数据解释，这可能是该领域新的研究方向。

第2章　时间域航空电磁法一维正演算法

现有的ATEM装置可以分为两种，一种是发射线圈与接收线圈分开且具有一定距离，可以看作是两个磁偶极子，这种观测系统可以简化为偶极-偶极装置模型；另一种是采用大回线源发射，由中心线圈或者重合回线接收，而这种观测系统要作为回线源装置进行处理。罗延钟等[28]推导出层状大地条件下偶极-偶极装置的正演计算公式和算法，并做了相关实验，对ATEM的探测能力和探测条件做了研究。刘桂芬[118]在其硕士期间实现了ATEM回线源装置的一维正演计算，并探讨了发射边长和发射电流与电磁响应之间的关系。

在研究一维正演中，选用偶极-偶极装置，当发射线圈面积不是很大时，可以看作是一个磁偶极子。罗延钟等[28]所做的研究得出平行装置(当发射线圈和接收线圈均为水平或者垂直时)适合用小的收发距观测($r<15$ m)，当收发距很小时，可以看成重合回线装置，因此本书选择偶极-偶极装置进行研究。

图2-1(a)为ATEM观测系统的示意图，图2-1(b)为层状大地上空该观测系统的简化磁偶极子模型简图，TX和RX分别是发射和接收线圈，由发射线圈提供一个脉冲信号，在接收线圈观测由大地产生的响应值；h 和 z 分别是发射和接收线圈的高度；r 为收发距；设大地为 n 层水平层状模型，各层的电阻率和厚度为：ρ_1、d_1，ρ_2、d_2，…，ρ_n、d_n，$d_n \to \infty$。设圆柱坐标系原点 O 位于发送线圈的正下方的地面上，Z 轴垂直地面向上。

为计算时间域电磁场，我们先在拉普拉斯变换域中进行计算，再借助Gaver-Stehfest概率算法做逆拉氏变换以计算电磁场的瞬变响应。

2.1　一维正演理论

在空中垂直磁偶极源(水平线圈)所产生磁场的水平分量 H_r^z 和垂直分量 H_z^z 分别为

$$H_r^z = \frac{m}{4\pi}\int_0^\infty [\mathrm{e}^{-u_0(z+h)} - r_{TE}\mathrm{e}^{u_0(z-h)}]\lambda^2 J_1(\lambda r)\mathrm{d}\lambda \qquad (2-1)$$

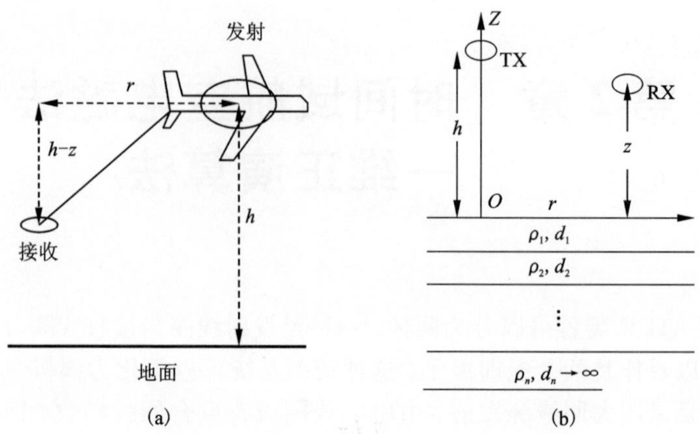

图 2-1 ATEM 磁偶极子场的简化模型

$$H_z^z = \frac{m}{4\pi}\int_0^\infty [e^{-u_0(z+h)} + r_{TE}e^{u_0(z-h)}]\frac{\lambda^3}{u_0}J_0(\lambda r)d\lambda \tag{2-2}$$

水平磁偶极源(垂直线圈)所产生的磁场的水平分量 H_r^r 和垂直分量 H_z^r 分别为

$$H_r^r = -\frac{m}{4\pi}\int_0^\infty [e^{-u_0(z+h)} - r_{TE}e^{u_0(z-h)}][\lambda^2 J_0(\lambda r) - \frac{\lambda}{r}J_1(\lambda r)]d\lambda \tag{2-3}$$

$$H_z^r = \frac{m}{4\pi}\int_0^\infty [e^{-u_0(z+h)} - r_{TE}e^{u_0(z-h)}]\lambda^2 J_1(\lambda r)d\lambda \tag{2-4}$$

式中, $m = I\cdot S_{TX}$, 为发射线圈的磁偶极矩, $A\cdot m^2$; S_{TX} 为发射线圈的有效面积, m^2; I 为发射线圈中的供电电流强度, A; J_0 和 J_1 分别是零阶和一阶贝塞尔函数; λ 为积分变量; r_{TE} 为反射系数:

$$r_{TE} = \frac{\lambda - u_{a_1}}{\lambda + u_{a_1}} \tag{2-5}$$

u_{a_1} 可以由以下递推公式求出:

$$u_{a_i} = u_i\frac{u_{a(i+1)} + u_i th(u_i d_i)}{u_i + u_{a(i+1)} th(u_i d_i)} \quad 其中\ i = n-1,\ n-2,\ \cdots,\ 1;\ u_{a_n} = u_n \tag{2-6}$$

$$u_i = \sqrt{\lambda^2 - k_i^2},\ k_i^2 = -i\omega\mu_0/\rho_i,\ i = 0,\ 1,\ \cdots,\ n-1.$$

当 Z 轴方向向下时, 对以上公式在 z 前加负号, 用拉氏变换量 s 替换 $i\omega$, 并在右端除以 s, 水平线圈发射, 在接收线圈处磁场的径向分量和垂直分量分别为

$$H_r^z(s) = \frac{m}{4\pi s}\int_0^\infty [e^{u_0(z-h)} - r_{TE}e^{-u_0(z+h)}]\lambda^2 J_1(\lambda r)d\lambda \tag{2-7}$$

$$H_z^z(s) = \frac{m}{4\pi s}\int_0^\infty [e^{u_0(z-h)} + r_{TE}e^{-u_0(z+h)}]\frac{\lambda^3}{u_0}J_0(\lambda r)d\lambda \tag{2-8}$$

垂直线圈发射时，径向分量和垂直分量为

$$H_r^r(s) = \frac{-m}{4\pi s}\int_0^\infty [e^{u_0(z-h)} - r_{TE}e^{-u_0(z+h)}][\lambda^2 J_0(\lambda r) - \frac{\lambda}{r}J_1(\lambda r)]d\lambda \tag{2-9}$$

$$H_z^r(s) = \frac{m}{4\pi s}\int_0^\infty [e^{u_0(z-h)} - r_{TE}e^{-u_0(z+h)}]\lambda^2 J_1(\lambda r)d\lambda \tag{2-10}$$

其中

$$r_{TE} = \frac{\lambda - u_{a_1}}{\lambda + u_{a_1}} \tag{2-11}$$

u_{a_1} 由以下递推公式求出：

$$u_{a_i} = u_i\frac{u_{a(i+1)} + u_i\text{th}(u_i d_i)}{u_i + u_{a(i+1)}\text{th}(u_i d_i)} \quad 其中\ i = n-1,\ n-2,\ \cdots,\ 1;\ u_{a_n} = u_n \tag{2-12}$$

$$u_i = \sqrt{\lambda^2 - k_i^2},\ k_i^2 = -s\mu_0/\rho_i,\ i = 0,\ 1,\ \cdots,\ n-1.$$

Knight 和 Raiche[119] 认为以 $e^{-2u_i d_i}$ 代替式(2-12)中的 $\text{th}(u_i d_i)$，能更好地获得数值的稳定性，由此，可用下列递推公式代替：

$$r_{TE} = \frac{R_0 - F_1}{1 + R_0 F_1} \tag{2-13}$$

式中 F_1 由下列递推公式算出：

$$F_i = e^{-2u_i d_i}\frac{R_i + F_{i+1}}{1 + R_i F_{i+1}},\ i = n-2,\ n-3,\ \cdots,\ 1;\ F_{n-1} = e^{-2u_{n-1}d_{n-1}}R_{n-1} \tag{2-14}$$

$$R_i = \frac{u_i - u_{i+1}}{u_i + u_{i+1}},\ i = 0,\ 1,\ \cdots,\ n-1. \tag{2-15}$$

实测的感应电动势与磁场分量有以下关系

$$V = -S_{RX}\frac{dB}{dt} = -S_{RX}\mu_0\frac{dH}{dt} \tag{2-16}$$

式中，S_{RX} 为接收线圈的面积，B 为磁感应强度。

由式(2-7)~式(2-10)可知，为计算感应电动势 V 需要计算零阶和一阶贝塞尔函数的无限积分(汉克尔变换)，为方便计算，引入归一化的无量纲参数

$$\begin{gathered} X = \lambda r,\ Z_R = z/r,\ H_R = h/r,\ Q = \mu_0 s/(\rho_1\lambda^2),\ H_{R_i} = d_i/r \\ K_i = \rho_1/\rho_i,\ S_i = u_i/\lambda = (1 + K_i Q)^{1/2},\ (i = 1,\ 2,\ \cdots,\ n) \end{gathered} \tag{2-17}$$

由此可以写出感应电动势在拉氏变换域中的表达式为

$$V_r^z(s) = -\frac{\mu_0 I S_{TX}S_{RX}}{4\pi r^3}\int_0^\infty [e^{(Z_R X - H_R X)} - r_{TE}e^{-(Z_R X + H_R X)}]X^2 J_1(X)dX \tag{2-18}$$

$$V_z^z(s) = \frac{\mu_0 I S_{TX}S_{RX}}{4\pi r^3}\int_0^\infty [e^{(Z_R X - H_R X)} + r_{TE}e^{-(Z_R X + H_R X)}]X^2 J_0(X)dX \tag{2-19}$$

$$V_r^{\tau}(s) = -\frac{\mu_0 IS_{TX}S_{RX}}{4\pi r^3}\int_0^{\infty}[\mathrm{e}^{(Z_RX-H_RX)} + r_{TE}\mathrm{e}^{-(Z_RX+H_RX)}][X^2J_0(X) - XJ_1(X)]\mathrm{d}X \tag{2-20}$$

$$V_z^{\tau}(s) = -\frac{\mu_0 IS_{TX}S_{RX}}{4\pi r^3}\int_0^{\infty}[\mathrm{e}^{(Z_RX-H_RX)} - r_{TE}\mathrm{e}^{-(Z_RX+H_RX)}]X^2J_1(X)\mathrm{d}X \tag{2-21}$$

式(2-13)中的 R_0 和 F_1 按下列公式计算：

$$F_i = \mathrm{e}^{-2S_iH_{Ri}X}\frac{R_i + F_{i+1}}{1 + R_iF_{i+1}},\ i = n-2,\ n-3,\ \cdots,\ 1;\ F_{n-1} = \mathrm{e}^{-2S_{n-1}H_{Rn-1}X}R_{n-1} \tag{2-22}$$

$$R_i = \frac{S_i - S_{i+1}}{S_i + S_{i+1}},\ i = 0,\ 1,\ \cdots,\ n-1 \tag{2-23}$$

式(2-18)~式(2-21)是在拉氏变换域下面的公式，对该公式作逆拉氏变换，可算出时间域感应电动势的上阶跃响应，即充电过程；取负值就可得到感应电动势的下阶跃响应，即放电过程。式(2-18)~式(2-21)中积分号内的第一项，是与逆拉氏变换变量 s 无关的常量，而常数的逆拉氏变换在零时刻以外皆为零，故在实际计算时可删除该项；积分号内的第二项只有反射系数 r_{TE} 与 s 有关，所以，实际上只需对 r_{TE} 作逆拉氏变换。

式(2-18)~式(2-21)中存在的另一个问题是，$J_n(\lambda r)$ 是贝塞尔函数，其中 $n=0$ 时为零阶，$n=1$ 时为一阶，含有贝塞尔函数的积分式称为汉克尔型积分，可通过汉克尔变换求得该积分的值。

以下内容将分别讲述逆拉氏变换与汉克尔变换，以及一些相关文献中提出的新理论与新方法，并据此作了相关的对比计算。

2.2 逆拉氏变换

目前有多种频率域转换到时间域的方法，Knight 和 Raiche[119] 提出了用 Gaver-Stehfest(简写为 GS)逆拉氏变换的方法，与其他方法相比，该方法较简单，是纯实数计算，而且对 s 值计算的个数少，计算速度较快。Wooden 等[120] 对逆拉氏变换算法进行了研究，提供了 GS 变换程序，对常用的逆拉氏变换算法作了对比，和 Piessens，Talbot 等算法比较，在大多数情况下有更高的精度。

GS 变换主要应用于地球物理中作逆拉氏变换。其原理可参考文献[121~122]，其计算方法如下：对给定的时间 t，感应电动势的值可由式(2-24)计算：

$$v(t) = \frac{\ln 2}{t}\sum_{m=1}^{n}K_mV\left(\frac{\ln 2}{t}m\right) \tag{2-24}$$

式中，n 是决定于计算机位数的正偶整数；K_m 是变换系数，可按式(2-25)算出，

$v(t)$ 为时间域感应电动势，V 为拉氏域感应电动势。

$$K_m = (-1)^{m+\frac{n}{2}} \times \sum_{i=i_1}^{\min\left(m,\frac{n}{2}\right)} \frac{i^{\frac{n}{2}}(2i)!}{\left(\frac{n}{2}-i\right)!i!(i-1)!(m-i)!(2i-m)!} \tag{2-25}$$

式中，求和下限 i_1 是 $(m+1)/2$ 的整数部分。当然，在做正演计算时，为减少计算量，应先算出一组 K_m 的值在程序中直接引用。对 n 的取值，现有不同的意见，罗延钟等[28]认为 n 取 16，罗延钟和昌彦君[122]及昌彦君和张桂青[123]认为 n 一般取 12；Wooden 等[120]却认为 n 取 8 或 10 较合适，当 n 的取值增大时，变换会变得不稳定，结果抖动将会明显。针对此问题，用不同 n 值进行对比计算，研究其相对误差的变化规律。

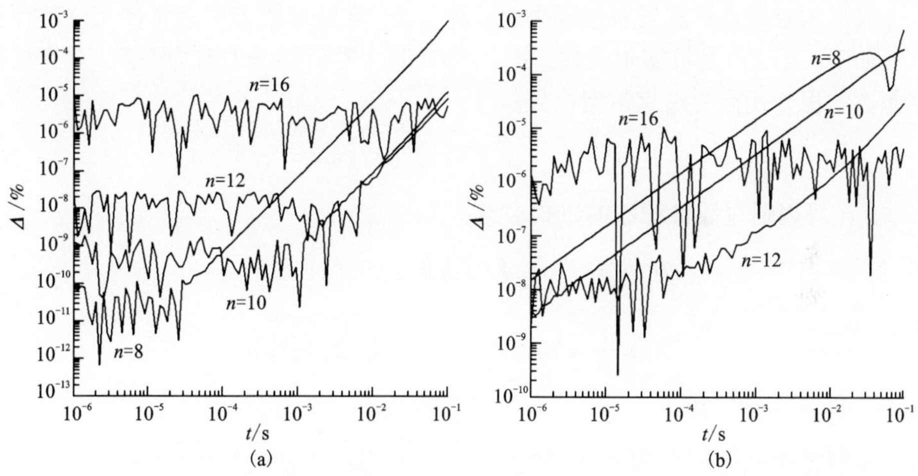

图 2-2　GS 变换中 n 不同取值的误差比较

图 2-2(a) 为一个算例：把 $F(s)=\arctan(1/s)$ 代入式(2-24)，对 $n=8$、10、12、16 四种情况进行计算，取 t 的范围为 $10^{-6}\sim10^{-1}$ s，(ATEM 常用的时间探测范围为 $10^{-5}\sim10^{-2}$ s)，计算的结果与解析解 $F(t)=\sin(t)/t$ 之间进行比较，通过式(2-26)计算出数值解和解析解之间的相对误差：

$$\Delta(t) = \left|\frac{F_{\text{numerical}}(t) - F_{\text{exact}}(t)}{F_{\text{exact}}(t)}\right| \times 100\% \tag{2-26}$$

式中，$F_{\text{numerical}}$ 为数值解，F_{exact} 为解析解。由图中可以看出，随 n 的值增大，相对误差变大，但是误差变得稳定；虽然 n 的值小，误差小，但随 t 增大(在靠近 0.1 s 的区段)，误差增大了几个数量级，比 $n=16$ 的误差都要大。

图 2－2(b)为另一个算例：取 $F(s)=1/(1+s)$，解析解为 $F(t)=e-t$，利用上述方法，计算出对不同 n 取值的相对误差。从曲线可以得出，n 的取值小的时候，相对误差不稳定，$n=8$、10 时，相对误差随 t 增大，差值迅速上升；但由变化趋势可以从图中推测在 t 更小的区段($t<10^{-6}$s)，相对误差较小；而 $n=16$ 时，相对误差跳动较大，此与 Wooden 所得到的结论也是吻合的。

由以上两个比较算例可以得出，n 的值越大，可利用的计算区间越广，但是与解析解之间的相对误差也较大；对另外一些验算公式进行的试验，可以得到相同的结论。通过不同 n 取值的对比计算，笔者认为，综合考虑误差与适用区间，$n=10$、12 为 ATEM 正演计算较为合适的取值。

2.3 汉克尔变换

汉克尔变换是求解贝塞尔函数的一种方法，在地球物理中经常使用。其计算方法如下：$J_n(\lambda r)$是贝塞尔函数，其中 $n=0$ 时为零阶，$n=1$ 时为一阶，含有贝塞尔函数的积分式称为汉克尔型积分：

$$f(r)=\int_0^{\infty}K(r)J_n(\lambda r)\mathrm{d}\lambda \tag{2-27}$$

$f(r)$可以通过线性滤波的方式求出：

$$\begin{aligned}f(r)&=\frac{1}{r}\sum_{i=1}^{n}K(\lambda_i)W_i,\\ \lambda_i&=\frac{1}{r}\times10^{[a+(i-1)s]},\ i=1,2,\cdots,n\end{aligned} \tag{2-28}$$

式中，W_i 是滤波系数。

目前常用的滤波系数是由 Anderson[124]引入，有 283 个系数或 801 个系数。Guptasarma 和 Singh[125]提出一组新的汉克尔变换滤波系数，其中零阶有 61 或 120 个系数，一阶有 47 或 140 个系数(系数较多的一组，精度要高，但是计算速度慢)，其系数比 Anderson 的数值滤波算法少，计算速度快，但 Guptasarma 作了对比计算，其精度却比 Anderson 系数的高。因此，这组汉克尔线性滤波系数具有非常高效的特点。

上文中，由于式(2－18)～式(2－21)进行了参数归一化以后，汉克尔变换的变量 r 的取值总为 1，因此，对 Guptasarma 所做的对比计算结果，只需要考查 $\lg(r)=0$点位置的计算精度，从文献[125] 的结果看，大部分验算公式可以满足上述要求。所以，采用 Guptasarma 的汉克尔变换系数，在理论上可以提高 ATEM 正演的精度。

2.4　发送波形的影响

通过上述两种数值滤波方法可解决式(2－18)～式(2－21)中贝塞尔函数求解和逆拉氏变换问题，可以编写程序算出 ATEM 的阶跃响应，但还必须考虑发射电流波形的问题。当发送波形占空比为 1 的正负方波时，设上述公式算出的阶跃响应为 $v(t)$，则正负方波的响应 $v^{ZF}(t)$ 为：

$$v^{ZF}(t) = \sum_{i=1}^{4N} (-1)Int[0.5(i+3)+0.55] \times v[t+(i-1)t_d] \qquad (2-29)$$

式中，t_d 为正负方波的脉宽；Int 为取整函数；N 为某一足够大的正整数，程序编写中取 $N=2$。

2.5　一维正演算例与分析

根据上述方法及所考虑到的问题，可以用 Fortran 语言编写出正演程序。为研究 ATEM 的装置对观测曲线的影响和 ATEM 的探测能力，现作以下计算，并对计算结果展开分析与讨论。实验中，只计算接收线圈有效灵敏度 dB/dt 的时间响应，即发射磁矩为 1 A · m^2，接收线圈等效面积为 1 m^2 时的感应电动势。有以下三个算例：(1)首先更换装置类型，探讨不同装置类型对同一模型的响应特点；(2)然后更换装置参数，找出不同参数对响应影响的规律；(3)最后计算不同大地模型的响应和均匀大地模型响应之间的相对异常。

以下进行的计算，不失一般性，这里选取某些参数：

发射线圈的有效面积：$S_{TX}=1$ m^2；

发射电流：$I=1$ A；

接受线圈的有效面积：$S_{RX}=1$ m^2；

供电波形为占空比为 1 的正负方波；供电方波脉宽为 10 ms，采样点数为 14；

发射线圈高度和接收线圈高度取 30～50 m；收发距 r 取 0.1～50 m。

装置类型编号用 N_A 表示：

$N_A=1$，水平线圈发射，水平线圈接收；

$N_A=2$，垂直线圈发射，垂直线圈接收；

$N_A=3$，水平线圈发射，垂直线圈接收；

$N_A=4$，垂直线圈发射，水平线圈接收。

2.5.1 不同装置类型的响应比较

先给出一个三层地电断面模型：$\rho_1=3\ \Omega\cdot m$，$\rho_2=20\ \Omega\cdot m$，$\rho_3=3\ \Omega\cdot m$；$d_1=100$ m，$d_2=300$ m，$d_3\rightarrow\infty$。装置参数为，$h=z=30$ m，$r=2.5$ m，利用4种探测装置计算该模型理论响应曲线如图2-3(a)所示，可以看出，虽然不同装置测得的感应电动势(或磁感应强度对时间的变化率B')在数值上各不相同，但它们随时间变化的形态(瞬变响应曲线的形态)基本上是一致的，即随时间增大而衰减；在小收发距的情况下，感应电动势的强度按第一种装置($N_A=1$)、第二种装置($N_A=2$)、第三和第四种($N_A=3$, 4)装置依次减弱；前两种装置的衰减速度相同，后两种装置的衰减速度较快。应该指出，第三和第四种装置的响应完全相同，实际上它们的计算式(2-18)和式(2-21)完全相同，因而两种计算结果自然一样，即两种装置是完全等效的。

2.5.2 不同装置参数的响应比较

装置参数共有六个：r、h、z、I、S_{TX}、S_{RX}，从式(2-18)~式(2-21)可以看出I，S_{TX}，S_{RX}三个参数与瞬变响应的幅值成正比关系，因此这里只讨论飞机高度与收发距对瞬变响应的影响。

图2-3(a)是按$N_A=1\sim4$的四种装置类型发射和接收电流，对发射线圈高度$h=30$ m和接收线圈高度$z=30$ m算得的瞬变响应，对$h=40$ m，$z=20$ m和$h=20$ m，$z=40$ m的情况作了计算，其结果和图中曲线完全相同。这可由瞬变响应的式(2-18)~式(2-21)得到解释，上文中已提到只需计算上述四个公式中积分号内的第二项，而该项与发送高度和接收高度之和(H_R+Z_R)有关，即ATEM的响应只决定于发射线圈高度与接收线圈高度之和，而与单个取值无关。这一结论是基于层状大地模型上的理论公式的，脱离层状大地模型，这一结论不再成立。

图2-3(b)为变换收发距($r=0.1$、1、5、8、15、30、50 m)，地电模型不变，采用第二种类型装置($N_A=2$)，在$h=30$ m和$z=30$ m条件下算出的响应曲线。由图可知，当收发距很大时(例如图中曲线1，$r=50$ m)，瞬变响应的早期出现负值(虚线)，瞬变曲线变得比较复杂，先负后正，最初由小变大，取得最大值后又由大变小，最后衰减至零。随着收发距减小，感应电动势和相对于均匀大地时的异常值都变大；而当收发距$r\leqslant15$ m时，已接近于$r\rightarrow0$时的渐近值。

对四种装置类型的计算可以得出，第一种装置瞬变响应曲线随r的变换规律与第二种装置的相似，第一种和第二种装置在此称为平行装置。第三种装置——正交装置的瞬变响应随收发距r的变换形态与第一种和第二种装置的完全不同，特别是当$r\leqslant15$ m时，正交装置的感应电动势和绝对异常值与r成正比减小，相对异常值保持不变，且当$r\rightarrow0$时，正交装置的响应值和异常值都趋于零。

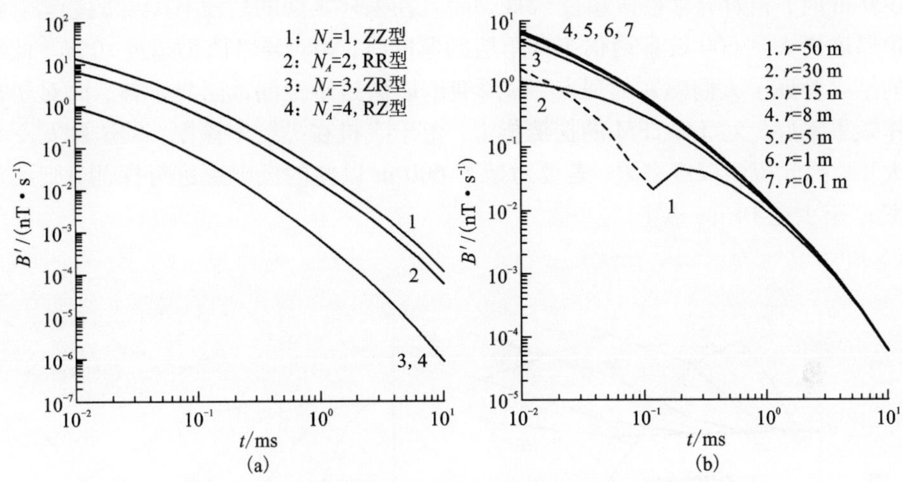

图2-3　不同装置类型(a)和不同收发距(b)的响应比较

由以上计算可以得出，平行装置适用于小收发距，甚至同点装置；而正交装置则适宜采用较大的收发距，不宜采用同点装置。

2.5.3　不同模型的响应比较

为了研究ATEM对不同导电性和不同埋藏深度的探测能力，以下对不同地电断面模型进行计算。计算不同埋深的高阻异常模型(K型地电断面)的相对异常，即对模型做正演计算，模型参数在图2-4(a)及说明中给出，变换第一层的厚度，计算出它们的响应值，并和电阻率为3 Ω·m的均匀大地的正演响应做对比计算，利用下式算出各个模型响应的相对异常值：

$$\Delta_i = \frac{B'^{\mathrm{mod}}_i - B'^{\mathrm{ave}}_i}{B'^{\mathrm{ave}}_i} \times 100\% \qquad (2-30)$$

式中，Δ表示相对异常值，B'^{mod}表示K模型的响应值，B'^{ave}表示电阻率为3 Ω·m的均匀大地的响应值，下标表示第i道。采用第一种装置，装置参数为：发送和接收高度为30 m，收发距为2.5 m。由图2-4(a)看出，当高阻层上顶埋深d_1为100 m，即为其厚度的1/3时，相对异常响应为8%～20%；随覆盖层厚度增大，相对异常值变小，并且异常极值相对后移；当覆盖层厚度增大至300 m时，相对异常值已经小至1%以内，异常已经非常不明显了。

对比低阻层的异常，利用上述的方法，相同的观测参数，对不同埋深的低阻异常模型(H型地电断面)作计算，模型参数在图2-4(b)及说明中给出。相比之下，低阻层引起的相对异常响应要强得多，在低阻层的厚度 d_2 与上顶深度 d_1 同为 300 m 时，相对异常极值超过 23%，而且在采样区间的后段有闭合的趋势；当上顶厚度增大到 600 m 即两倍于低阻层的厚度时，相对异常值仍超过 10%。此计算的结果验证了人们熟知的观点，即瞬变电磁法适于探测低阻异常体，而对于高阻体效果不好。对于 ATEM 的探测能力，由于飞机在飞行中探测，发送脉宽不可能太长，因此探测深度有限，若要对地下 600 m 以内的低阻层进行探测，则要求脉宽 t_d 至少在 10 ms 以上。

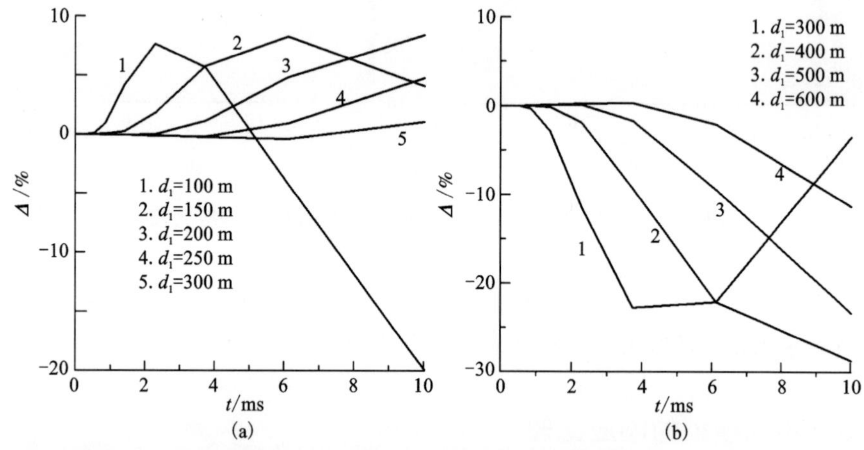

图 2-4　不同覆盖厚度的 K 型模型(a)和 H 型模型(b)的相对异常比较

(a) K 型模型的参数：$\rho_1=3\ \Omega\cdot m$，$\rho_2=20\ \Omega\cdot m$，$\rho_3=3\ \Omega\cdot m$，$d_2=300$ m；

(b) H 型模型的参数：$\rho_1=20\ \Omega\cdot m$，$\rho_2=2\ \Omega\cdot m$，$\rho_3=20\ \Omega\cdot m$，$d_2=300$ m

2.6　高精度 Chave－连分式变换

余弦变换是 Hankel 变换的一种特例，属于高震荡函数积分。在震荡因子 k 很大时，余弦变换的精确数值计算会变得非常困难，原因是 $\sin(kx)$ 或 $\cos(kx)$ 函数值震荡得很强烈，用一般的直接数值积分公式去计算不易得到需要的数值精度[126]。考虑到余弦变换的强震荡性，国内外学者提出了各种计算方法，如 Filon 方法[127]、折线逼近法[128]、复积分法[129]以及数字滤波法[130]等。Filon 方法是一种较早的直接数值求积方法，一般分段越多，精度越高，在达到相同精度的计算时，计算量随着 k 的增大会明显增加，目前已经较少直接应用；折线逼近法利用分段插值函数近似原函数，然后在每一分段内进行数值求积，理论上逼近精度可以足够高，但逼近步长很难控制，需视核函数的实际情况处理。现在地球物理电磁法中常用的是基于线性卷积理论的数字滤波法(Digital Filter)，又称为快速汉克尔变换(Fast Hankel Transform)，该方法首先由 Ghosh 于 1971 年引入地球物理电法勘探正演计算[131]，之后得到了许多改进和应用，并已经成为地球物理中汉克尔变换计算的主要方法。线性滤波法一般在低频时或积分核快速收敛时具有速度快、精度高的优点，但在高频场的计算中，因核函数的震荡性，计算结果会有较大的误差，特别是在积分核不收敛时，往往得不到正确的结果；Chave(1983)[132]用连分式算法(Continued-fraction)高精度地计算了整数阶第一类贝赛尔函数的汉克尔变换，弥补了前者的不足。Anderson(1989)[133]结合数字滤波法和 Chave - 连分式算法，在低频时采用数字滤波，而在高频时采用 Chave - 连分式算法，以保证计算的速度及精度。

基于上述原因，本书以 Chave - 连分式算法为基础，将其修改使之能直接计算余弦变换，目的是在比较大的震荡因子范围内(即 k 值范围)计算余弦变换，研究该算法计算余弦变换的精度及速度，进而分析其在航空瞬变电磁法中一维正演计算的效果，并与滤波法结果作了比较。

2.6.1 理论

Hankel 变换(Hankel transform)的标准形式一般可写为：

$$f(k) = \int_0^{+\infty} x \cdot f(x) \cdot J_v(kx)\,\mathrm{d}x \tag{2-31}$$

式中，$J_v(kx)$是 v 阶第一类 Bessel 函数，v 为实数且 $v > -1$，$xf(x)$称为核函数。余弦变换(Cosine transform)的形式为：

$$f_c(k) = \int_0^{+\infty} g(x)\cos(kx)\,\mathrm{d}x \tag{2-32}$$

根据关系式[134]

$$J_{-\frac{1}{2}}(x) = \sqrt{\frac{2}{\pi x}}\sum_{m=0}^{\infty}\frac{(-1)^m}{(2m)!}x^{2m} = \sqrt{\frac{2}{\pi x}}\cos(x) \tag{2-33}$$

可将上述余弦变换化为含 -1/2 阶第一类 Bessel 函数的 Hankel 变换形式：

$$F_c(k) = \sqrt{\frac{\pi k}{2}}\int_0^{+\infty} g(x) J_{-\frac{1}{2}}(kx)\,\mathrm{d}x \tag{2-34}$$

上式右端的积分项即是式(2 -31)的变换形式，可利用修改的连分式算法求解。而当式(2 -31)中 v 为 0 或 1 时(即整数阶)，其积分可直接用原来的连分式算法求解。

直接数值求积相对于线性滤波法的一个重要优势就是可以给出误差估计。计算时，可根据需要先设定一定的相对误差限（*RERR*）和绝对误差限（*AERR*）来控制计算过程的局部误差，并以此来判断是否终止计算，终止条件为：

$$|\text{local } error| \leqslant RERR \cdot |\text{result}| + AERR \tag{2-35}$$

局部误差（local *error*）为两相邻次数求积的结果之差，result 为其中后一次的求积结果。

连分式计算方法本质上属于直接数值求积法。相对于一般的直接积分，Chave－连分式算法（以下简称 CCF）的优势为[132]：（1）使用交错高斯求积公式计算，使得当需要增加求积阶数以达到给定精度时无需重复计算核函数值；（2）运用连分式展开来累加部分积分和，使慢收敛序列或发散序列的求和变得容易，加快了收敛速度。

余弦变换或汉克尔变换的连分式数值求积主要原理是先将积分式的无穷积分区间划分为有限个子区间（Z_n，Z_{n+1}），然后在每个子区间内利用高斯数值求积公式计算下式：

$$p_n = \int_{z_n}^{z_{n+1}} \widehat{g}(x) \cdot J_v(kx)\,\mathrm{d}x \approx \sum_{j=1}^{N} h_j \widehat{g}(a_j) \cdot J_v(ka_j) \tag{2-36}$$

式中，Z_n 为第 n 个被 k 归一化后的 Bessel 函数零点，N 为高斯求积阶数，a_j 和 h_j（$j=0, 1, 2, \cdots, N$）分别为优化后的横坐标值和权系数，阶数越高，积分结果的精度越高，一般最大阶数不超过 7 阶。如此，得到部分积分项 p_i（$i=1, 2, \cdots, n$）值，再用连分式展开的方法求得部分积分项之和：

$$s = \sum_{i=1}^{n} p_i = \cfrac{d_1}{1 + \cfrac{d_2}{1 + \cfrac{d_3}{\cfrac{\vdots}{d_n}}}} \tag{2-37}$$

式中的连分式系数 d_i 可根据 p_i 值计算得到[135]，计算连分式的值时，从分式底部开始向上递推计算，从而得到 s 值，即原部分积分的近似值。重复上述过程，直到满足式（2－35）的终止判断标准为止。

2.6.2 数值试验

2.6.2.1 积分算例

王华军[126]和蒋淑芬[136]分别用线性滤波法和复积分法对有解析解的李普希兹积分（Lipschitz Integral）进行了数值计算，李普希兹积分表达式为：

$$F_c(k) = \int_0^{\infty} \mathrm{e}^{-ax} \cos(kx)\,\mathrm{d}x = \frac{a}{a^2 + k^2} \tag{2-38}$$

王华军（积分中令 $a=0.005$）用 401 个滤波系数对该积分进行计算，得到了 k

值范围为 $10^{-10} \sim 10^{5.4}$时计算误差小于 0.5% 的结果，但线性滤波的系数(文中给出了 250 个余弦变换系数)并不能“放之四海而皆准”，需要根据所求积分精心设计，一般系数越多，计算精度越高，在计算随积分变量不快速衰减的核函数时往往不能令人满意，特别是收敛慢甚至发散的积分；而蒋淑芬(积分中令$a = 50$)只是针对比较大的 k 值进行了探讨($k > 100$ 时最大相对误差数量级为 10^{-6}，$k < 100$ 后误差呈指数增长)。下面本书用改进的连分式算法对李普希兹积分进行数值计算。

利用式(2－33)可将李普希兹积分化为：

$$F_c(k) = \sqrt{\frac{\pi k}{2}} \int_0^{+\infty} \sqrt{x} \cdot \mathrm{e}^{-ax} \cdot J_{-\frac{1}{2}}(kx)\,\mathrm{d}x \tag{2-39}$$

(1)取 $a = 0.005$，$RERR = 1.0 \times 10^{-16}$时，计算的结果如图 2－5 所示：

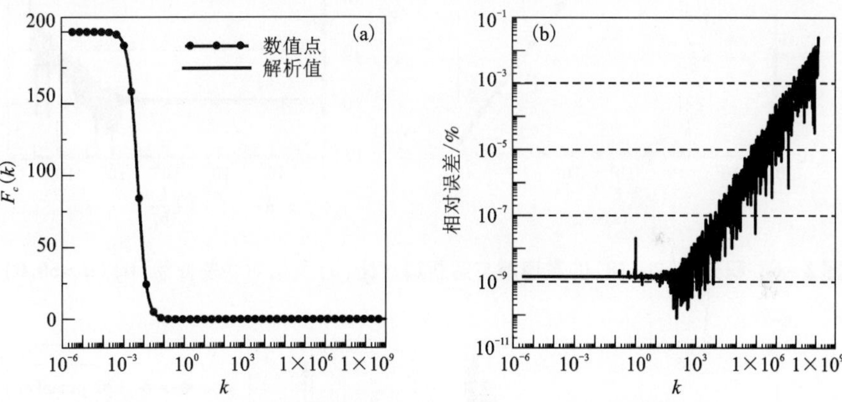

图 2－5　积分式(2－38)的数值解与解析解对比(a)及相对误差曲线(b)($a = 0.005$)

计算结果表明，在 $k = 10^{-6} \sim 10^9$时，积分的数值解和解析解的百分相对误差在 $k = 10$ 之前稳定在 10^{-9}左右；之后近似线性震荡增加到 0.02 左右，相对误差最大值不超过 0.03%，说明其数值精度很高。

(2)取 $a = 50.0$，$RERR = 1.0 \times 10^{-16}$时，计算结果如下：

由图 2－6 结果可以看到，当 $a = 50.0$ 时，在 $k = 10^{-2} \sim 10^{10}$时，计算结果的数值解与其解析解的相对误差不超过 2%，在 $k = 10^{-2} \sim 10^5$ 时相对误差保持在约 10^{-9}% 的水平，可见该数值结果在较广的震荡因子范围内相当稳定。当 k 大于 10^9时，相对误差迅速从 10^{-6}% 上升至 0.5% 甚至后面的 2%，其原因是计算机内部运算出现明显的截断误差(两个非常小的数相减，此时积分值的数量级接近 10^{-20})，导致误差增大。

上例中，李普希兹积分的核函数属于快速衰减型(e^{-ax})，对于发散型积分的数值计算，为比较连分式算法与线性滤波法的计算效果，考虑如下已知的积分：

$$\int_{0}^{+\infty} xJ_0(kx)\mathrm{d}x = 0 \tag{2-40}$$

该积分的核函数与 Bessel 函数的乘积为 $E(x) = xJ_0(kx)$，$E(x)$随着 x 的增大呈现高度震荡增加的形态[见图 2-7(a)]，分别用已发表的 120 点数字滤波系数(Guptasarma and Singh，1997)和本书算法($RERR = 10^{-10}$)在 $k = 10^{-2} \sim 10^{8}$时计算该积分，结果显示于图 2-7(b)，表 2-1 给出了结果中前 20 项的值。

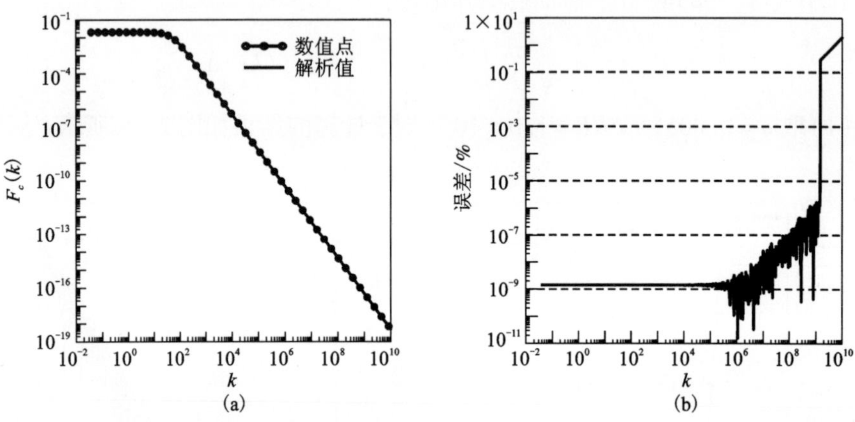

图 2-6 积分式(2-38)的数值解与解析解对比(a)及相对误差曲线(b)($a = 50.0$)

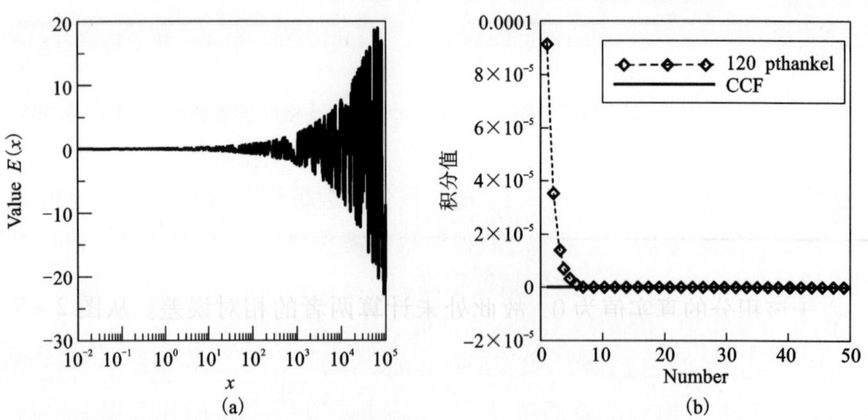

图 2-7 核函数 $E(x)$积分值($k = 100$)(a)及两种方法积分对比(b)

表 2-1　120 点滤波法和连分式算法计算积分式(2-40)的结果中前 20 项的值

Number	k	120-pt value	CCF value	Real value
1	0.02	0.9186086547E-04	-0.9694287158E-10	0
2	0.03	0.3657046790E-04	-0.9122135876E-11	0
3	0.04	0.1455896582E-04	-0.1676117378E-10	0
4	0.06	0.5796028751E-05	-0.6756152671E-11	0
5	0.10	0.2307440690E-05	-0.2446163316E-11	0
6	0.16	0.9186086176E-06	-0.1180940355E-11	0
7	0.25	0.3657046937E-06	-0.3596226397E-12	0
8	0.40	0.1455896646E-06	-0.1599295222E-12	0
9	0.63	0.5796028937E-07	-0.1595897682E-12	0
10	1.00	0.2307440549E-07	0.8766340333E-13	0
11	1.58	0.9186086144E-08	0.3399609780E-13	0
12	2.51	0.3657046900E-08	-0.1264643625E-12	0
13	3.98	0.1455896626E-08	-0.5073047902E-13	0
14	6.31	0.5796028704E-09	0.9279977564E-13	0
15	10.00	0.2307440704E-09	0.3682028716E-13	0
16	15.85	0.9186086355E-10	-0.1081379884E-12	0
17	25.12	0.9186086355E-10	-0.4306208609E-13	0
18	39.81	0.1455896576E-10	0.8296817725E-13	0
19	63.10	0.5796028937E-11	0.3303105993E-13	0
20	100.00	0.2307440588E-11	-0.9360339413E-13	0

由于该积分的真实值为 0，故此处未计算两者的相对误差。从图 2-7 和表 2-1的结果中可以看到，连分式算法的结果和滤波法的结果在 $k=10^{1.2}\sim10^{8}$时，与真实解吻合较好，但在 $k=10^{-2}\sim10^{1.2}$时，滤波法的误差迅速增大，最大误差达到了 9×10^{-5}，这说明，采用连分式计算强震荡发散积分时仍具有精度高、稳定性好的特点。

2.6.2.2　理论模型算例

文献[28,137]采用偶极-偶极装置详细研究了典型层状大地(1D)模型上时间域航空电磁的正演响应，本书基于上述文献的理论推导计算公式(s 域)如下：

$$H_z^z(s) = \frac{m}{4\pi s}\int_0^{+\infty}[\mathrm{e}^{u_0(z-h)} + r_{TE}\mathrm{e}^{-u_0(z+h)}]\cdot\frac{X^3}{u_0}\cdot J_0(Xr)\mathrm{d}X \tag{2-41}$$

实际计算时，上述积分核函数为

$$E(X) = r_{TE}\mathrm{e}^{-X(z+h)}X^2 \tag{2-42}$$

式中，m 是发射磁矩；s 是拉氏变量，此处均取 $s=1000$；$r_{TE}=r_{TE}(X)$ 为 TE 模式下反射系数。三层模型及装置参数取值为：$\rho_1=100$、$\rho_2=20$、$\rho_3=300\ \Omega\cdot\mathrm{m}$；$d_1=50$、$d_2=100$ m；发射线圈(水平)有效面积 = 接收线圈(水平)有效面积 = 1 m^2，发射阶跃电流 = 1 A，发射高度 $h=40$ m，接收高度 $z=30$ m，偏移距分别取 $r=50$ m 和 $r=5$ m。图 2-8 是核函数随积分变量变化的曲线，其幅值在 $X>0.01(\mathrm{m}^{-1})$ 时迅速衰减至 0，原因是 r_{TE} 和指数项分别衰减到 0。在时间 $t=10^{-2}\sim 10$ ms 之间按对数等间隔取 14 个采样点，分别采用修改的连分式算法($RERR=10^{-6}$)和滤波法计算三层模型的瞬变响应(此处为垂直方向上磁感应强度对时间的导数)，得到响应曲线如图 2-9 所示(双对数)。

从图 2-9 中可以看到，连分式算法与 120 点滤波法(Guptasarma and Singh, 1997)计算的响应曲线形态基本一致，两者都明显地反映出了中间低阻层的瞬变响应，即感应电动势衰减速率变缓(曲线中间凸起部分)，同时在高阻层上随时间的增加快速衰减的特征；另外，早期时间观测到的响应中，小收发距下的响应值大于大收发距下的值。此例计算中，两种算法的精度没有明显差异，计算时间上，滤波法为 0.03 s，连分式算法稍慢，但也没有超过 0.07 s(计算设备与前述相同)；滤波法的系数依赖于特定类型函数，且没有计算误差的评价，连分式算法则没有这个限制，这说明该算法可以弥补线性滤波法的不足之处。

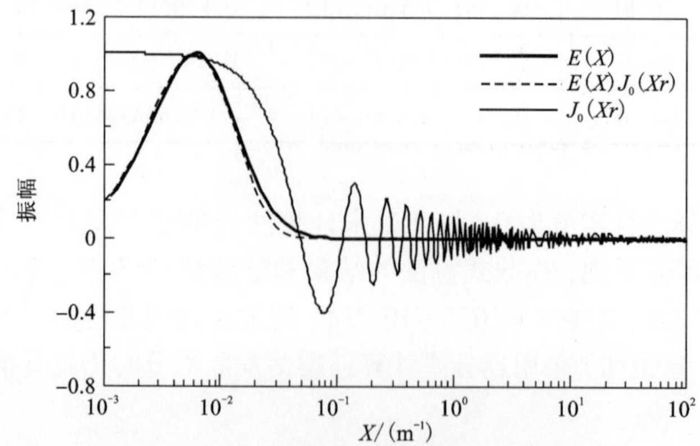

图 2-8　核函数的形态($r=50$ m)变化图

$E(X)$ 及 $E(X)J_0(Xr)$ 分别由其最大值归一化

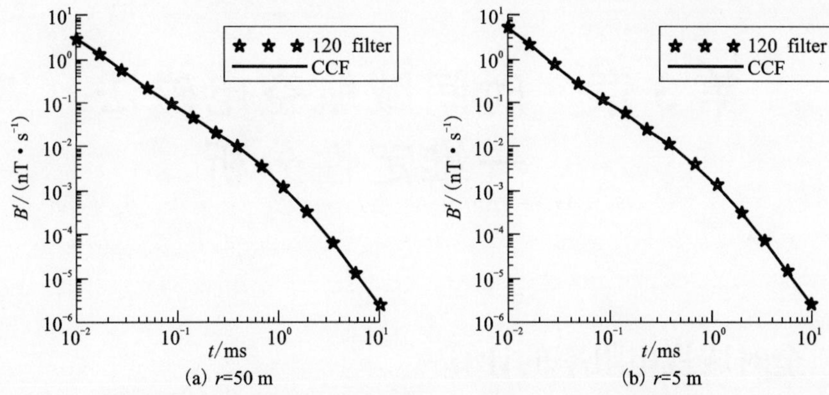

(a) r=50 m　　(b) r=5 m

图 2-9　连分式算法和滤波法计算的感应电动势响应曲线

2.6.3　小结

(1)在计算典型的余弦变换或 Hankel 积分 - Lipschitz 积分时，连分式算法具有精度高、稳定性好的特点。

(2)连分式算法不仅能计算积分收敛或核函数快速衰减的余弦变换，也能计算积分发散型 Hankel 变换，适用范围优于数字滤波法。

(3)在本书所涉及的一维瞬变电磁正演算例中(Hankel 积分)，连分式算法与基于线性卷积的数字滤波法在计算精度上相当，计算速度上前者稍慢，但两者都能快速计算高震荡函数积分。

(4)由于瞬变电磁法的场值动态范围很大，一般计算误差较大。本书利用改进的 Chave - 连分式算法计算了典型层状大地模型的瞬变响应，结果表明连分式算法能够满足航空瞬变电磁法的理论计算要求，计算效果也与滤波法吻合。该算法可作为一种新的瞬变电磁响应计算方法。

第3章　时间域航空电磁法一维定性分析

3.1　全时域视电阻率的计算

3.1.1　视电阻率的计算方法概述

在电磁法理论中，采用一定观测装置和观测参数测得的电磁场参数——电磁场分量观测值，如果和均匀大地条件下同样观测装置相应参数的计算值相同，则该均匀大地的本征电阻率①被定义为给定观测装置测得的视电阻率。当观测装置周围的地电条件接近于均匀时，测得的视电阻率接近于均匀地质体的本征电阻率；当观测装置位于不均匀大地上时，视电阻率一般不等于不均匀大地某一部分的本征电阻率，但和地下本征电阻率的分布有关，可以根据视电阻率的变化，推断地下电性分布。

Spies 和 Eggers[138]对电磁法勘探中的视电阻率作了全面的讨论，认为视电阻率无疑可以反映地下介质的电性分布，但更应该视为一种观测数据标准化的手段，即把不同装置参数(如发送电流强度，收发距等)的观测响应转化为能够反映岩石物理性质的统一参数。这是因为由感应电动势转化为视电阻率的过程中，存在两个缺点：①由感应电动势计算视电阻率的转换有可能得到双值的现象；②由感应电动势计算视电阻率有可能存在严重的取不到值的现象，如某些时候感应电动势值可能比任何电阻率的均匀半空间响应的值都要大，或者由于地下存在强激发极化响应时感应电动势可能出现负值。为解决以上问题，应用中出现了另外的几种参数标准化方法[121,139,140]，如计算视纵向电导及视探测深度和视时间常数及视综合参数。

尽管用视电阻率解释瞬变电磁响应存在一些不足，但笔者认为，利用视电阻率解释 ATEM 响应还是有一定的意义：首先跟其他的标准化方法相比，视电阻率

---

① 所谓“本征电阻率”是指通常所说的“真电阻率”。我们认为用“本征”替换通常所说的“真”，比较科学。

是一个能够反映地下介质固有参数的物理量，因此更形象、更直观；其次现存的各种 CDT 法各有其优缺点，没有哪一种转换方法是十分成熟的，也没有给出误差估计，可信度有限，而不同的方法可以转换出不同的曲线，因此，转换方法不能作为标准化的工具；最后由于瞬变电磁理论计算复杂，传统反演速度较慢，不能满足生产需要。故目前视电阻率参数仍有重要的意义，是广泛使用的参数。

视电阻率的计算方法与其定义有关。由于均匀半空间的瞬变场与一维层状介质上的瞬变场表达式之间存在着复杂的隐函数关系，难以用解析法导出视电阻率与场之间的显式反函数，通常只能使用各种近似定义方法、精确定义再通过数值计算的方法[141, 142]求视电阻率与场之间的显式反函数。前者即所谓的早期或晚期视电阻率定义，后者则是全区视电阻率定义。

传统的方法是利用均匀半空间条件下，感应电动势 $\varepsilon(t)$ 在早期($t\to 0$)或晚期($t\to\infty$)的渐近表达式，计算“早期视电阻率”或“晚期视电阻率”。这类计算方法十分简单，但算出的视电阻率仅基本上适用于“早期”或“晚期”，而在中间时段没有意义[140,143]。现有全区视电阻率的计算方法基本上可归为两类，一类是利用有限项级数展开近似法[144]及其变种[145]，在不同时段采用不同的展开系数；另一类是从电磁场与视电阻率之间的表达式出发，利用迭代计算的方法计算视电阻率[146, 147]。

白登海等[148]通过深入分析中心回线方式在均匀半空间瞬变响应解析表达式中核函数的表现特征，通过迭代法分别计算早期或晚期的精确视电阻率曲线，然后通过转折点构成一条连续精确的全区视电阻率曲线，这种方法属于上述的第一类，这类方法现存的主要问题是要解决理论上不存在对应视电阻率定义的过渡段的问题，对这个问题，目前还没有十分好的解决方法。第二类方法是最初由 Raiche 等[146]提出的计算精确视电阻率的迭代算法，此后，利用观测值与理论值之间曲线拟合的迭代计算方法多被人们采用。这类方法最初的缺点是计算量大、速度慢，后来随着计算机技术的发展，计算时间已经压缩到可以接受的范围；另外一个问题是这种方法计算出的全区视电阻率，通常得到的是两个解，计算时需根据实际情况来选取一个合适的值，Sattel[31]提出的插值算法中，认为基于曲线理论上的光滑性质，可以通过比较前后测道之间的电阻率差而取较合理的一个值，这种技巧是在小观测区间内实现的，能否广泛应用则有待进一步研究。

本书给出计算 ATEM 的全时域视电阻率的迭代算法，对若干典型层状大地模型的理论响应作了全时域视电阻率及等效深度的计算。

3.1.2 全区视电阻率的计算方法

基于视电阻率的定义，可以由给定观测条件下给定时刻 t 的实测感应电动势

$\varepsilon(t)$，计算相应的视电阻率 ρ_s：

(1)预先给出一个适当的视电阻率初值 ρ_0。

(2)在本征电阻率等于 ρ_0 的均匀大地上，相同观测条件下，计算 t 时刻的感应电动势理论值 $\varepsilon_l(t)$。

(3)比较感应电动势实测值 $\varepsilon(t)$ 和理论值 $\varepsilon_l(t)$，计算其相对拟和差 δ：

$$\delta = \frac{\varepsilon(t) - \varepsilon_l(t)}{\varepsilon(t)} \tag{3-1}$$

(4)如果相对拟和差的绝对值$|\delta|$小于给定的某一小值 δ_1(例如，$\delta_1 = 0.01$)，则计算结束，视电阻率 ρ_s 等于初值 ρ_0；否则，计算本征电阻率等于 ρ_0 在均匀大地上的、相同观测条件下的感应电动势随本征电阻率的变化梯度的理论值

$$\varepsilon_l'(t) = \left.\frac{\mathrm{d}\varepsilon(t)}{\mathrm{d}\rho}\right|_{\rho=\rho_0} \tag{3-2}$$

(5)由相对拟和差 δ 和感应电动势的变化梯度 $\varepsilon_l'(t)$，计算电阻率修改量

$$\Delta\rho = \frac{\delta}{\varepsilon_l'(t)} \cdot \varepsilon(t) \tag{3-3}$$

进而计算修改后的电阻率初值$(\rho_0 + \Delta\rho) \to \rho_1$。

(6)转入(2)，进行下一轮计算，直到满足下列迭代收敛条件之一为止：

①相对拟和差的绝对值$|\delta|$小于给定的小值 δ_1；

②迭代次数 N 大于给定的某一大值 N_1(例如，$N_1 = 5$)，且修改系数$\Delta\rho/\rho_0$ 小于给定的某一小值 δ_2(例如，$\delta_2 = 0.01$)；

③迭代次数 N 大于给定的某一大值 N_2(例如，$N_2 = 100$)。

当满足上述条件之一时，迭代收敛，当时的初值 ρ_0 就当作最终计算的、给定采样时间 t 的视电阻率 ρ_s。

(7)由算出的视电阻率 ρ_s，进一步计算给定采样时间 t 的“烟圈”深度；并按我们的经验，取其 0.4 倍作为 t 时刻的等效深度 h_s：

$$h_s = 1.6\sqrt{\frac{t \cdot \rho_s}{\pi \cdot \mu}} \tag{3-4}$$

以上算法的两个关键是计算给定观测条件下均匀大地上 t 时刻的感应电动势及其梯度的理论值 $\varepsilon_l(t)$ 和 $\varepsilon_l'(t)$。我们采用第 2 章中所阐述的正演算法，完成感应电动势 $\varepsilon_l(t)$ 的计算；并在此基础上，采用差分算法计算感应电动势梯度 $\varepsilon_l'(t)$。

3.1.3 全时域视电阻率的算例与分析

基于上述算法，编制了计算航空瞬变电磁法全时域视电阻率的 Fortran 程序。由于迭代计算的特性，该程序适用于多种观测条件，包括：

(1)适用于水平线框发送、水平线框接收，水平线框发送、垂直线框接收，垂直线框发送、水平线框接收和垂直线框发送、垂直线框接收等四种装置。

(2)适用于发送和接收线框为任意高度和任意间距的情况。

(3)适用于下阶跃，单个方波和占空比为1的正、反向连续方波等发送波形。

(4)适用于具有关断电流后沿的情况。

利用上述程序对若干典型层状大地模型的理论瞬变电磁响应作了全时域视电阻率及其等效深度的计算。下面列举几个例子，考查计算效果。

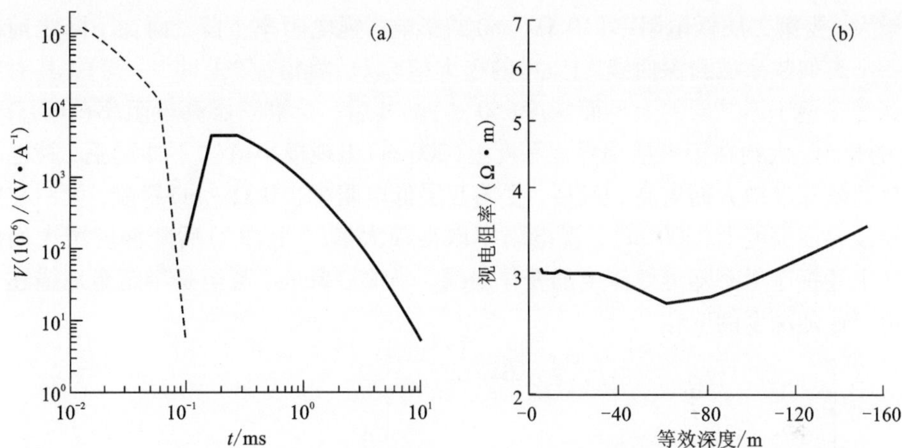

图3-1 K型地电断面上的理论瞬变响应(a)和对应的视电阻率随等效深度的变化(b)

地电断面参数：$\rho_1=3\ \Omega\cdot m$，$\rho_2=20\ \Omega\cdot m$，$\rho_3=3\ \Omega\cdot m$，$h_1=100$ m，$h_2=300$ m；观测装置参数：装置类型 $N_A=2$(垂直线框发射，垂直线框接收)，发射线框高度 $h=30$ m，接收线框高度 $z=30$ m，收发距 $r=50$ m，发射线框等效面积 S_{TX} = 接收线框等效面积 $S_{RX}=10000\ m^2$；供电波形：占空比为1的连续正负方波，方波宽度 $t_d=10$ ms，关断后沿宽度 $t_r=0$ ms。

图3-1示出了一个K型三层地电断面上的航空瞬变电磁响应的理论曲线[图3-1(a)]和由此计算的全时域视电阻率随等效深度的变化曲线[图3-1(b)]。可以看出，在所论条件下，瞬变响应曲线具有比较复杂的形状，早期感应电动势为负值，随着时间延续由负变正，并在取得正极大值后，逐渐衰减至零。对应的视电阻率随深度的变化，较好地反映了地电断面情况，在浅部视电阻率接近第一层的本征电阻率3 Ω·m，当深度超过第一层厚度100 m后，视电阻率随深度增大而增高，反映了第二层电阻率(20 Ω·m)较高的特征。由于地电断面电阻率较低，记录时间(10 ms)较短，未能反映出深度150 m以下的地电情况。

值得注意的是，随深度增大，视电阻率由第一层电阻率值(3 Ω·m)向第二层电阻率值(20 Ω·m)增大的初期，出现一个极小值。这和频率域测深曲线上的

“下冲”很相似，我们将沿用“下冲”这个词汇来描述时间域测深曲线——全时域视电阻率随等效深度变化曲线上的上述极小值。从图3－1(b)可见，“下冲”对应的深度接近于第二层上界面深度。

图3－2示出了一个HK型四层地电断面上的航空瞬变电磁响应曲线[图3－2(a)]和对应的视电阻率随等效深度的变化曲线[图3－2(b)]。与图3－1(a)相比，当前条件下瞬变响应曲线比较简单，感应电动势随时间单调下降，属于最常见的一种。对该曲线计算的全时域视电阻率随等效深度的变化曲线，同样很好地反映了地电断面情况。浅处的视电阻率接近于第一层电阻率100 Ω · m。随着深度增大，受第二层低电阻率(10 Ω · m)的影响，视电阻率下降；而在下降之前出现一个类似频率域测深曲线“上冲”的极大值(以后将沿用“上冲”一词)，其对应的深度接近于第二层的上界面深度(50 m)。其后，受第三层高电阻率(100 Ω · m)的影响，大约在第三层顶界面深度上(200 m)出现极小值(“下冲”)后，视电阻率反而随深度增大而增高。最后，受第四层低电阻率(10 Ω · m)影响，大约在第四层顶界面深度上(500 m)，视电阻率取得极大值(“上冲”)后随深度增大而减小。上述视电阻率随等效深度的变化曲线，非常形象地、甚至是半定量地描述了地电断面随深度的变化。

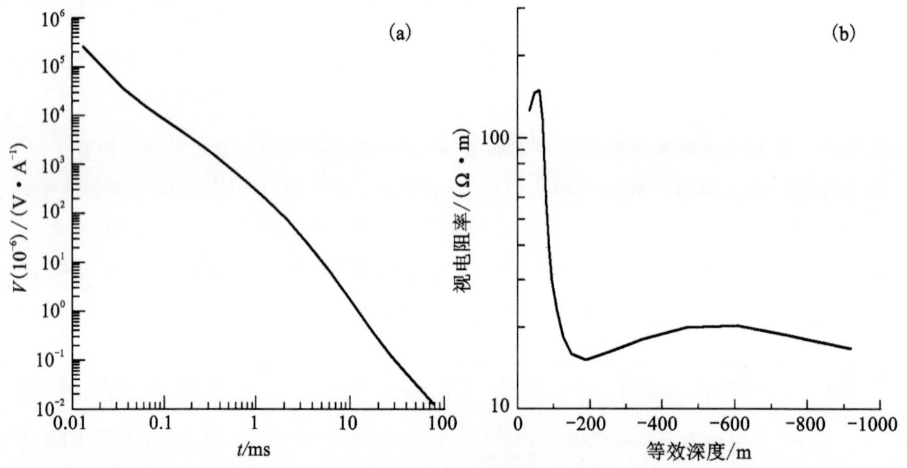

图3－2　HK型地电断面上的理论瞬变响应(a)和对应的视电阻率随等效深度的变化(b)

地电断面参数：$\rho_1 = 100$ Ω · m，$\rho_2 = 10$ Ω · m，$\rho_3 = 100$ Ω · m，$\rho_4 = 10$ Ω · m，$h_1 = 50$ m，$h_2 = 150$ m，$h_3 = 300$ m；观测装置参数：装置类型 $N_A = 1$(水平线框发射，水平线框接收)，发射线框高度 $h = 40$ m，接收线框高度 $z = 30$ m，收发距 $r = 30$ m，发射线框等效面积 S_{TX} = 接收线框等效面积 S_{RX} = 10000 m^2；供电波形：下阶跃波形，关断后沿宽度 $t_r = 0$ ms。

图3－3给出了一个QQ型地电断面上的理论航空瞬变电磁响应曲线[图3－3(a)]和对其计算的全时域视电阻率随等效深度的变化曲线[图3－3(b)]。(a)中

瞬变响应曲线也呈现为典型的单调下降形状。由其计算出的视电阻率随等效深度的变化曲线(b)与QQ型电测深曲线很相似：浅处的视电阻率接近于第一层电阻率(2000 Ω·m)；此后，随着深度增大，受下层低电阻率影响，视电阻率逐渐减小；直到很深处(大于1200 m)，视电阻率趋于底层电阻率值(20 Ω·m)。值得注意的是，大约在第三层和第四层顶界面深度上(200 m和500 m)，出现了下降曲线特有的极大值("上冲")；由于表层为高电阻率(2000 Ω·m)，第一个有效采样时间(0.0217 ms)对应的等效深度(约166 m)已超过第一层厚度，因此，与第二层上界面相对应的"上冲"在曲线上没有出现。

以上层状大地理论ATEM响应的计算结果表明，迭代法求全时域电阻率方法计算的视电阻率随等效深度的变化曲线，能形象地、甚至半定量地反映地下岩层电阻率随深度的变化；由曲线上的"上冲"或"下冲"对应的等效深度，可近似估计低阻层或高阻层上界面的深度；全时域视电阻率及其对应的等效深度的计算结果，不仅可应用于ATEM实测资料的定性解释，而且可为下文中定量反演方法提供初值。

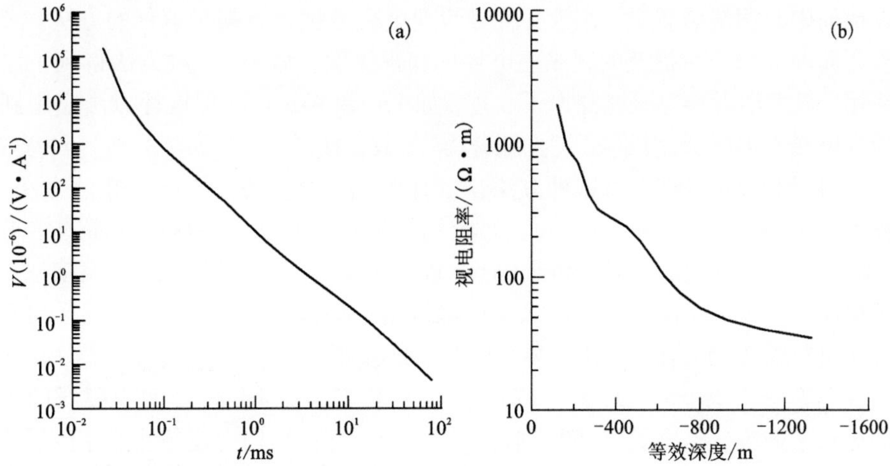

图3-3　QQ型地电断面上的理论瞬变响应(a)和对应的视电阻率随等效深度的变化(b)

地电断面参数：$\rho_1=2000\ \Omega\cdot m$，$\rho_2=500\ \Omega\cdot m$，$\rho_3=100\ \Omega\cdot m$，$\rho_4=20\ \Omega\cdot m$，$h_1=50$ m，$h_2=150$ m，$h_3=300$ m；观测装置参数：装置类型$N_A=1$(水平线框发射，水平线框接收)，发射线框高度$h=40$ m，接收线框高度$z=30$ m，收发距$r=30$ m，发射线框等效面积S_{TX}=接收线框等效面积$S_{RX}=10000\ m^2$；供电波形：下阶跃波形，关断后沿宽度$t_r=0.02$ ms。

3.2 电导率深度转换——浮动薄板法

3.2.1 电导率深度转换方法(CDT)概述

由上文视电阻率法的叙述可知，用全区视电阻率解释瞬变电磁数据存在一些问题，产生的光滑曲线忽略了不少有用信息。用传统的反演理论进行最小二乘反演，在数学理论推导上是非常严谨的，但过于耗时。因此在瞬变电磁法勘探中，需要一种能够保留所需信息的电阻率深度快速转换方法，比如对大地电磁测深(MT)数据，常用博斯蒂克方法进行转换以便于定性解释。

从20世纪60年代开始，有学者进行了电阻率深度快速转换方法的研究。最早Sidorov和Tikshaev[149]提出了浮动薄板解释法，这种方法用一导电薄板代替地下层状介质，根据导电薄板的瞬变电磁场解析式，求出某时间的观测响应所对应的某深度处的一个电导薄板层。可形象地理解为：随时间的增减，等效导电薄板以速度$1/\mu_0\sigma$上下“浮动”(σ为电导率，μ_0为磁导率)。浮动薄板法开始只是应用在地面中心回线装置上，作为一种对瞬变电磁数据进行初步解释的方法，求出的参数即前面章节所提及的视纵向电导率和视深度。后来，这种方法得到了广泛的采用，很多学者参与研究并作了改进，如Liu和Asten[150]把这种方法应用到航空瞬变电磁法中，利用了迭代方法求解参数，使该方法可应用到各种装置；Tartaras和Zhdanov等[151]对这种方法作了详细的分析，改进了求参数的方法后，改称为“S－反演法”(S-inversion)，并应用于勘探实例中，和地震剖面的结果比较，验证了这种方法的效果；Zhdanov和Pavlov等[152]提出了区域S－反演法，增强了横向分辨能力，使其更好地识别局部构造；Combrinck[153]研究了对浮动薄板解释法进行校正的方法，给出了差分转换法的校正因子。

以上方法均源于同一理论。20世纪70年代末，Nabighian[12]对电磁场的传播特性进行了研究，提出了“烟圈”理论。该理论研究在均匀大地条件下存在下阶跃电磁场时，在半空间中激励起感应涡流场以维持在断开电流以前存在的磁场，开始电流集中于地表附近，并按r^{-4}规律衰减(r为收发距)。随后面电流开始扩散到下半空间中，在任意观测时间，感应涡流成多个层壳的“环带”形，并形成一系列与发送回线同形状并且向下及向外扩散的“电流环”，这些电流环就像是由发射回线吹出的“烟圈”，其半径随时间增大而扩大，深度随时间延长而加深。可以从这一理论得到启发，当计算均匀半空间的地面瞬变电磁响应时，可以用某一时刻的镜像电流环来比拟。其后，Raiche和Gallagher[154]计算出了电磁场在均匀半空间不同介质中的传播速度。很多学者在此基础上，对瞬变电磁法响应进行电阻率深度快速转换的研究，出现了很多计算方法[155-160]，并应用于实际勘查中。从20

世纪90年代开始，学者们把这些方法应用到了 ATEM 数据处理中，并作了改进，出现了一系列的新方法[161－165]。

以上就是瞬变电磁法电阻率深度转换的两种理论来源。由于浮动薄板法出现较早，在地面瞬变电磁法中应用成熟，本书也选用了该方法。3.2.1 小节先说明浮动薄板法的原理和计算方法，3.2.2 小节说明该方法的理论依据，即推导不导电介质中良导薄板的瞬变电磁场公式，3.2.3 小节讨论具体计算方法，即求解参数的方法；3.2.4 小节把这种方法应用于理论模型的算例与分析。

3.2.2　不导电介质中良导薄板的瞬变电磁场

不导电介质中的良导水平薄板在瞬变电磁场中产生感应电流，具有感应面电流的薄板是瞬变电磁场正演计算中能够用初等函数表示出其解释式的唯一地电断面。其正演采用镜像法。

设良导水平薄板上方 h 处有一垂直磁偶极子发射源，其磁矩 $P_M = ISN$。良导薄板的面电导率为 σ，σ 即纵向电导率。在发射偶极子中通以阶跃电流：

$$I_1 = \begin{cases} I_1, & t<0 \\ 0, & t \geqslant 0 \end{cases} \tag{3-5}$$

一次稳定电流 I_1 在 $t=0$ 时刻突变为零。在这一变化磁场作用下，板体内产生感应电流：

$$E = -\frac{\partial A}{\partial t} \tag{3-6}$$

由上式得涡流的面电流密度为：

$$\frac{j}{\sigma} = -\frac{\partial A}{\partial t} \tag{3-7}$$

由此不难理解，板内的面电流密度 I 只有在 r 方向上有变化。r 的起点定在磁偶极子源在板上的投影点。因此，可假定电流函数 $I(r)$ 为板上任一 r 处到边界上的总电流。其电流密度 j 等于：

$$j = \frac{\partial I(r)}{\partial r} \tag{3-8}$$

利用安培环流定律：

$$\mu_0 I(r) = \oint B \cdot \mathrm{d}l \tag{3-9}$$

用包围此部分电流的闭合路径（自 r 处由板上方绕过板边缘或无穷远，再由板下方绕回到 r 处）进行环路积分，得：

$$\mu_0 j = \mu_0 \frac{\partial I(r)}{\partial r} = \frac{\partial}{\partial r}\oint B \cdot \mathrm{d}l = 2\frac{\partial}{\partial r}\int_r^{\infty} B_r \mathrm{d}r = -2B_r \tag{3-10}$$

即面电流密度的表达式为：

$$j = -\frac{2B_r}{\mu_0} \tag{3-11}$$

将上式代入到式(3-7)，并考虑到矢量位 **A** 只有 φ 分量，其符号与一次电流方向相反，得：

$$\frac{\partial B_r}{\partial \mu_0} = -\frac{\partial A_\varphi}{\partial t} \tag{3-12}$$

由 $\boldsymbol{B} = \nabla \times \boldsymbol{A}$，取 r 分量则有 $B_r = -\partial A_\varphi / \partial z$，故由式(3-12)可得板体内矢量位满足的波动方程：

$$\frac{2}{\sigma\mu_0}\frac{\partial A_\varphi}{\partial z} = \frac{\partial A_\varphi}{\partial t} \tag{3-13}$$

根据边界条件 $A_\varphi^{内} = A_\varphi^{外}$，板体外侧同样满足方程式(3-13)。该方程的解有如下形式

$$A_\varphi = f\left(z + \frac{2}{\sigma\mu_0}t\right) \tag{3-14}$$

根据镜像法原理，离地表深度为 h 的不导电介质中的良导薄板的实际作用可用等效虚源代替。这时该虚源离发射源的实际距离 $z = 2h$，故式(3-14)可写为：

$$A_\varphi = f\left(2h + \frac{2}{\sigma\mu_0}t\right) \tag{3-15}$$

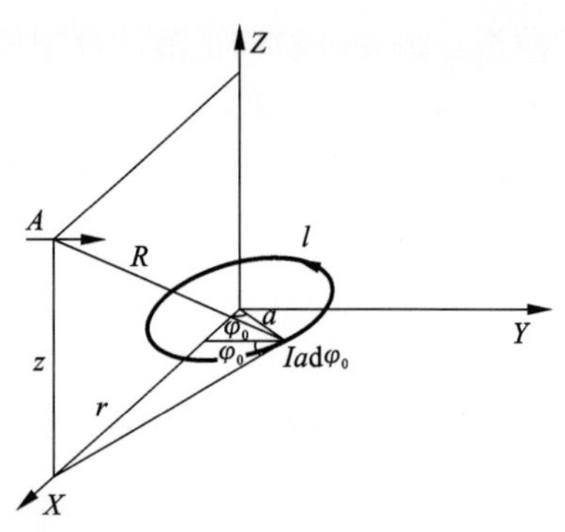

图 3-4　环形电线线圈的矢量位

此式说明，在 $t > 0$ 时，虚源以速度 $2/\sigma\mu_0$ 向下作匀速运动。这就是良导薄板中的涡流场随时间衰减过程的数学描述。

下面推导矢量位分量 A_φ 的准确表达式。为此，我们将导电板中呈面状分布的涡流以环形电流 I 代替，见图 3-4。它在自由空间中产生的矢量位是：

$$A = \frac{\mu_0}{4\pi}\oint \frac{I}{R}\mathrm{d}l \tag{3-16}$$

选择柱坐标系(r, φ, z)，其轴线与环形电线线圈轴重合。为方便起见，坐标原点设在环形电流线圈中心。由上文可知，矢量位 **A** 只有 φ 分量 A_φ，故：

$$A_\varphi = \frac{\mu_0}{2\pi}\int_0^\pi \frac{Ia\cos\varphi_0 \mathrm{d}\varphi_0}{(z^2 + r^2 + a^2 - 2ar\cos\varphi_0)^{1/2}} \tag{3-17}$$

式中，$Ia\mathrm{d}\varphi_0$ 为线圈上的某一段电流元，a 为环形电流线圈半径。式(3-17)中的 $\cos\varphi_0$ 表示电流元处于不同位置时对 A_φ 的贡献。利用二项式定理展开上式的分母，并假设 $a^2 \ll (r^2 + z^2)$，可写出

$$A_{\varphi} = \frac{I\mu_0}{2\pi}\int_0^{\pi}\frac{a\cos\varphi_0}{(r^2+z^2)^{1/2}}\left[1+\frac{\mathrm{arc}\cos\varphi_0}{r^2+z^2}\right]\mathrm{d}\varphi_0 = \frac{I\mu_0 a^2 r}{4(r^2+z^2)^{3/2}} \tag{3-18}$$

将式(3－15)的关系代入上式，得

$$A_{\varphi} = \frac{I\mu_0 a^2 r}{4\left[r^2+\left(2h+\dfrac{2t}{S\mu_0}\right)^2\right]^{3/2}(r^2+z^2)^{3/2}} \tag{3-19}$$

式中，S 为该薄板的总电导。可以通过磁场和矢量位之间的关系式，研究水平共面装置的瞬变电磁场响应。

$$H_z = \frac{1}{\mu_0}\frac{1}{r}\frac{\partial}{\partial r}(rA_{\varphi}) \tag{3-20}$$

将式(3－19)代入上式，得

$$H_z = -\frac{P_M}{4\pi}\frac{r^2-8\left(h+\dfrac{t}{\mu_0 S}\right)^2}{\left[r^2+4\left(h+\dfrac{t}{\mu_0 S}\right)^2\right]^{5/2}} \tag{3-21}$$

式(3－21)表明，薄板产生的二次磁场在初期是很不均匀的。这一不均匀现象在横向和纵向上都表现得很清楚。然而随着时间的推移，地下磁场在空间上逐渐趋向均匀化。对上式求导，可以得出磁场随时间的导数为

$$\frac{\partial H_z}{\partial t} = -\frac{P_M}{\pi\mu_0 S}\times\frac{\left(h+\dfrac{t}{\mu_0 S}\right)\left[-9r^2+24\left(h+\dfrac{t}{\mu_0 S}\right)^2\right]}{\left[r^2+4\left(h+\dfrac{t}{\mu_0 S}\right)^2\right]^{7/2}} \tag{3-22}$$

这就是不导电介质中良导薄板的瞬变电磁场公式。在特殊的情况下，如足够长的时间内或者在发射源附近，即 $r^2 \ll (h+t/\mu_0 S)^2$ 条件下，式(3－21)和式(3－22)可简化为

$$H_z = \frac{P_M}{16\pi}\frac{1}{\left(h+\dfrac{t}{\mu_0 S}\right)^3} \tag{3-23}$$

$$\frac{\partial H_z}{\partial t} = -\frac{3P_M}{16\pi\mu_0 S}\times\frac{1}{\left(h+\dfrac{t}{\mu_0 S}\right)^4} \tag{3-24}$$

同点观测方式可以符合以上条件，从而可以用简化公式进行计算。实际上，地面电磁法多采用这种简化方法，便于对观测曲线进行解释，早年所用到的视纵向电导解释方法就是通过对式(3－24)变换，求出 S 和 h 的值得到的。当 ATEM 用非近区探测方法时(即 r 不可忽略)，则必须用式(3－22)进行解释。

3.2.3 浮动薄板法

Sidorov 和 Tikshaev[149]提出的浮动薄板解释法，其理论基础源于电导薄层的理论电磁响应。电导薄层的理论电磁响应公式最早由 Price[166]和 Sheinmann[167]推导得出，他们所用的理论模型被称为“薄板模型”。此后，浮动薄板解释法得到了广泛采用，并在此基础上得到改进和发展。以下阐述这种方法的原理。

图 3 - 5 所示为 ATEM 的观测模型，根据以上推导出的不导电介质中良导薄板的瞬变电磁响应，考虑 ATEM 的观测参数，在绝缘空间中有一磁偶极子 P_M，深度 d 处有一整体电导为 S 的电导薄层(注意，电导薄板为无厚度的薄板层，S 为整体电导，而非电导率)，在和该磁偶极子于距离为 r 的空中产生的瞬变响应为

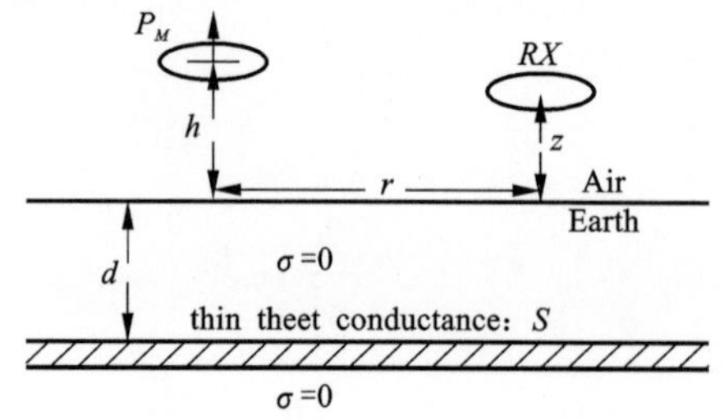

图 3 - 5 薄板电导模型示意图

$$\frac{\partial B_z}{\partial t}=\frac{P_M(2d+h+z+2\tau)}{2\pi S}\times\frac{[-9r^2+6(2d+h+z+2\tau)^2]}{[r^2+(2d+h+z+2\tau)^2]^{7/2}} \tag{3-25}$$

式中，$\tau=t/\mu_0 S$，其他的参数意义和上文一致(如图 3 - 5)。

现在假设大地的瞬变响应由该水平电导薄层中的激发电流所产生，即大地中有效穿透深度内所有的电导都集中于这个薄板电导层中。大地为层状模型时，在深度 d 范围内有 N 层，薄板的电导 S 可由 N 层电导相加得到

$$S=\sum_{i=1}^{N}\frac{h_i}{\rho_i} \tag{3-26}$$

式中，h_i 和 ρ_i 为各层的厚度和电阻率。如果大地模型为连续变化的介质模型时，薄板的总电导可表示为

$$S=\int_0^{\zeta}\frac{\mathrm{d}z}{\rho(z)}=\int_0^{\zeta}\sigma(z)\,\mathrm{d}z \tag{3-27}$$

式中，ζ 为电磁场的有效穿透深度，$\rho(z)$ 和 $\sigma(z)$ 为电阻率和电导率随深度 z 的变化量。

观察式(3 - 25)，可知前期，电磁场在介质中的传播表现为随多个参数变化而变化，对给定观测时间，磁场的变化不仅随薄板电导层的参数变化(d 和 S)而变化，还随收发距 r 的变化而变化。随时间的变化而推移。在小收发距的情况下，即 $r^2\ll 4(d+\tau)^2$ 的条件下，式(3 - 25)可简化为

$$\frac{\partial B_z}{\partial t}=\frac{3P_M}{\pi S(2d+h+z+2\tau)^4} \tag{3-28}$$

此时，可以忽略 r 的影响，这适用于中心回线观测方式，因为此时总满足 $r=0$。而 r 的值不可忽略时，则必须用式(3-25)计算。

浮动薄板法的主要思路如下，解释电磁法数据最初的方法是用视电阻率法，视电阻率法是基于均匀大地模型计算出来的；要计算电磁场的有效穿透深度，通常所用的是趋肤深度公式或其改进公式。经过深度转换，便可得到视电阻率对深度的关系曲线。由上文视电阻率的研究可以看出视电阻率法得到的曲线多为光滑的曲线，不能很好地反映地下的横向构造，尤其是在存在横向突变的情况下效果更不好。

对比视电阻率的均匀半空间模型，我们可以考虑引入绝缘空间中的等效电导薄板模型。假设在地下 d_1 深度的位置存在一层视纵向电导为 $S_a(t_1)$ 的薄板，在某时间 t_1 所激发的理论电磁响应等效于 t_1 的实际观测响应，并使该薄板电导值(即视纵向电导)等于电磁场的穿透深度范围内各层的电导率与厚度的乘积累加。

电磁场的穿透深度与时间的平方根成正比，因此，随着观测时间的推移，穿透深度加大，视纵向电导值也增大，视纵向电导是随深度单调递增的函数。所以，到下一个观测时间 t_2，可以找到另一个电导值更大$[S_a(t_2)>S_a(t_1)]$的、深度更深($d_2>d_1$)的等效电导薄层，因此视纵向电导也是时间的函数，可以得到视纵向电导曲线 $S_a(t)$。对每一观测时间，我们不仅可以求出薄板的电导值，还可以求出深度值 d，由此可以得到视纵向电导对深度的关系曲线 $S_a(d)$，在理论上该曲线呈现出随深度单调递增的性质。

同时，由式(3-27)可知视纵向电导与电导率之间的关系。因此，计算出视纵向电导和深度值后，通过对电导率与深度的关系曲线 $S_a(d)$进行差分计算，可以得到电导率随深度的变化关系

$$\sigma(d)=\frac{\partial}{\partial d}S(d) \tag{3-29}$$

由于习惯上常用电阻率表示地下的电性变化，因此只需对电导率的值取倒数就可以得到电阻率随深度变化的变化曲线 $\rho(d)$。

以上就是对浮动薄板法的描述，式(3-25)和式(3-28)中，薄板的两个参数 S 和 d，与理论响应值之间为高阶二元函数的关系，已知响应值求薄板的参数的问题有一定的难度，这也是求电导率深度的曲线关键的问题。以下给出两种求解参数的方法。

3.2.3.1　电导差分转换法

最初由 Sidorov 和 Tikshaev 提出的电导差分转换法，是一种简单的求解薄板电导参数的方法，可以把观测的感应电动势对时间的函数，转化为纵向电导对深度的关系，而不需要迭代计算。这种方法通过简化公式，只对式(3-28)(中心回线装置的情况)进行处理。

其过程首先是由式(3 -28)求感应电动势对时间的导数

$$\frac{\partial}{\partial t}\left(\frac{\partial B_z}{\partial t}\right) = -\frac{24P_M}{\pi\mu_0 S^2(2d+h+z+2\tau)^5} \tag{3-30}$$

为简化表示，用$|V|$表示$\partial B_z/\partial t$，$|V|'$表示式(3 -30)的内容。对比式(3 -28)和式(3 -30)两式，可以得到

$$S = \frac{16\pi^{1/3}}{(3P_M)^{1/3}\mu_0^{4/3}} \frac{(|V|)^{5/3}}{(|V|')^{4/3}} \tag{3-31}$$

同理，可以得到深度的值

$$d = -\frac{1}{\mu_0 S}\left(\frac{4|V|}{|V|'} + t\right) - \frac{1}{2}(h+z) \tag{3-32}$$

通过以上处理之后采用电导差分转换法，先对时间求一次差分，通过差分前后的值，可以直接求出纵向电导对深度的关系曲线。由于差分这一过程会使误差增大，在进行差分计算前，最好进行圆滑滤波处理。电导差分转换法的优点是速度快，不需要进行迭代计算，而且还不需要初始模型；但其缺点是差分过程会增大误差，且局限于中心回线装置。

3.2.3.2 正则化反演求参数法

另一种求电导薄板参数的方法是，用反演理论进行迭代计算。这种办法最初由 Liu 和 Asten[150]引入，为了使反演结果更加稳定，本书采用自适应正则化牛顿反演法[151-152]。观察式(3 -25)中有两个未知参数 S 和 d，因此可以用两个测道的观测数据求出一对参数，得到一个薄板模型。

首先，构造目标函数 P^α：

$$\boldsymbol{P}^\alpha(\boldsymbol{m}) = \boldsymbol{\varphi}(\boldsymbol{m}) + \alpha\boldsymbol{Q}(\boldsymbol{m}) \tag{3-33}$$

这是一个关于模型参数 $\boldsymbol{m}$ 和正则化参数 α 的函数，其中 $\varphi(\boldsymbol{m})$是匹配函数：

$$\boldsymbol{\varphi}(\boldsymbol{m}) = \boldsymbol{R}(\boldsymbol{m})^{\mathrm{T}}\boldsymbol{R}(\boldsymbol{m}) \tag{3-34}$$

$\boldsymbol{Q}(\boldsymbol{m})$为稳定函数：

$$\boldsymbol{Q}(\boldsymbol{m}) = (W_m\boldsymbol{m} - W_m\boldsymbol{m}_{apr})^{\mathrm{T}}(W_m\boldsymbol{m} - W_m\boldsymbol{m}_{apr}) \tag{3-35}$$

$\boldsymbol{R}(\boldsymbol{m})$代表相对误差向量：

$$\boldsymbol{R}(\boldsymbol{m}) = \boldsymbol{W}_A[\boldsymbol{A}(\boldsymbol{m}) - \boldsymbol{A}_o] \tag{3-36}$$

式中，$\boldsymbol{A}(\boldsymbol{m})$表示对模型 $\boldsymbol{m}$ 的正演结果，$\boldsymbol{A}_o$ 表示要拟合的观测数据，m_{apr}表示先验模型参数，$\boldsymbol{W}_m$ 为先验模型参数倒数的对角阵 $W_m = \mathrm{diag}\{1/m_{apr}(1), 1/m_{apr}(2)\}$，$W_A$ 为观测数据倒数的对角阵，$W_A = \mathrm{diag}\{1/A_o(1), 1/A_o(2)\}$。

通过迭代计算得到新模型的参数

$$\boldsymbol{m}_{n+1} = \boldsymbol{m}_n + \Delta\boldsymbol{m}_n \tag{3-37}$$

式中，$\boldsymbol{m}_n$ 为第 n 次迭代时的模型，$\Delta\boldsymbol{m}_n$ 为式(3 -37)计算得到的模型修改量：

$$\Delta\boldsymbol{m}_n = -(\hat{\boldsymbol{H}}_n + \alpha\hat{\boldsymbol{I}})^{-1}[\hat{\boldsymbol{F}}_n^T\boldsymbol{W}_A^T\boldsymbol{R} + \alpha\boldsymbol{W}_m(\boldsymbol{m}_n - \boldsymbol{m}_{apr})] \tag{3-38}$$

式中，$\hat{\boldsymbol{H}}$ 为海森矩阵，$\hat{\boldsymbol{H}}=\hat{\boldsymbol{F}}^T\boldsymbol{W}_A^T\boldsymbol{W}_A\hat{\boldsymbol{F}}$，$\hat{\boldsymbol{F}}$ 为雅克比矩阵，$\hat{\boldsymbol{I}}$ 为单位矩阵，上文中式(3－25)为正演计算公式。由于正演公式简单，迭代计算收敛非常快，当达到要求的精度时自动终止。对理论响应数据，匹配方差可以达到0.1%。

雅克比矩阵即偏导数矩阵，由数据对各参数的偏导数构成，是一个 $N_d\times N_m$ 的矩阵，N_d 表示反演中所用到的数据的个数，N_m 表示模型参数的个数。由于，在本书中采用两个观测数据 $|V(t_1)|$，$|V(t_2)|$，因此雅克比矩阵的形式为：

$$\hat{\boldsymbol{F}}=\begin{bmatrix}\dfrac{\partial|V(t_1)|}{\partial d} & \dfrac{\partial|V(t_1)|}{\partial S}\\[2ex] \dfrac{\partial|V(t_2)|}{\partial S} & \dfrac{\partial|V(t_2)|}{\partial S}\end{bmatrix} \tag{3-39}$$

雅克比矩阵的元素可以通过式(3－25)，用解析法求得，

$$\frac{\partial|V|}{\partial d}=\frac{P_M}{\pi S}\cdot\frac{-9r^4+72r^2(d_e+2\tau)^2-24(d_e+2\tau)^4}{[r^2+(d_e+2\tau)^2]^{9/2}} \tag{3-40}$$

$$\frac{\partial|V|}{\partial S}=\frac{-P_M}{2\pi S^2}\cdot\left\{\frac{(d_e+4\tau)[-9r^2+6(d_e+2\tau)^2]}{[r^2+(d_e+2\tau)^2]^{7/2}}+\frac{2\tau(d_e+2\tau)^2[75r^2-30(d_e+2\tau)^2]}{[r^2+(d_e+2\tau)^2]^{9/2}}\right\} \tag{3-41}$$

式中，$d_e=2d+h+z$。

上述计算还存在两个问题，一是正则化参数 α 选取的问题，二是先验模型的问题。本书算法采用 Zhdanov[151－152] 提出的自适应选取正则化参数方法，这种方法的基本思想是在迭代计算中，当匹配方差减小时，正则化参数的值也减小，当匹配方差增大时，正则化参数也增大。正则化参数 α 的初值可以通过计算海森矩阵各项的平方和，然后取其平方根乘以系数0.01得到。这样取初值可以使匹配函数和稳定函数基本上在同一个数量级上。

正则化反演的一个优点是可以使反演过程对初始模型的依赖性减小。如果不用正则化方法，初始模型选取稍有不当就有可能使迭代过程发散。本研究给出首层薄板的初始模型，可以用第一观测时间的视电阻率值和深度，通过一定的变换，算出在该深度上的薄板的电导值 S_1 和该深度值 d_1，作为首层的初始模型。而后面测道的反演，则可以用前一个反演出的模型作为该测道反演的初始模型。

在设计反演程序时，为了避免噪声的影响，使反演结果更加稳定，也可以考虑用多道(如3道或4道)数据反演一个薄板模型，只需要对上述算法稍作修改即可实现。但使用多道反演会产生两个问题，一是反演曲线会变得光滑，分辨率变小，因为稳定与分辨率是一对矛盾，要稳定则有可能忽略了一些有用信息；二是当曲线变化较大时(仍在合理的范围内)，有可能达不到给出的误差阀值，导致不收敛。如当地下岩石电性变化较大时，所得到的观测曲线在某几个测道之间变化

较大，这时可能找不到一个模型同时满足几个测道的响应，从而使误差增大，而这种影响也仅仅发生在若干个测道之间，这样导致难以设置恰当的误差阀值。

在实际应用中会存在一个问题：从上述分析可知，纵向电导是深度的单调递增函数，要求观测响应曲线必须是一条单调递减的曲线，但我们知道实际应用中的观测响应曲线由于受到各种干扰，有可能出现跳动，个别点会随时间增大，甚至出现负值，因此实际应用中，常对这种方法使用一些技巧，如对观测曲线进行前期的平滑滤波、剔除跳变点等处理。

3.2.4 浮动薄板法的算例与分析

根据以上算法编写程序，对典型层状大地模型的理论响应，进行电阻率和深度的转换试验，研究浮动薄板法的特点。以下给出若干模型的计算算例。

算例中取以下参数，观测装置参数：装置类型 $N_A=1$（水平线框发射，水平线框接收），发射线框高度 $h=40$ m，接收线框高度 $z=30$ m，收发距 $r=30$ m，发射线框等效面积 S_{TX} 等于接收线框等效面积 S_{RX}，为 1 m^2；发射电流：$I=1$ A；发射波形：下阶跃波形。

图 3－6 给出了两个低阻异常模型响应的转换结果，其模型参数分别为：图 3－6(a)中，$\rho_1=100\ \Omega\cdot m$，$\rho_2=10\ \Omega\cdot m$，$\rho_3=100\ \Omega\cdot m$，$h_1=100$ m，$h_2=50$ m，$h_3\to\infty$；图 3－6(b)中，$\rho_1=100\ \Omega\cdot m$，$\rho_2=10\ \Omega\cdot m$，$\rho_3=100\ \Omega\cdot m$，$h_1=50$ m，$h_2=50$ m，$h_3\to\infty$。如图 3－6 中粗线所示，细线为用浮动薄板法对模型理论响应进行快速转换的结果。两个模型仅低阻层的埋深不同，其他参数相同。从图中反演结果可以看出：浮动薄板法反映低阻层深度的效果是非常明显的，可以基本确定低阻层存在的深度；转换结果中从高阻向低阻的过渡区，比从低阻向高阻的过渡区反映得更好，如两个图中深部低阻向高阻的过渡曲线较前面的要平缓，底层高阻层的电阻率值偏低；低阻层的厚度也有一定的反映，从图中可以看出模型电阻率突变的深度，跟转换曲线中电阻率变化剧烈的深度也能对应上；转换得到的电阻率值却有偏差，如图 3－6(a)中，转换结果的低阻层的电阻率为 3～4 $\Omega\cdot m$，图 3－6(b)中的为 2 $\Omega\cdot m$ 左右；转换结果中电阻率最小值的位置比模型中低阻层的中心深度稍微小一点，这可以定性理解为，浅部地层对响应的影响比深部地层大；转换曲线的浅部都有如同视电阻率中的“上冲”一样的抖动，但是相对低阻异常而言，变化不大，极大值出现在第一层的中心位置。算例还用不同装置参数，对不同模型参数的低阻异常模型的理论响应作了转换计算，都可以得到相似的结果。这些特征，在实际中至少有一点可以应用，就是反映低阻层深度的效果非常明显，电阻率下降最快（导数最大）的深度可以认为是低阻层的上界面位置。

图 3－7(a)给出了一个高阻异常模型响应的转换结果，其模型参数为：$\rho_1=100\ \Omega\cdot m$，$\rho_2=1000\ \Omega\cdot m$，$\rho_3=100\ \Omega\cdot m$，$h_1=20$ m，$h_2=30$ m，$h_3\to\infty$（图中

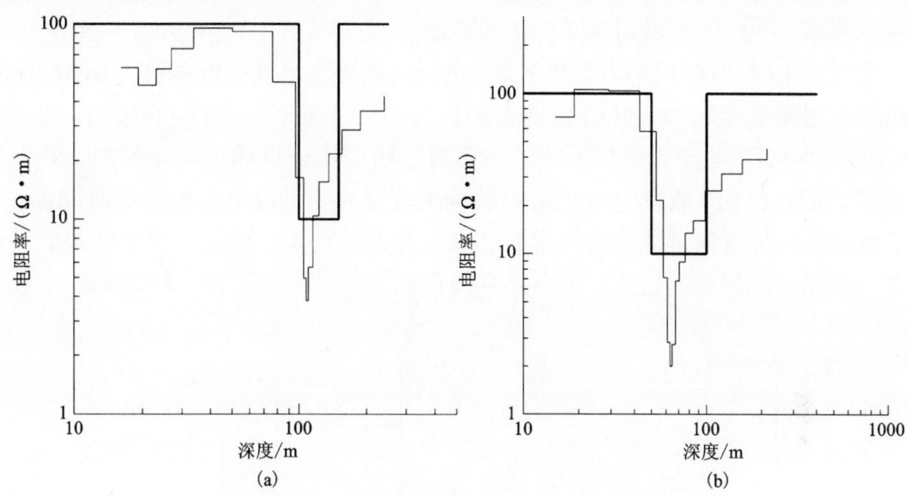

图 3-6　浮动薄板法低阻异常模型转换曲线

粗线所示)。细线为用浮动薄板法对模型理论响应进行快速转换的结果。和低阻模型的转换结果相比较，浮动薄板法反映高阻异常的效果不明显，如图中曲线没有出现突变，变化非常平缓，电阻率的最大值很小，只为 100 ~ 200 Ω · m；转换得到的首层和末层的电阻率跟真实模型的电阻率相比，偏小很多，只为 60 ~ 70 Ω · m。图 3-7(a)为在浅覆盖层模型(h_1 = 20 m)时的转换结果，当覆盖层加大时，效果更加不理想，如图 3-7(a)中还能大概划定异常存在的深度，异常层埋深加大(h_1 >50 m)时，转换曲线中的高阻异常的特点为：当其他参数不变，埋藏加深时，异常区域变宽，异常值变小，异常的中心点也变得不稳定。因此，通过对高阻异常模型的试验，可以认为浮动薄板法对低阻异常的反映比高阻异常要明显得多，这种方法不适合应用于需要反映高阻异常的情况。

图 3-7(b)给出了一个四层 HK 型模型响应的转换结果，模型参数为：ρ_1 = 100 Ω · m，ρ_2 = 10 Ω · m，ρ_3 = 100 Ω · m，ρ_4 = 10 Ω · m，h_1 = 50 m，h_2 = 50 m，h_3 = 50 m，$h_4 \to \infty$(图中粗线所示)。细线为用浮动薄板法对模型理论响应进行快速转换的结果。观察图中的转换结果，基本上可以反映 HK 型模型的特征，真实模型中有两个低阻异常，转换结果都能识别它们的存在；但上文的结论(对低阻异常的反映效果非常明显，电阻率变化最快的深度可认为是低阻层的上界面位置)只适用于第一个异常低阻层；对首层高阻层的电阻率值，转换结果也能大概反映，同时对首层为不同电阻率值(如 200 Ω · m，500 Ω · m 等)的模型响应进行了转换计算，都能得到相同的结论，因此结合上文，可以认为浮动薄板法的转换结果中，存在首层高阻和次层电阻率减小剧烈的情况下，判断低阻层的存在是可

信的；观察真实模型中的第三层，转换结果中的次极大值，与真实模型相比较往上偏了很多，已经不能识别深部变化的界面。

通过以上对 ATEM 模型的理论响应进行转换计算及其分析表明，用浮动薄板法进行电阻率深度转换，得到的结果相比视电阻率法，不管反映高阻或低阻异常，效果更好，曲线异常更加明显；浮动薄板法应用于反映低阻异常时，效果非常明显，电阻率下降最快(导数最大)的深度可以认为是低阻层的上界面位置；应用于反映高阻异常时，跟低阻异常时相比，效果差得多，异常反映不明显；当地下存在多层低阻异常时，也能识别异常的存在，只是首个低阻异常的效果明显。

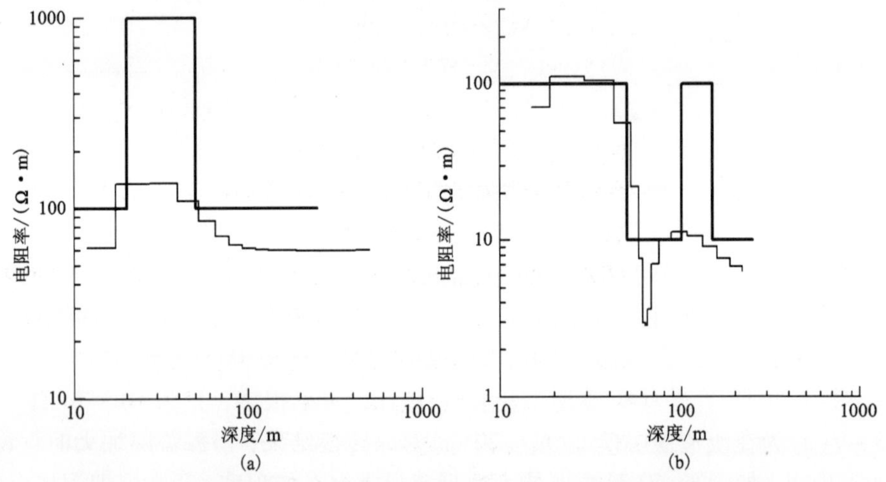

图 3-7　浮动薄板法高阻异常模型(a)和四层 HK 型模型(b)转换曲线

3.3　基于虚拟背景场的相对感应电动势研究

3.3.1　相对感应电动势的定义

关于相对感应电动势的提出是受正演模拟计算的启发，即背景场与二次场可以分别计算得出。由于时间域瞬变电磁是一个四维电磁问题，即随时间变化的三维电磁场问题，在该问题的 2.5D 正演模拟算法中[66]，往往要通过拉氏变换和傅氏变换把四维电磁问题转换为拉氏域和傅氏域二维电磁问题，再分别求解背景二次场和异常体二次场，随后再对两者做逆拉氏和逆傅氏变换才能得到地表上真实的感应电动势(垂直感应电动势)。其中异常场是通过有限单元法求解完成的。模拟结果见图 3-8。图 3-8(a)(b)分别表示背景介质感应电动势和总感应电动势，其中感应电动势数值大小横跨 6 个数量级，微小的异常很难识别，但如果单独显示，二次场就很明显。

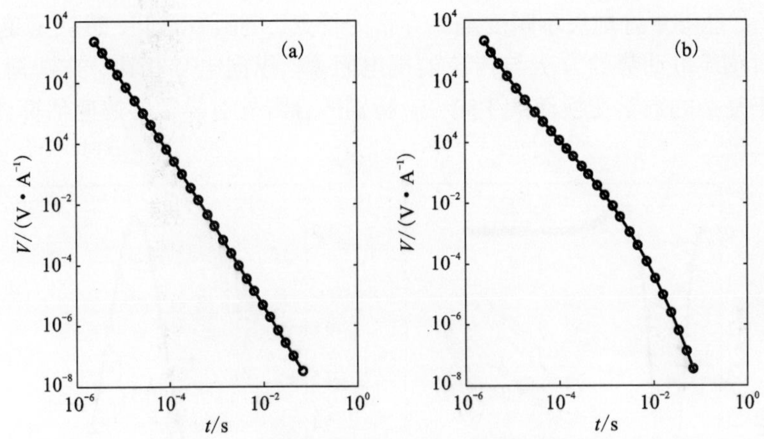

图 3-8　均匀介质与层状介质模拟结果

(a) 电阻率为 100 Ω·m 均匀半空间感应电动势；(b) 三层介质数值解（$\rho_1 = 100$ Ω·m、$\rho_2 = 10$ Ω·m、$\rho_3 = 500$ Ω·m，$h_1 = 50$ m、$h_2 = 100$ m）

因此，我们定义剩余感应电动势（也叫绝对纯二次场）和相对感应电动势为：

$$\Delta V = V_t - V_b \tag{3-42}$$

$$\Delta V_r = \frac{V_t - V_b}{V_b} \tag{3-43}$$

式中，V_t 为总体感应电动势，V_b 为背景介质感应电动势，ΔV 为剩余感应电动势，它们的单位经电流归一化后为 μV/A，ΔV_r 称为相对感应电动势，是一个比值，无单位。

为研究相对感应电动势随深度的变化规律，引入勘探深度概念[143]（或视深度）h_a。

$$h_a = 4/\sqrt{\pi}\left(\sqrt{\rho t/\mu_o}\right) \tag{3-44}$$

式中，ρ 为估计的背景电阻率，t 为记录时间，μ_o 为磁导率。

按照式（3-42）、式（3-43）我们可以得到剩余感应电动势和相对感应电动势（图 3-9）。由于感应电动势的动态范围极大，在线性坐标下，剩余感应电动势和相对感应电动势显示出完全不同的异常特征：图 3-9（a）显示的“有效异常”在时间轴 4～30 μs 之间，为负异常，而图 3-9（b）显示的“有效异常”在时间轴 200～10000 μs 之间，为正异常。与总感应电动势对比发现，正确的异常位置应该在 200～10000 μs 之间，也就是说，相对感应电动势的曲线能够正确反映低阻层的信息，而剩余感应电动势只是反映了异常出现前的假异常，但由于其出现的时间早于真异常，故其感应电动势的数量级较大，这种假象曾经被当作真异常出现在多个文献中[16, 17, 170, 171]。由此看出，相对感应电动势与有背景二次场的感应电动势对比后，能够更好地展示瞬变电磁异常的特点，电阻率越低，感应量越强。

相对感应电动势的方法与传统的视电阻率、纵向电导相比，方法简单易行，不会由于复杂的数学变换而产生畸变，特别适合野外对异常的快速估算处理。

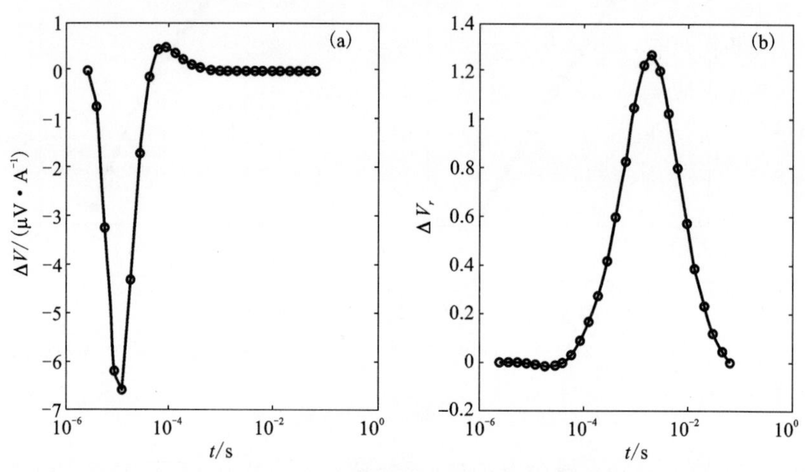

图 3-9 同一感应电动势不同处理结果对比

(a)剩余感应电动势；(b)相对感应电动势(比值)

3.3.2 计算虚拟背景场

获得相对感应电动势的必要条件是需要知道虚拟背景场，或者说需要首先得到一个近似背景电阻率，然后通过正演计算(均匀半空间解析解或数值解)即可获得虚拟背景场。背景电阻率一般可通过收集当地岩矿石电阻率的历史数据获得，或者通过实测感应电动势数据计算出当地的近似背景电阻率，只需要采用满足早期或晚期条件的计算公式求得首支渐近线的电阻率即可，也可用全区视电阻率的方法求取第一层电阻率作为背景值。

3.3.3 虚拟背景场对相对感应电动势的影响

在实际野外复杂地电环境下，很难确定一个精确的背景电阻率，这就需要了解背景电阻率对异常特征的影响。我们计算了一组背景电阻率为 50 Ω·m、100 Ω·m、200 Ω·m、1000 Ω·m 的均匀半空间的感应电动势，在双对数坐标下有两个特点：一是感应电动势随时间增加成线性下降；二是背景电阻率值越小，其感应电动势越大，即曲线向上平移。这些特点暗示选取不同背景电阻率时只会引起异常平移而不会改变异常特征。

图 3－10 为一个 H 型层状模型：$\rho_1 = 200\ \Omega \cdot \mathrm{m}$，$\rho_2 = 10\ \Omega \cdot \mathrm{m}$，$\rho_3 = 200\ \Omega \cdot \mathrm{m}$，各层厚分别为 $h_1 = 200$ m，$h_2 = 40$ m，分别以 50 Ω · m、100 Ω · m、200 Ω · m 和 1000 Ω · m 为背景电阻率计算得到相对感应电动势 ΔV_r 随 h_a 的变化曲线。可以看出以下几个特点：

（1）四条相对感应电动势曲线异常明显，曲线形态变化不大；

（2）相对感应电动势的数值差别较大，主要是由于背景电阻率选择不同引起的。当估计背景电阻率小于实际第一层电阻率时，背景的感应量大，则相对感应电动势出现负值，当估计背景电阻率大于实际第一层电阻率时，背景的感应量变小，则相对感应电动势出现较大正值。

（3）视深度随着背景电阻率的增大而变深，主要是视深度的计算公式中使用了背景电阻率的原因。

（4）当背景电阻率与实际相同或接近时，可以估计出异常体的顶部埋深。其他参数只能得出定性解释结果。

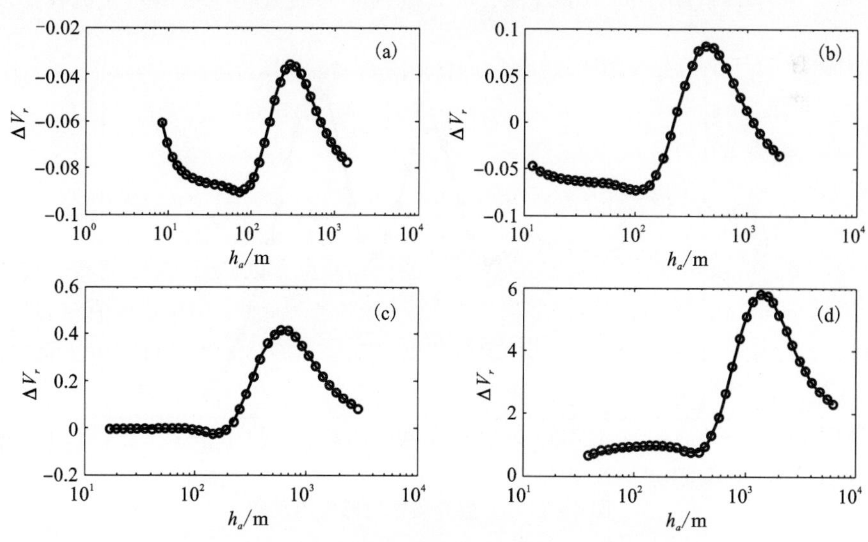

图 3－10　不同背景电阻率对相对感应电动势的影响

(a) 背景电阻率为 50 Ω · m；(b) 背景电阻率为 100 Ω · m；
(c) 背景电阻率为 200 Ω · m；(d) 背景电阻率为 1000 Ω · m

3.3.4 算例及快速地质解释

为了能够说明效果，我们分别对多层介质、二维局部异常体及实测资料进行了计算，并尝试快速定性解释。解释依据是感应电动势相对于虚拟背景感应电动势的大小，如果相对感应电动势数值是正值，数值越大，表明感应场越强，电阻率越低；如果相对感应电动势数值是负值，数值越大，表明感应场越弱，电阻率越高。

3.3.4.1 **层状模型**

模型参数：$\rho = 100$、10、500、10、1000 Ω · m，$h = 40$、5、150、40 m。依照式(3-43)和式(3-44)求出相对感应电动势及视深度，背景电阻率取为 100 Ω · m(图 3-11)。

依照图 3-11，我们可以快速得出以下地质解释：由于渐近线接近零值，可以判断第一层的电阻率大约为 100 Ω · m(由试算的背景电阻率获得)，第一层的厚度可以根据曲线快速上升的拐点判断为 30 ~ 40 m。根据电阻率越低感应量越大，判断有两个低阻层、三个高阻层，而且最后一层电阻率远高于第一层的电阻率。对于中间各层的电阻率只能根据第一层的电阻率定性判断相对大小，无法给出定量的解。对于各低阻层的顶部埋深，可大概判断为最大感应量所对应的视深度。

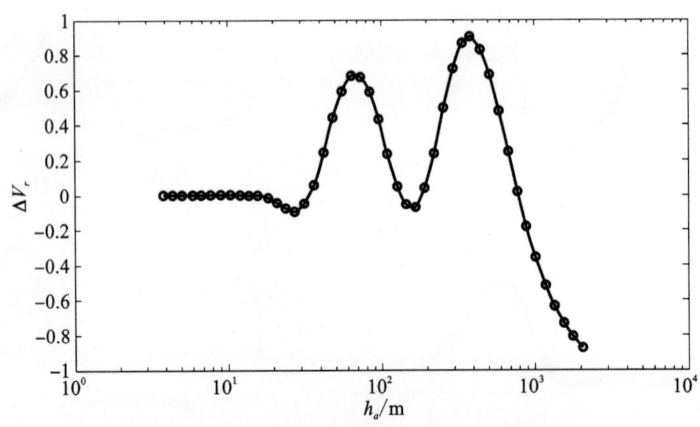

图 3-11 五层介质相对感应电动势

3.3.4.2 **局部异常体模型**

模型参数：背景电阻率为 200 Ω · m，良导薄板电阻率为 20 Ω · m，水平长度 500 m，厚度 50 m，顶端埋深为 200 m。通过 2.5D 瞬变电磁数值模拟获得地面上 11 个测深点的总感应电动势，由公式(3-43)计算出每个测点的相对感应电动势，绘制相对感应电动势等值线拟断面图(见图 3-12)。

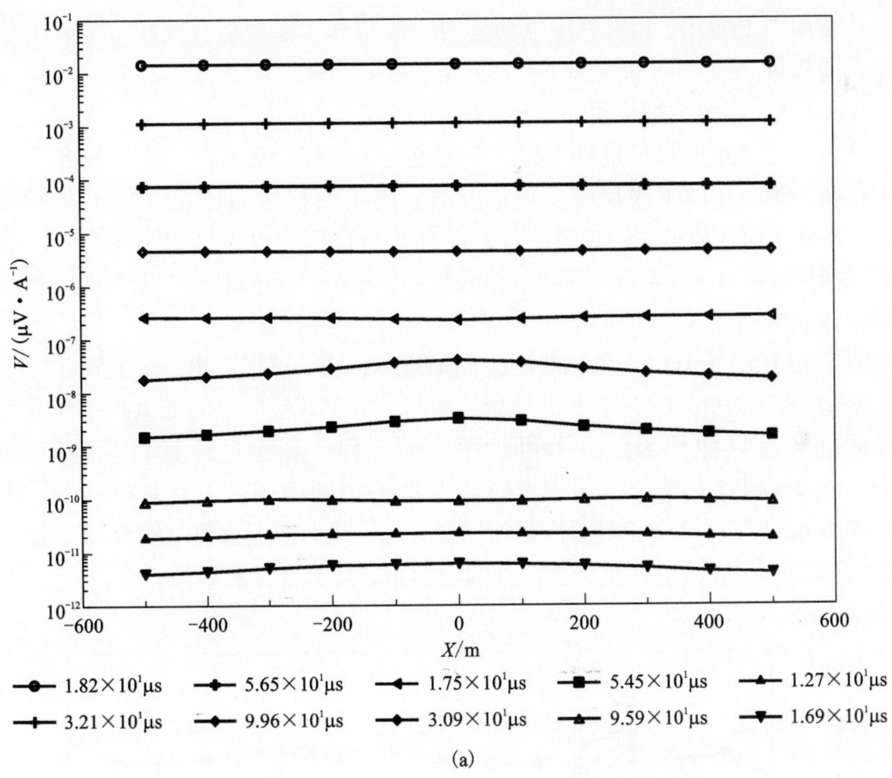

(a)

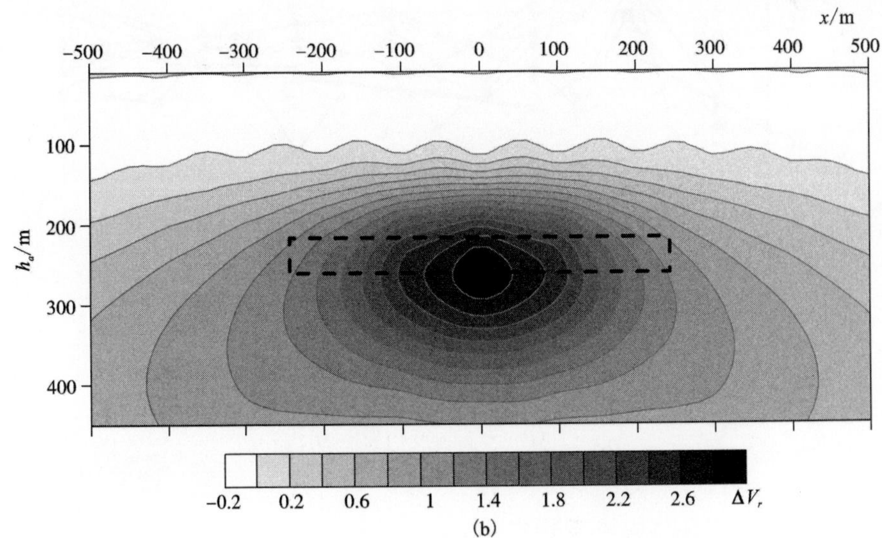

(b)

图 3－12　良导薄板上 TEM 剖面图及拟断面图

(a)各测点上时间抽道剖面图；(b)相对感应电动势等值线拟断面图

从断面图上看出，相对感应电动势的异常与真实模型吻合较好，甚至具有反演以后的效果。

3.3.4.3　**实测数据应用**

该实例是某水库坝址选址工程。首先进行了钻探，发现有些钻孔有溶洞和破碎带存在，随后开展了浅层瞬变电磁探查，属于面积性的详查。测区位于河道上，主要分布白云质砂岩，裂隙发育。详查共布设瞬变电磁勘探测线 5 条，点距 2 m，发射线圈：4 m×4 m(双匝)，接收线圈：1 m×1 m(双匝)，发射电流：8 A。资料解释成果如图 3－13 所示。

图 3－13(a)为其中一条测线的时间抽道剖面图，可以看出，很多测点二次场衰减很快，但在里程 4.5～7.5 m 处感应量较大，存在较明显的低电阻率异常，但这种抽道剖面只能作为定性判断。图 3－13(b)是通过计算背景电阻率为 50 Ω·m的虚拟背景场得出的相对感应电动势拟断面图，从图中看出，在里程 4.5～7.5 m 处存在一个相对感应量很强的异常，我们推测为裂隙发育且含水的破碎带，随后的钻孔 ZK7 证实为含泥沙的破碎带，与瞬变探测结果吻合。

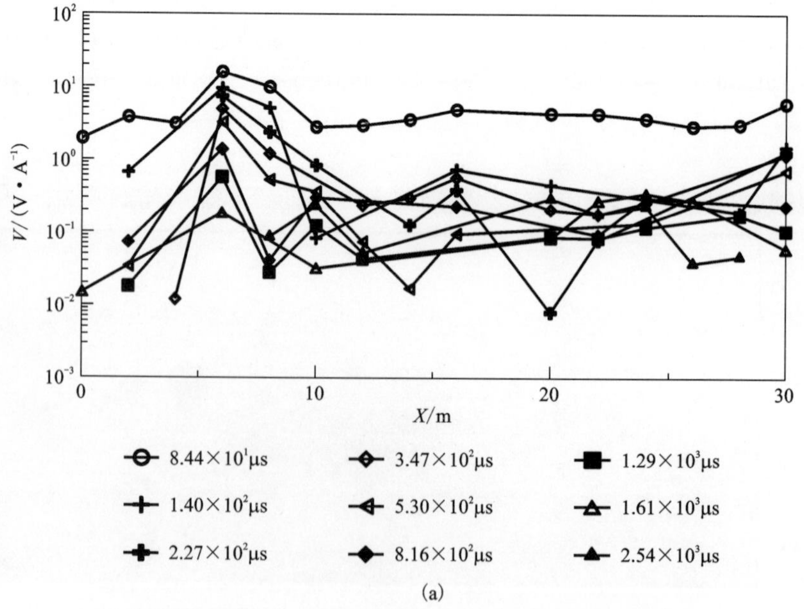

(a)

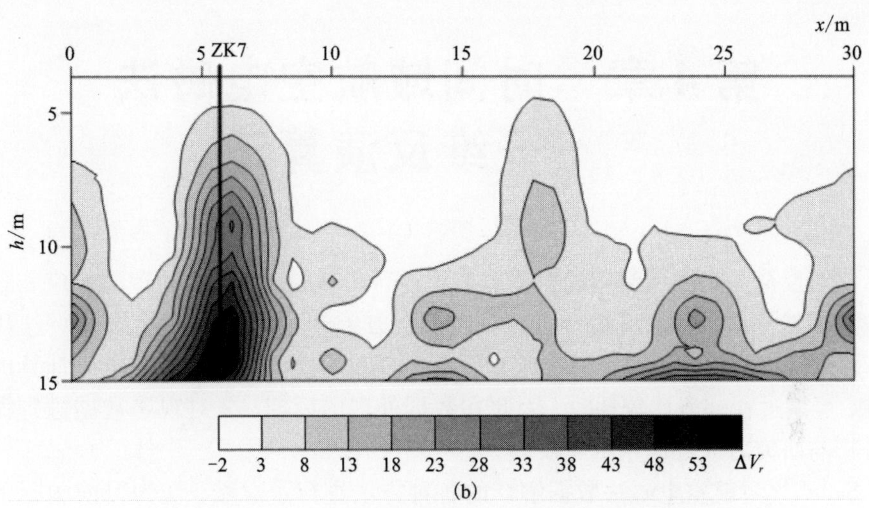

图 3-13　某地基勘查实测 TEM 剖面图和拟断面图

(a)各测点上时间抽道剖面图；(b)相对感应电动势等值线拟断面图

3.3.5　小结

综上所述，基于纯二次场的相对感应电动势快速解释方法完全可行，只要对原始数据稍作转换即可完成，工作量很少，可以直观地分析地下介质导电性分布。对于瞬变电磁法来说，由于微弱的二次场动态范围很大，剩余感应电动势不能直接利用，否则会得出错误的结论。相对感应电动势是一个比值，它的大小反映了地质体受激发而产生的电磁感应量大小，电阻率越低，电磁感应量就越大，它不像电阻率那样有直观的物理含义。该方法有较好的实际应用潜力。

第4章　时间域航空电磁法一维反演算法

定量反演是根据反演理论对测点数据进行解释的，使模型的理论响应和观测响应进行迭代拟合，求出拟合方差，当拟合方差达到给定的误差阀值时迭代终止，此时得到的模型就是可以反映地下介质分布的模型。由于瞬变电磁计算的复杂性，反演过程一般比较耗时，因此在数据处理的后期，要对观测数据进行深入的分析与研究时才会应用定量反演。

Sattel[31]对航空电磁法数据解释的各种方法进行了总结，认为目前国际上研究和应用的 ATEM 反演方法可以分为两类：一类是电导率 - 深度转换(CDT, Conductivity-Depth Transformations)的近似方法，另一类是层状大地反演(LEI, Layered-Earth Inversion)的方法。应用于时间域航空电磁法的 CDT 类方法在第 3 章已经作了详细的介绍。CDT 法作为数据解释的方法，与 LEI 相比速度快，但是有两个缺点，一是容易受到噪声的影响，二是没有给出响应的比较和误差的估计，不好对反演的结果进行评价。因此，这类方法可以用于前期数据分析，划定异常区域，但不适用于后期判断异常值和异常深度等精细的数据处理。而上文所述的视电阻率解释方法不容易受到噪声的干扰，产生接近圆滑的曲线，但是忽略了过多的有用信息，也没有给出误差估计，更不适用于定量反演。

LEI 法直接用模型的理论响应来拟合观测数据，通过最小二乘法建立一个目标函数，使这一函数的值达到最小来进行最佳拟合。最早的一些反演方法[172, 173]直接用模型的理论响应和观测数据构造目标函数，对目标函数求导，通过泰勒展开式求得模型的修改量，以此对模型参数进行迭代修改，直到迭代方差达到给出的误差阀值为止。后来出现了一些改进方法，如 1963 年马夸特[174]提出了阻尼最小二乘反演方法(也称马夸特法)，在海森矩阵中加入一个常数，控制反演过程中迭代的方向，使模型参数的振荡幅度减小了很多。Inman[175]把马夸特法应用到了电法数据反演中，这种方法也称岭回归法(Ridge Regression)。Huang 和 Palacky[176]，Sattel[177]研究了 ATEM 数据解释的方法，就是基于这些反演理论。为了简化计算，他们建立的目标函数只考虑数据的拟合项，需要解决一个超定问题，其反演得到的模型被称为“简单层模型”(Simple layered models)，即具有明显突变边界的、具有少数层(3 ~ 5 层)的模型。很多学者认为简单层模型很难反映地下介质的分布情况，如果地下情况比较复杂，或者采集的数据误差稍大一点，效果就会很不理想。

后来的反演理论，出现了一些新方法，在目标函数中，除了数据的拟合误差以外，再加上一个模型参数的约束条件，以此反演迭代过程中对模型的参数进行约束，Tikhonov 等[178]把这一过程命名为“正则化”(Regularization)。正则化反演在一定程度上解决了反演理论的多解性问题，因此它得到了广泛的应用，是当今反演方法应用的一种趋势。上章所述的求电导薄板参数方法中，已用到了自适应正则化牛顿反演法，就是由已知的以上一层薄板的参数作为先验模型信息对反演过程进行约束。在地球物理勘探的实际数据解释中，尤其是地震勘探数据的反演，经常会用到测井的数据作为先验模型信息。

由 Constable[179]提出的奥康姆反演法(Occam Inversion)，也称最光滑模型反演法，正是应用了正则化反演的思想。Constable 分析了简单层模型反演方法的缺点，提出了反演光滑模型的思想并分析了其优点，通过在目标函数中加入模型参数的导数的平方积分，从而使所求模型的相邻层参数不会相差很大，由此得到光滑模型。这种思想源于“奥康姆剃刀原则”(Occam's razor)，因此取名为“奥康姆反演法”。奥康姆反演法刚出现时，应用于大地电磁法和直流电法的数据解释及其联合反演，其后该方法广泛应用到地球物理数据解释，成为最常用的反演方法之一。Groot-Hedlin 和 Constable[180-181]拓展到了二维 MT 数据解释，Liu 等[182]把奥康姆反演法应用到了航空电磁法数据解释中。还有一些学者对该方法进行了探索性或改善性的研究，如 Douglas 等[183]研究了使用该方法分析了带地形的电阻率反演过程中噪声的影响；Farquharson 等[184]尝试在解释航空电磁法数据时，同时反演电阻率参数和磁导率参数。他们首先研究了奥康姆反演法的具体操作方法，并尝试作一些改进，把该方法应用到航空电磁法数据解释中，对若干典型模型作了试验计算，取得了较理想的效果。本章第 1 节、第 2 节将分别讲述奥康姆反演法的原理和模型算例。

以上所述的方法，都是基于传统的反演理论，都经过非常严谨的数学理论推导。实际应用中，还出现了一些技巧性的方法。20 世纪 80 年代末，Zohdy[185]提出了一种可用于快速迭代反演直流电法数据的方法。这种方法，利用原始模型的电阻率及视电阻率，和数据的视电阻率三者作处理产生一个新模型，再计算新模型的响应与观测响应的拟合差，当拟合差达到给出的误差阀值时的模型，就是所需的反演结果，若不满足误差阀值条件，再作迭代计算。该方法其后得名为“Zohdy 法”(Zohdy's Method)。从以上定义可知，尽管 Zohdy 法是一种技巧性的方法，但其反演的结果给出了误差的估计，并且可以容忍一定误差的存在，由此可见 Zohdy 法具有 LEI 法的性质，但又跟 LEI 法不同，没有经过严格的数学理论推导，带有经验性和技巧性，用视电阻率作为迭代参数，因此这种方法有局限性，只能应用于电法勘探领域，至少目前如此。

国内，张致付等[186]研究了 Zohdy 法在三维电阻率测深数据的反演中的应用。Sattel[31]把 Zohdy 法引入到 ATEM 反演计算中，该方法首先把响应曲线通过插值法转换为电导率和深度的关系，由此得到初始模型，再迭代调整模型参数来拟合观测数据，取得了较好的效果。笔者对 Zohdy 法作了试验计算，认为这种方法的反演深度过小，忽略了深部异常体的响应信号，当要求反演深度较大时会产生较大的误差。笔者分析了其中的原因，提出了模型交替调整反演算法，Sattel 最初引入的 Zohdy 法中，模型的深度参数调整和电阻率参数调整一次即结束，而新提出的模型交替调整反演算法，模型的深度参数调整和电阻率参数调整两个步骤交替进行，这种试探性地寻找收敛的方法，更有可能迭代出理想的反演结果。

ATEM 模型交替调整反演算法的过程可以分为三个步骤：(1)根据装置类型和装置参数选择或者建立一个相应的插值函数表；(2)根据每一道的观测响应在插值函数表中通过插值法取得相应的视电阻率值，并计算深度值，形成一个初始模型；(3)最后对模型参数进行调整，包括深度调整和电阻率值的调整两个过程交替地进行，利用模型的理论响应作为观测数据，进行实验计算。作者对若干典型地电断面的响应作了计算，结果证明模型交替调整反演算法的计算结果更能反映真实模型的形态，模型的理论响应和观测响应之间的均方根误差更小。这种方法具有高精度的特点。

本章第 4 节将叙述模型交替调整反演算法的具体计算方法和对模型理论响应的实验算例。

4.1 最光滑模型反演——奥康姆反演法

4.1.1 奥康姆反演的思想

地球物理反演存在多解性的问题。尽管有学者证明了当观测数据和观测条件都在非常理想的情况下，可以求得唯一解，但是在实际应用中，观测响应往往会受到各种情况的影响，因而求解反演问题时就需要另外一些限制条件，才能得到唯一解。最早使用的一种方法是，限制模型的层数在几层范围内(通常是少于 5 层)以达到稳定计算的效果。这就是平常所说的“简单层模型”方法。

Constable 分析了简单层模型反演方法的缺点：第一，得到的结果通常是一个带有突变界面的少数层的模型，而地下介质的分布情况很多时候呈现出渐变的形态，因此这类方法得到的简单层模型反演结果很多时候都是值得怀疑的；第二，即使在某些情况下(比如说存在突变的矿藏界面，或者地下水位线等)，地下介质的分布可以用简单层模型表示，初始模型的选取也是一个棘手的问题，其收敛性和反演效果，很多时候依赖于初始模型的选取；第三，如果拥有模型的先验信息

(比如通过测井资料),知道地下介质的分布层数较多时(4 ~5 层或更多),反演模型的参数较多,反演计算变得比较复杂,这种情况下难以得到理想的反演结果。

另外,除了简单层模型的反演以外,还有一些算法也能取得反演结果,但是它们得到的模型往往会出现较大的跳变,这些模型的形态比较复杂,所含的信息可以说超过观测数据所包含的信息,这种现象称为“过度解释现象”(over interpretation)。这种现象甚至也会出现于简单层模型方法的反演结果中。鉴于这些反演方法存在上述缺点,Constable 提出了奥康姆反演的思想——最光滑模型反演。最光滑模型,能够满足观测曲线的信息,但得到的结果不会比观测曲线复杂,避免了出现“过度解释”的情况。

最光滑模型反演的思想源于奥康姆剃刀原则。早在 14 世纪,著名数学家威廉 · 奥康姆(William Occam)认为,“可以用少的完成,则没有必要用多的”(It is vein to do with more what can be done with fewer)。这后来被称为“奥康姆剃刀原则”,也是现代科学的一条基本原则:任何理论不应该存在不必要的复杂性。这启发我们在研究地球物理反演问题时,简单构造的模型如果能够充分解释观测数据,就没有必要用复杂构造的模型来解释。

奥康姆反演法应用在电磁法的数据解释方面,主要有以下三个优点:第一,避免出现数据的过度解释,应用奥康姆反演法计算出的光滑模型,不会出现非常复杂的构造,正如上文所述,尽管这些带有复杂构造模型的理论响应和观测数据之间的拟合差很小,但观测数据中并不包含这些信息,因而这些复杂计算的结果往往带有误导性;第二,我们知道电磁法勘探的分辨率有限,而且深度越大分辨率越小,电磁波场不能识别地下电性介质突变的界面和薄层的存在,只可以大致地描绘地下地质构造的形态,因此,应用渐变的光滑模型比较适合于电磁法勘探的特点;第三,光滑模型反演还有一个优点就是,不需要考虑初始模型,使用视电阻率或者直接使用均匀大地模型均可。

基于这些优点,我们认为在电磁法数据解释中,应用光滑模型反演是非常有必要的。它解决了简单层模型因参数太少对解的限制太大的问题,又压制了采用多层模型因参数太多而出现的过度解释问题。

4.1.2 奥康姆反演算法

奥康姆的反演算法的目的是要得到光滑模型。反演的过程中,固定模型的层厚度,计算电阻率参数,通过在目标函数中加入模型参数的导数的平方积分,从而使所求模型的相邻参数不会相差很大,以此得到光滑模型。

首先定义模型的粗糙度(即光滑度的倒数),等于模型电阻率对深度的一阶或二阶导数的平方积分:

$$R_1 = \int (\mathrm{d}m/\mathrm{d}z)^2 \mathrm{d}z \tag{4-1}$$

或

$$R_2 = \int (\mathrm{d}^2 m/\mathrm{d}^2 z)^2 \mathrm{d}z$$

式中，m 为模型电阻率或者电阻率取对数值，z 为深度值。在目标函数中加入模型的粗糙度，使反演过程中不但数据的拟合差最小，而且粗糙度不太大，这就是产生光滑模型的技术保证。光滑模型的层数一般选用较多，如15～30层，选择固定层厚度，反演电阻率的值可以减少需要计算的参数。电磁法的分辨率随深度的增大而降低，因此可以用等对数间隔的形式划分层，可以先计算出最晚时间道的影响深度(如用前章所述的视电阻率法中计算深度的方法)，取对数，令 $z_0 = 0$，$z_N \to \infty$，中间划分为 N 层。固定层厚度以后，上式可以写成差分形式：

$$R_1 = \sum_{i=2}^{N} (m_i - m_{i-1})^2 \tag{4-2}$$

或

$$R_2 = \sum_{i=2}^{N-1} (m_{i+1} - 2m_i + m_{i-1})^2$$

然后，设有 M 个观测数据，d_1，d_2，…，d_M，并假设每个观测数据带有误差估计 σ_j，模型的正演响应某一道的数据表示为 $F_j[m]$，因此观测数据与模型理论响应之间的拟合差为：

$$X^2 = \sum_{j=1}^{M} (d_j - F_j[m])^2/(d_j\sigma_j)^2 \tag{4-3}$$

上式中用到了数据和理论响应之间的相对误差，因为瞬变电磁法的观测数据变化范围比较大，通常跨越好几个数量级；用相对误差可以保证每一个观测数据的权一致。假设直接用数据和理论响应之差(即分母中没有 d_j)作为拟合差，则会因为早期测道数据的值比后期测道的值要大得多，而出现反演过程中只偏重拟合早期测道数据的情况。

现在可以明确的问题就是要找到一个模型 m，使 R_1 或 R_2 尽可能小，同时 X^2 满足一个给定的误差阀值，这是一个非线性最优化问题。为方便起见，以下先求解线性问题的解，把参数用矩阵的形式表示，$\boldsymbol{d}$ 表示观测数据，$\boldsymbol{m}$ 为模型参数，$\boldsymbol{F}[\boldsymbol{m}]$ 表示模型的理论响应数据，在线性的情况下，正演响应可以用 $\underset{\sim}{\boldsymbol{G}}\boldsymbol{m}$ 代替，$\underset{\sim}{\boldsymbol{G}}$ 是一个 $M \times N$ 的矩阵，其元素可以由正演问题计算得到。对线性问题，式(4-3)的拟合差可以表示成矩阵的形式：

$$X^2 = \| \underset{\sim}{\boldsymbol{W}}\boldsymbol{d} - \underset{\sim}{\boldsymbol{W}}\underset{\sim}{\boldsymbol{G}}\boldsymbol{m} \|^2 \tag{4-4}$$

式中，$\underset{\sim}{\boldsymbol{W}}$ 为一个 $M \times M$ 的对角阵

$$\underset{\sim}{\boldsymbol{W}} = \mathrm{diag}\{1/d_1\sigma_1, 1/d_2\sigma_2, \cdots, 1/d_M\sigma_M\} \tag{4-5}$$

同理，也可以把粗糙度写成这种简单的矩阵形式

$$R_1 = \| \boldsymbol{\delta m} \|^2 \tag{4-6}$$

式中，$\boldsymbol{\delta}$ 是一个 $N \times N$ 的矩阵

$$\boldsymbol{\delta} = \begin{bmatrix} 0 & & & & \\ -1 & 1 & & & 0 \\ & -1 & 1 & & \\ & & & \cdots & \\ & 0 & & -1 & 1 \end{bmatrix} \tag{4-7}$$

注意到，R_2 只是对模型参数的二次差分，因此可以表示为

$$R_2 = \| \boldsymbol{\delta\delta m} \|^2 = \| \boldsymbol{\delta}^2 \boldsymbol{m} \|^2 \tag{4-8}$$

线性问题的解，既要求使 R_1 或 R_2 最小，同时要求 X^2 达到 X^2_*（X^2_* 为考虑数据的误差估计后给定的误差阈值）。由式(4－3)可知，当数据中的误差估计合理给出时，可以设置每一道数据的均方根误差期望值为 1，所以误差阈值 X^2_* 的期望值为 M，即观测数据的数量。当然，也可以根据数据拟合要求，对均方根误差的值进行设置，如果要求拟合得比较宽松，就设置为大于 1 的数；相反，如果要求严格的拟合，则设置数小于 1。实际计算中，当 X^2 已经取得比较小的值时，要想拟合差更小，往往会使模型粗糙度的值增大很多，很多时候这是不值得的，因为非线性问题必然存在误差，并且 X^2 不可能太小，$X^2=0$ 的情况是不存在的，当拟合到了一定程度的时候，模型就会往复杂的方向变化。因此，需要合理地给出一个误差阈值，通常在 0.7～1.5 之间。

由式(4－4)和式(4－6)的数据拟合差和模型粗糙度，通过拉格朗日乘法把两项组合起来，可以构造目标函数

$$U = \| \boldsymbol{\delta m} \|^2 + \mu^{-1} \{ \| \boldsymbol{Wd} - \boldsymbol{WGm} \|^2 - X^2_* \} \tag{4-9}$$

式中，μ^{-1} 是拉格朗日乘数。μ^{-1} 固定为某一值，上式是模型参数 $\boldsymbol{m}$ 的函数，令该目标函数最小，可以把式(4－9)对 $\boldsymbol{m}$ 求导并令其等于零，得到

$$\mu^{-1}(\boldsymbol{WG})^{\mathrm{T}}\boldsymbol{WGm} - \mu^{-1}(\boldsymbol{WG})^{\mathrm{T}}\boldsymbol{Wd} + \boldsymbol{\delta}^{\mathrm{T}}\boldsymbol{\delta m} = 0 \tag{4-10}$$

整理后，得

$$\boldsymbol{m} = [\mu\boldsymbol{\delta}^{\mathrm{T}}\boldsymbol{\delta} + (\boldsymbol{WG})^{\mathrm{T}}\boldsymbol{WG}]^{-1}(\boldsymbol{WG})^{\mathrm{T}}\boldsymbol{Wd} \tag{4-11}$$

在 μ 已知的情况下，线性问题的解可以由上式一步就计算出来。观察式(4－9)和式(4－11)，μ 也可以理解为圆滑系数，如果 μ 很小，则式中数据拟合项的权值很大，可见数据拟合差的大小对 U 的值有很大影响，因此反演过程中将特别注重数据的拟合程度；如果 μ 很大，则数据拟合项的权值变小，模型粗糙度的影响相对变大，反演的过程中将会产生趋于光滑的模型。关于 μ 的取值下文再叙述，现先推导非线性问题的求解。

求解非线性问题时，模型的粗糙度如式(4－6)和式(4－8)不变，但数据的拟

合项就变成：

$$X^2 = \| \underset{\sim}{W} d - \underset{\sim}{W} F[m] \|^2 \tag{4-12}$$

同理，可以构造目标函数：

$$U = \| \underset{\sim}{\delta} m \|^2 + \mu^{-1} \{ \| \underset{\sim}{W} d - \underset{\sim}{W} F[m] \|^2 - X_*^2 \} \tag{4-13}$$

要解这一问题，可以通过非线性问题的线性化。把正演问题 $\boldsymbol{F}[\boldsymbol{m}]$ 在 $\boldsymbol{m}_n$ 处用泰勒公式展开，

$$\boldsymbol{F}[\boldsymbol{m}_n + \Delta] = \boldsymbol{F}[\boldsymbol{m}_n] + \boldsymbol{J}_n \Delta + o \| \Delta \| \tag{4-14}$$

式中，$\Delta = \boldsymbol{m}_{n+1} - \boldsymbol{m}_n$，$o\|\Delta\|$ 为二次以上的项，$\boldsymbol{J}_n$ 为 $\boldsymbol{J}[\boldsymbol{m}_n]$ 的简写形式，是 $M \times N$ 的雅可比矩阵，其元素通过差分法计算得到：

$$J_{ij} = \frac{\partial F_i[\boldsymbol{m}]}{\partial m_j} \tag{4-15}$$

约去式(4-14)中的二次以上的项，代入式(4-13)中，可以得到迭代模型 $\boldsymbol{m}_n$ 的线性目标函数：

$$U = \| \underset{\sim}{\delta} m_{n+1} \|^2 + \mu^{-1} \{ \| \underset{\sim}{W}(d - F[m_n] + \underset{\sim}{J}_n m_n) - \underset{\sim}{W} \underset{\sim}{J}_n m_{n+1} \|^2 - X_*^2 \} \tag{4-16}$$

式中，数据拟合项中括号内的部分，仅与观测数据和模型 $\boldsymbol{m}_n$ 有关，可以简写为 $\hat{\boldsymbol{d}}_n$。为使目标函数最小，可运用迭代计算公式：

$$m_{n+1} = [\mu \underset{\sim}{\delta}^{\mathrm{T}} \underset{\sim}{\delta} + (\underset{\sim}{W} \underset{\sim}{J}_n)^{\mathrm{T}} \underset{\sim}{W} \underset{\sim}{J}_n]^{-1} (\underset{\sim}{W} \underset{\sim}{J}_n)^{\mathrm{T}} \underset{\sim}{W} \hat{d}_n \tag{4-17}$$

这就是奥康姆反演法的迭代计算公式，与一般的最小二乘法不同的是，它产生的是一个新模型，而不是模型的修改式。

最后还要解决一个问题就是 μ 的取值。Constable 最初提出的方法，是在每次迭代计算中，把 $\boldsymbol{m}_{n+1}$ 看作是 μ 的函数

$$m_{n+1}(\mu) = [\mu \underset{\sim}{\delta}^{T} \underset{\sim}{\delta} + (\underset{\sim}{W} \underset{\sim}{J}_n)^{T} \underset{\sim}{W} \underset{\sim}{J}_n]^{-1} (\underset{\sim}{W} \underset{\sim}{J}_n)^{T} \underset{\sim}{W} \hat{d}_n \tag{4-18}$$

计算中对 μ 值进行线性搜索，令数据的拟合差达到最小：

$$X_{n+1}^2(\mu) = \| \underset{\sim}{W} d - \underset{\sim}{W} F[m_{n+1}(\mu)] \|^2 \tag{4-19}$$

此时的 μ_0 值就是要找的值，$\boldsymbol{m}_{n+1}(\mu_0)$ 就是所求的模型，这一过程，实际上也是把 X^2 看作是 μ 的函数。μ_0 可用黄金分割搜索的方法进行计算。这种方法需要大量且不必要的计算，消耗大量时间，其后一些学者所作的研究，也没有找到方便而简单的求 μ_0 值的方法。这是奥康姆反演法要进一步发展需要解决的关键问题。虽然每次求 μ 值很消耗时间，但是奥康姆反演法非常稳定，需要迭代的次数一般不多，通常 5 ~ 10 次就可以得到很好的反演结果，而且现代计算机的计算速度越来越快，总的计算时间还是在可以接受的范围内。

4.1.3 奥康姆反演法的算例与分析

下面研究奥康姆反演算法的效果，以若干典型的地电断面模型的正演响应作

为观测数据，对奥康姆反演法的过程和结果进行分析。

算例中的观测装置的参数：装置类型 $N_A=1$（水平线框发射，水平线框接收），发射线框高度 $h=40$ m，接收线框高度 $z=30$ m，收发距 $r=30$ m，发射线框等效面积 S_{TX} 等于接收线框等效面积 S_{RX}（$S_{TX}=S_{RX}=1$ m^2）；发射电流：$I=1$ A；发射波形：下阶跃波形。反演过程中给出误差估计为0.02。由于光滑模型具有渐变的性质，多用几道观测数据可以提高反演模型的自由度，下面算例中给出测道数为18。误差阀值也为18。

4.1.3.1　三层模型的反演过程

图4-1所示为一个H型模型的反演过程，其模型参数：$\rho_1=200$ Ω·m，$\rho_2=20$ Ω·m，$\rho_3=200$ Ω·m，$h_1=70$ m，$h_2=50$ m，$h_3\to\infty$，如图4-1(a)中粗线所示，细线表示反演结果，曲线中所标数字代表第 n 次迭代的反演结果，其中 $n=0$ 表示初始模型，由第2章所述的计算视电阻率的方法计算得出，图4-1(b)为每次迭代过程中，拉格朗日乘子 μ 与拟合差之间的函数关系曲线，拉格朗日乘子 μ 的值为 $10^{-3}\sim10$，等对数间隔取若干个值，观察每次迭代过程中拟合差随 μ 的变化。

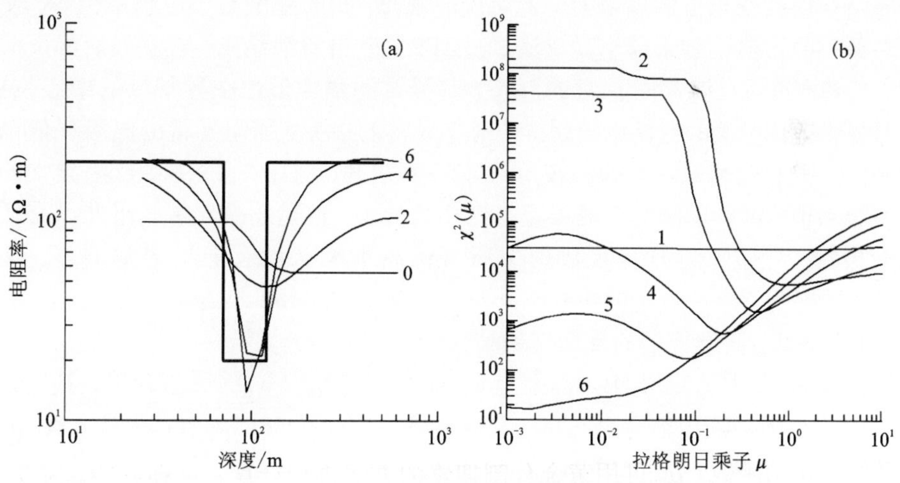

图4-1　H型模型的反演过程

从图4-1(a)反演结果可以看出：初始模型用视电阻率值，曲线较为圆滑，随迭代次数增加，曲线波动逐渐增大，模型逐渐更好地反映异常的形态特征；图4-1(b)中的拟合差的最小值越来越小，使拟合差的值最小的 μ 值也越来越小。从上文的分析可知，μ 值也是圆滑系数，μ 值越大，曲线越光滑，μ 越小，则观测数据拟合越好，而对曲线的光滑度要求越放松，这就可以解释为何图4-1(b)中，μ 越来越小的现象。图4-1(b)中，第4、5次迭代的误差曲线，拟合差随 μ 值的变化不仅有一个极小值，而且实际计算中往往取μ值最大时的极小值，因此，在实际算法设计中可以考虑在对数坐标中从一个较大的正数往负无穷方向搜索最小值，又因为每次搜索得到的μ值越来越小，所以第n次搜索到的μ值可以作为第$n+1$次搜索的起点。图4－1(a)中的H型模型用了6次迭代计算得到的反演结果满足拟合阀值要求，最后数据拟合差的值在13～18之间。观察最终的反演模型，基本可以反映真实模型的形态，异常的深度基本可以确定，电阻率的最小值，处在低阻层的最终位置，反演模型的变化较陡的深度与真实模型的变化界面相吻合，前后层高阻的电阻率值也能很好地确定。

图4－2所示为一个K型模型的反演过程，其模型参数：$\rho_1=20\ \Omega\cdot\text{m}$，$\rho_2=200\ \Omega\cdot\text{m}$，$\rho_3=20\ \Omega\cdot\text{m}$，$h_1=70$ m，$h_2=50$ m，$h_3\to\infty$，如图4－2(a)中粗线所示，细线表示反演结果，其他的标注和图4－1中的一致。

前面的正演研究中已经提及，ATEM的观测数据中对高阻仅有非常微弱的响应信息，远远不如对低阻的探测明显。图4－2(a)中初始模型用视电阻率的计算结果得到，初始模型几乎为一根直线，无法反映高阻的存在。随着迭代次数增加，高阻异常越来越明显，越能反映真实模型的形态。图4－2(b)中，数据的拟合差随μ值的变化也体现了上一例所说的规律：拟合差的最小值越来越小，使拟合差最小的μ值也越来越小。反演经过四次迭代计算后结束，观察最后的反演模型，也基本可以反映高阻异常的形态，其异常的最大值也在异常层的中心位置，但是异常范围较宽，变化也较缓，难确定异常的边界，高阻异常的电阻率值也不能确定。最后数据拟合差的值较小，在5～6之间，对比图4－1中低阻异常的数据拟合差值，这一反演结果的误差已经相当的小，但是反映异常效果并没有低阻的效果好，可见高阻异常在数据中所含信息本来就没有低阻异常的多，这是ATEM的探测特点所确定的。

4.1.3.2 四层模型的反演结果

图4－3所示为四层HK型模型(a)和KH型模型(b)的反演结果，其模型参数分别为，HK型模型：$\rho_1=200\ \Omega\cdot\text{m}$，$\rho_2=20\ \Omega\cdot\text{m}$，$\rho_3=200\ \Omega\cdot\text{m}$，$\rho_4=20\ \Omega\cdot\text{m}$，$h_1=40$ m，$h_2=50$ m，$h_3=50$ m，$h_4\to\infty$；KH型模型：$\rho_1=20\ \Omega\cdot\text{m}$，$\rho_2=200\ \Omega\cdot\text{m}$，$\rho_3=20\ \Omega\cdot\text{m}$，$\rho_4=200\ \Omega\cdot\text{m}$，$h_1=40$ m，$h_2=50$ m，$h_3=50$ m，$h_4\to\infty$，如图4－3(a)中粗线所示，细线表示反演结果，标注意义和上文所述一致。

观察图4－3中两个模型的计算结果，HK型模型的初始模型比KH型模型的初始模型更能反映异常的存在，这是视电阻率的特征，当地下首层异常为高阻时，有一个屏蔽的作用，对该层以下的异常反映不明显。观察两个算例的反演结果，对低阻的反演结果都比较准确，能确定低阻层存在的深度和厚度，曲线中的极小值和低阻层的中间位置能反映对应关系，曲线变化较陡的深度可以判断为低阻层存在的边界；也可以大概划定高阻层存在的深度，对夹于低阻层中的高阻层

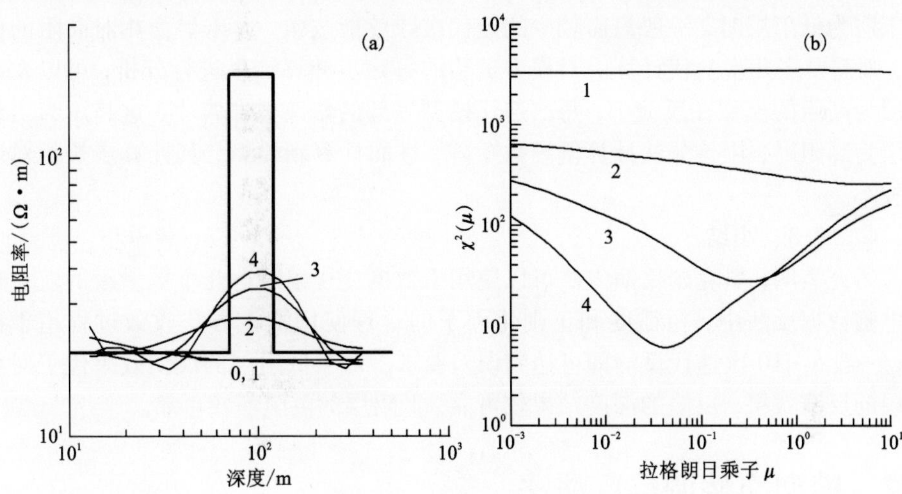

图 4-2　K 型模型的反演过程

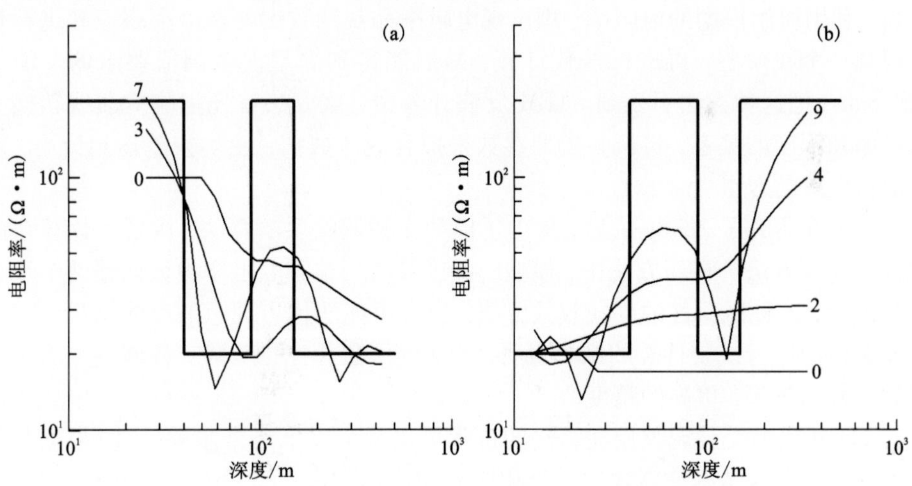

图 4-3　四层 HK 型模型和 KH 型模型的反演结果

(a) HK model; (b) KH model

的电阻率值反映一般偏小，但是如果高阻层在首层或者通向无限大地的末层，反演结果中能够反映得比较准确。对若干其他模型作了试验计算，也能得到相同的结论。HK 型模型经过 7 次迭代计算反演出达到阈值要求的结果，KH 型模型则经过 9 次迭代取得收敛结果。

通过以上算例，可知奥康姆反演方法非常稳定，一般 5～10 次迭代计算都能达到收敛。对更多的模型作了试验计算，还能发现，当真实模型中通向无限大地的末层为低阻层时，一般只需较少的迭代次数就能收敛，而末层为相对高阻的情况，则需要多几次迭代计算。对模型试验的每一步计算结果进行分析，可以发现末层为高阻的模型在反演中，每次迭代模型尾部的修改量非常小，这是因为当最末层为高阻时，用差分法计算偏导数矩阵，进而计算新模型，其计算步长相对来说较小。

4.1.3.3 **小结**

研究表明，奥克姆反演方法可以应用于数据变化幅度达几个数量级的航空瞬变电磁数据反演中，粗糙度和正则化因子的合理使用使该方法收敛过程趋于稳定，一般 5 ~ 10 次迭代反演即可达到误差要求。对于低阻层的反演效果优于对高阻层的反演效果，反演的深度结果较可靠，低阻层的电阻率较可靠。

4.2 模型交替调整反演法

Zohdy 法原来是一种可用于快速反演直流电法数据的方法，由 Zohdy 提出而得名，利用原始模型的电阻率、理论视电阻率和观测数据的视电阻率三者进行计算得到一个新模型，再进行迭代计算，最后能得到满足误差阀值要求的反演结果。Sattel 把这种方法引入到 ATEM 反演计算中，该方法首先把响应曲线转换为电导率和深度的关系，再调整模型参数来拟合观测数据，使均方差达到最小，能够取得较好的效果。

本书在研究了 Zohdy 法后，提出了模型交替调整反演算法，阐述了该算法的原理和计算方法。在新方法中，模型的深度参数调整和电阻率参数调整两个步骤交替进行，这种试探性的寻找收敛方法，更有可能迭代出理想的反演结果。对若干典型模型进行试验计算的结果表明，与 Zohdy 法相比，模型交替调整方法可以得到更好的效果，更高的精度。

ATEM 模型交替调整反演算法的过程可以分为以下三个步骤：(1)根据装置类型和装置参数选择或者建立一个相应的插值函数表；(2)根据每一道的观测响应在插值函数表中通过插值法取得相应的视电阻率值，并计算深度值，形成一个初始模型；(3)最后对模型参数进行调整，包括深度调整和电阻率值的调整，两个过程交替进行。接下来详细叙述每一个步骤的计算方法。

4.2.1 建立插值函数表

反演方法的效果很多情况下依赖于初始模型的选取，模型交替调整反演方法能够根据 ATEM 正演响应曲线每一测道的幅值，自动选取初始模型，这种方法选取的初始模型可以大致反映地下电阻率的变化趋势，因此在反演计算过程中更有利于收敛，得到更小的误差。为此，必须先建立一组选取视电阻率的函数，称为插值函数表。选取视电阻率的方法称为插值法，用插值法加入一定的技巧可以解决视电阻率过程中的双值问题，具体技巧将在下文讲述，但是插值法的误差一般较大，仅适用于为迭代反演提供初始模型的情况。

以下将用实例说明反演的每一个步骤，算例中所用的观测装置参数：装置类型 $NA=1$（水平线框发射，水平线框接收），发射线框高度 $h=30$ m，接收线框高度 $z=30$ m，收发距 $r=2.5$ m，发射线框等效面积 $STX=$ 接收线框等效面积 $SRX=1$ m^2；发射电流：$I=1$ A，发射波形：占空比为 1 的正负方波。

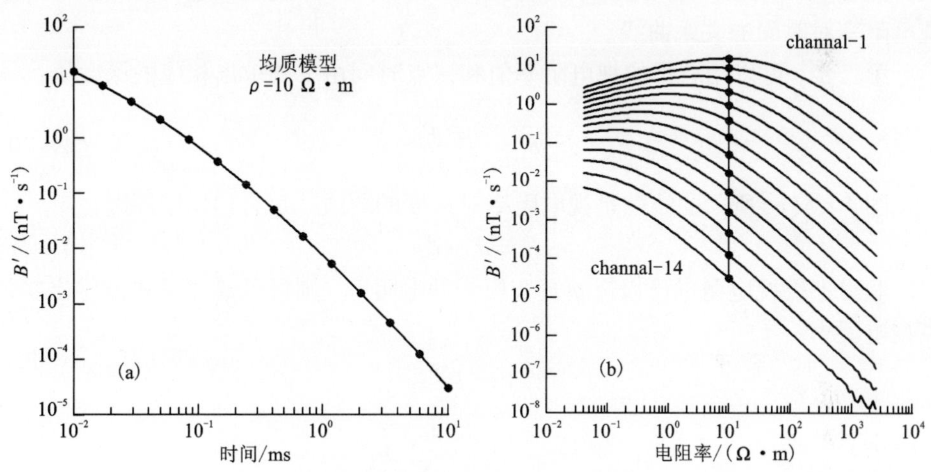

图 4-4　建立取视电阻率函数表

(a)电阻率为 10 Ω·m 的均匀大地模型的响应曲线；(b)各道响应和电阻率的关系曲线，图中所示从上往下 14 条曲线分别代表 1 到 14 道的函数曲线顺序分布

这个函数表的建立方法如图 4-4 所示，首先计算给定装置类型和装置参数条件下，不同电阻率值的均匀大地模型 10 Ω·m 的正演响应曲线，如图 4-4(a)所示，为了程序的通用性，可以在电阻率为 $10^{-1.5}\sim10^{3.5}$ Ω·m 之间等对数间隔(这个范围包含了常见的电阻率值)，取若干个电阻率值，计算出它们的响应曲线；然后，整理出每一道中响应值和电阻率的关系，作为一个函数保存下来，如图 4-4(b)所示，channal-1 曲线为第一道响应值和电阻率的关系曲线；正演算法中设计有 14 个测道，由此可作出 14 条曲线。这些函数以表格形式保存下来，在后面计算中以插值方式取得视电阻率值，因此称为插值函数表。

4.2.2　计算初始模型

为便于解释，本书给出了一个算例，如图 4-5 所示，图 4-5(a)为一个 H 型模型的正演响应曲线，模型的参数为$\rho_1=100\ \Omega\cdot\mathrm{m}$，$\rho_2=10\ \Omega\cdot\mathrm{m}$，$\rho_3=100\ \Omega\cdot\mathrm{m}$；$d_1=50$，$d_2=100$ m，$d_3\to\infty$。判断最后反演的效果，在于最终反演的模型与原模型的吻合程度，以及最终模型的计算响应与原始响应之间的误差。

观察图4-4(b)中早期测道的响应值和电阻率的关系，响应值随电阻率的增大有一个先升后降的过程；而晚期测道则单调递减，这是由于发送波形的周期性所致，因此早期测道的取值有不确定性，可能取到双值。为了解决这个问题，应当从晚期测道开始，倒序进行取值(晚期测道取值唯一)，到早期测道时，即使取到双值，可以由视电阻率变化的连续性进行判断，而取一个与稍晚一道接近的值，以此可以消除早期测道的不确定性。如图4-5(b)就是以这种方式推导出的视电阻率对时间的关系曲线。

第二步，可以用取得的视电阻率值和该点时间由下式求出相应的深度值：

$$d_i=\sqrt{\frac{2t_i\rho_i^{\mathrm{app}}}{\mu_0}} \tag{4-20}$$

图4-5(c)所示曲线就是视电阻率对深度的曲线。那么初始层厚度：

$$h_i=d_i-d_{i-1} \tag{4-21}$$

假设上层视电阻率可以反映真实模型的电阻率，则可以通过下式推导出初始模型电阻率：

$$\begin{aligned}\rho_1&=\rho_1^{\mathrm{app}}\\ \rho_i&=\frac{h_i}{\dfrac{d_i}{\rho_i^{\mathrm{app}}}-\displaystyle\sum_{k=1}^{i-1}\frac{h_k}{\rho_k}}\end{aligned} \tag{4-22}$$

也可以从下层往上推导：

$$\begin{aligned}\rho_m&=\rho_m^{\mathrm{app}}\\ \rho_i&=\frac{d_i}{\dfrac{d_{i+1}}{\rho_{i+1}^{\mathrm{app}}}-\dfrac{h_i}{\rho_i^{\mathrm{app}}}}\end{aligned} \tag{4-23}$$

图4-5(d)所示曲线就是利用式(4-23)计算出来的初始模型电阻率和深度的关系曲线。由于早期测道插值函数曲线的形态不为单调，出现极值，而其反函数在极值附近的导数很大，因此插值所得的视电阻率值误差比较大；但用式(4-22)从上层开始推导，容易使误差逐层传递，导致整个初始模型误差都较大，因此建议使用式(4-23)。对比试验结果表明，应用式(4-23)推导的效果比应用式(4-22)好。

4.2.3 模型参数调整

模型参数调整可以为两个部分：(1)电阻率不变，进行深度调整；(2)深度不

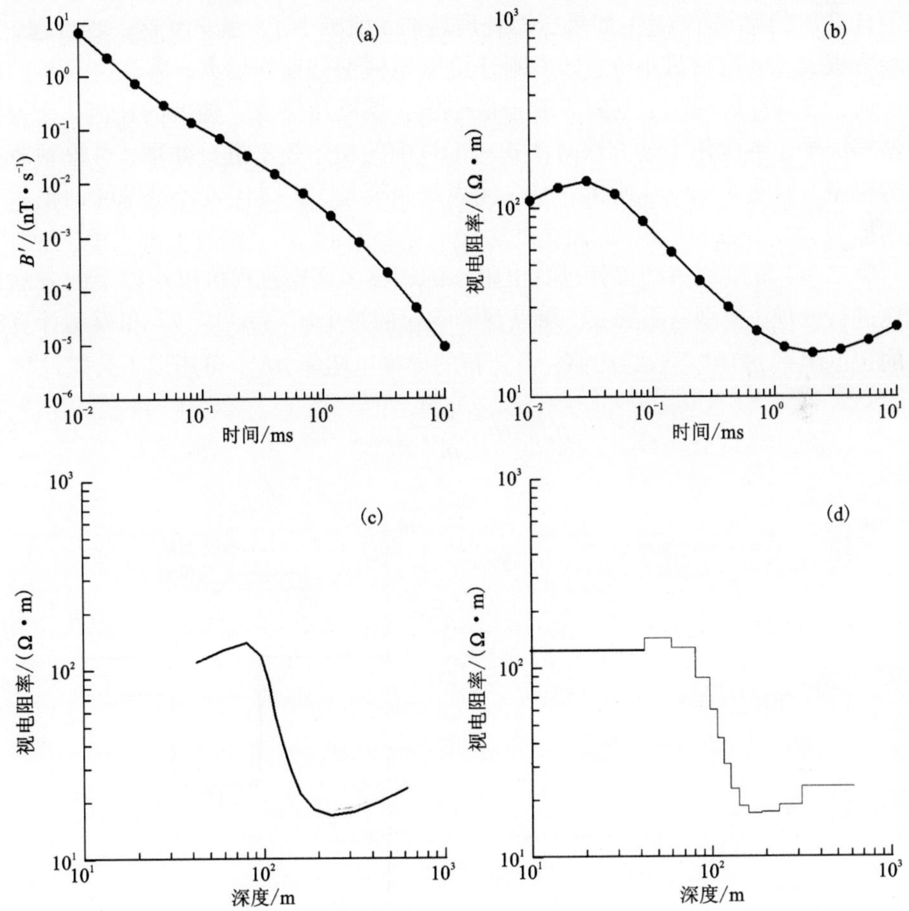

图 4-5　求初始模型的步骤

(a)模型响应，模型参数 $\rho_1 = 100\ \Omega \cdot m$，$\rho_2 = 10\ \Omega \cdot m$，$\rho_3 = 100\ \Omega \cdot m$；$d_1 = 50$ m，$d_2 = 100$ m，$d_3 \to \infty$；
(b)根据响应数据插值得到视电阻率的值；
(c)根据趋肤深度公式算出初始深度值；(d)由公式算出初始模型的电阻率

变，进行电阻率调整。两个步骤交替地进行可以得到更好的反演结果。

4.2.3.1　模型参数调整的方法

第一步，先固定电阻率不变，所有层厚度值均减小一定比例，比如说 5%、10% 等，然后计算压缩前后的模型的正演响应，再计算正演响应值和观测响应值之间的拟合均方根误差：

$$\delta = \sqrt{\frac{1}{m} \sum_{i=1}^{m} \frac{(Y_i^d - Y_i^c)^2}{Y_i^d}} \qquad (4-24)$$

式中，m 为测道数，也是模型的层数，Y_i^d 是第 i 道的观测响应，Y_i^c 是由模型正演计算出的第 i 道响应；如果压缩处理后的 δ 值减小了，就重复这一步处理，直到均方根误差 δ 取得最小值；如果刚开始压缩模型就使 δ 增大，那么这一步就应该反向，尝试伸展模型，直到 δ 取得最小值。厚度压缩或者伸展的比例，称为模型伸缩因子。继续用上述方法对图 4－5(d)中的初始模型进行处理，可得到调整后的模型，如图 4－6(a)所示，虚线代表初始模型，实线代表经过深度调整后得到的模型。

第二步，深度调整结束就进行电阻率的调整。调整过程可以用以下的方法迭代地进行处理，模型电阻率 ρ_i^{old} 乘以观测响应的视电阻率 $\rho_i^{\text{app\_observed}}$ 和模型计算响应的视电阻率 $\rho_i^{\text{app\_calculated}}$ 的比值，得到新的模型电阻率 ρ_i^{new}，可用以下公式计算：

$$\rho_i^{\text{new}} = \rho_i^{\text{old}} \frac{\rho_i^{\text{app\_observed}}}{\rho_i^{\text{app\_calculated}}} \tag{4-25}$$

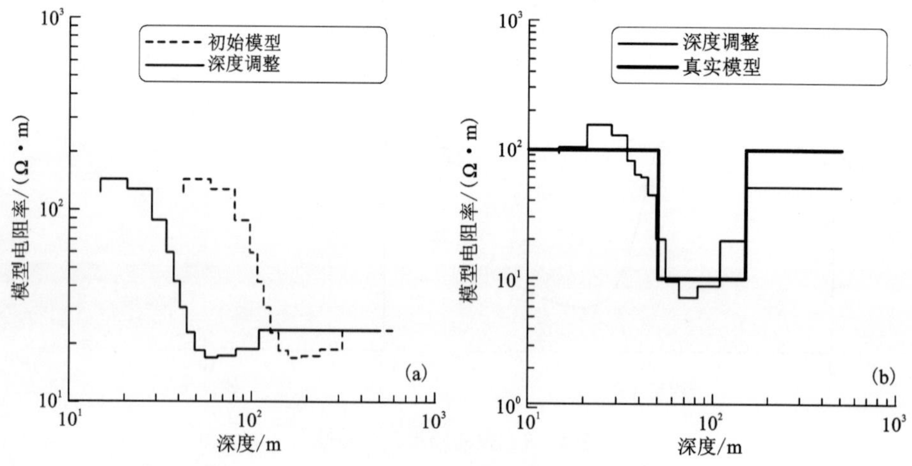

图 4－6 模型调整

(a)电阻率不变,深度调整；(b)深度不变，电阻率调整

各层电阻率值同时通过上式修正，然后计算新模型的正演响应 Y_i^c，再利用式(4－24)算出均方根误差 δ，判断若 δ 减小了，就重复计算直到 δ 取得最小值。如图 4－6(b)所示，粗实线是真实模型，细实线是最终反演模型，由图可以看出最终模型基本上可以反映真实模型的形态，能够识别低阻层的埋深和电阻率值，最后算出的均方根误差 δ 的值是 4.81%。

4.2.3.2 交替调整方法

以上结果是对深度和电阻率进行了一轮调整，要想得到更理想的效果，应该对模型进行连续交替的调整，其流程如图 4－7 所示。首先给定深度调整的次数

nd，电阻率调整的次数 *nr* 和一个足够小的值 Δ，如 2%，5% 或者 0；求出初始模型后进入上述的第一步厚度调整，调整了 *nd* 次以后，即使 δ 还没有达到最小值也退出，当然，如果此过程中 *nd* 已经达到最小，则直接退出；然后进行上述第二步电阻率调整，同样的方法连续进行 *nr* 次调整，直到求得 δ 的值不能再减小或者 *nr* 次调整都完成后退出。这样一轮调整结束后，如果 δ 的值没有减小或者已经小于给定的 Δ 值，如给出的 Δ = 0，则重复以上计算过程，直至使得 δ 不能再减小。在 *nd*，*nr* 和 Δ 都给得非常合理的情况下，只要一轮计算就可以使 δ 收敛至很好的值。

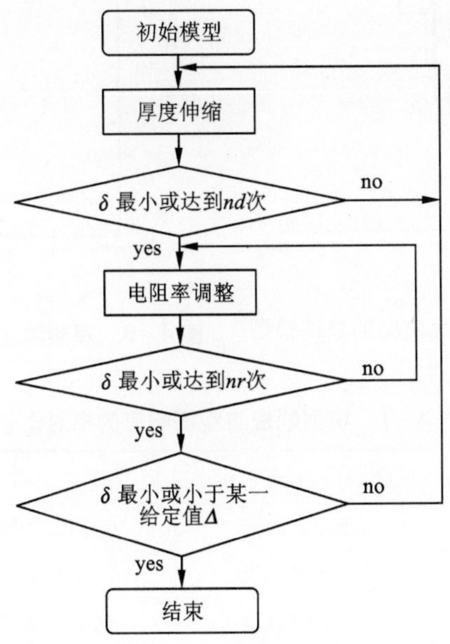

图 4－7　交替调整算法流程

其原理是，初始模型由视电阻率推导得出，而视电阻率的值是由均匀大地模型的响应值取得，当存在覆盖层的影响时，视电阻率的变化就变得平缓而不明显；利用趋肤深度公式计算模型的深度，由于公式中就含有视电阻率的值，模型异常层的界面跟真实模型之间有差别，因此要对模型的厚度进行伸缩处理，使模型的电阻率开始变化的层与真实模型相对应，此时再进行电阻率的迭代处理就可以得到很好的反演效果。观察图 4－6(a)，当 δ 达到最小时，由于模型尾部的响应信号不明显，模型电阻率的极小值都压缩到了真实的低阻界面深度处，所以，使 δ 值最小这一判断标准并不太合理。然而，不可能知道真实模型的形态，因此，*nd*，*nr* 和 Δ 等参数也不可能非常合理地给出，应该用交替调整的方法试探性地寻找收敛点。

图 4－8 所示就是对上述例子的最终反演结果，取伸缩因子为 10%，*nd* = 3，

$nr=30$，$\Delta=0$，经过了三轮调整，由图可以看出，反演曲线的形态更加贴近真实模型，其边界、极小值的位置和电阻率的值都更加精确，最后均方根误差 δ 达到 1.22%。

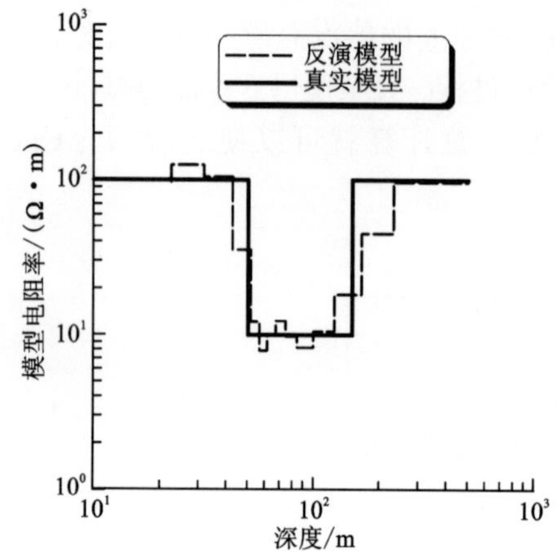

图 4-8 用交替调整方法反演出的最终模型

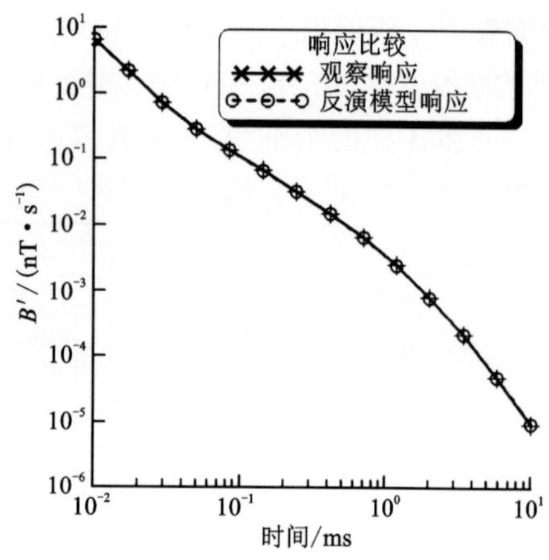

图 4-9 观测响应与反演模型响应曲线对比

表 4-1 模型响应与观测响应的相对误差

测道编号	时间/ms	观测响应/($nT\cdot s^{-1}$)	模型响应/($nT\cdot s^{-1}$)	相对误差
1	0.01	6.535850395	6.538732252	-0.000440931
2	0.017012543	2.230967876	2.225385379	0.002502276
3	0.028942661	0.73406323	0.73682621	-0.003763954
4	0.049238826	0.291289446	0.293952703	-0.009142992
5	0.083767764	0.13826339	0.138884064	-0.004489066
6	0.142510267	0.068072093	0.067441215	0.00926779
7	0.242446202	0.032393849	0.032379195	0.000452375
8	0.412462638	0.014865931	0.015103624	-0.015989136
9	0.701703829	0.006516882	0.006546382	-0.004526688
10	1.193776642	0.002513183	0.002486491	0.010620533
11	2.030917621	0.000808254	0.000798536	0.012023241
12	3.455107295	0.000216207	0.000215719	0.002256199
13	5.878016072	4.85648E-05	4.9321E-05	-0.015570337
14	10	9.29487E-06	9.61032E-06	-0.03393787

4.2.3.3 **响应曲线比较和误差分析**

为了更好地评价反演的效果，下面针对图4-8中的最终反演模型，求出正演响应，与观测响应(即对真实模型的响应)作比较，求出各测道幅值的相对误差。两条曲线如图4-9所示，各测道在图中标记出，每个测道对应时间点上标有“×”的曲线，表示观测响应，标有“O”的曲线表示最终模型的反演响应。由图可以看出，两条曲线几乎重合在一起，反演模型响应曲线与观测响应曲线拟合得非常好。

表4-1中给出了模型的正演响应和观测响应各测道的幅值，以及它们之间的相对误差，最后一道的误差值比较大，达到3.34%，从最后一道向上的四个点的误差为1%~3%，其余的各道的相对误差都在1%以下，有的甚至在0.1%以下。可以看出，模型交替调整反演方法可以得到比较高的精度。

4.2.4 模型交替调整方法的算例与分析

为了进一步验证模型交替调整反演方法的效果，下面给出一些典型的算例，包括H型，K型，四层HK型和KH型模型。

H型模型算例

以上算例是一个H型模型，取得了比较好的效果，下面给出另一个H型模型，在以上H型模型基础上，加大异常体和覆盖层的厚度，再尝试其反演效果。真实模型的参数为：$\rho_1=100\ \Omega\cdot m$，$\rho_2=10\ \Omega\cdot m$，$\rho_3=100\ \Omega\cdot m$；$d_1=100$ m，$d_2=150$ m，$d_3\to\infty$，如图4-10(a)中粗线所示。

取伸缩因子为10%，$nd=3$，$nr=30$，$\Delta=0$，经过了三轮调整，可得到如图4-10(a)中细实线所示的反演模型，从图中的反演结果可以看出，曲线基本可以反映真实模型的形态，电阻率的峰值和数值都和真实模型很接近，均方根误差达到1.07%，本书还用Zohdy法作对比，Zohdy法的反演结果如图中虚线所示，由此可得，当深度增大时，Zodhy法的反演效果并不理想。对模型交替调整反演方法反演的模型作了响应对比和误差分析，可以得到与上面算例同样的结论，两响应曲线基本重合，各道的相对误差很小。

K型模型算例

改了考察高阻异常模型的反演结果，以下给出一个K型模型的算例，真实模型的参数为：$\rho_1=10\ \Omega\cdot m$，$\rho_2=100\ \Omega\cdot m$，$\rho_3=10\ \Omega\cdot m$；$d_1=50$ m，$d_2=100$ m，$d_3\to\infty$，如图4-10(b)中粗线所示。取伸缩因子为10%，$nd=1$，$nr=30$，$\Delta=0$，可得到图4-10(b)中细实线所示的模型，虚线为Zohdy法计算出来的结果，可以看出细实线更能反映真实模型的形态，效果明显优于后者，虽然它们最后的正演响应与原始响应之间均方根误差差不多。此外，算例还对nd的取值做过一些实验，分别对$nd=2$，3，4，5都作了计算，发现对该模型nd越小反演的效果越好。

本书还对覆盖层更厚一点的K型模型进行过计算，发现埋藏深度增大到

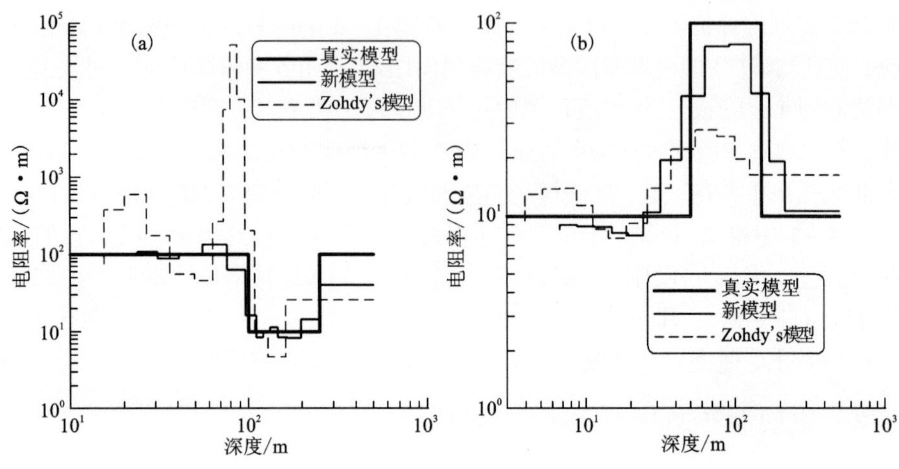

图 4-10 三层模型反演算例

(a) H 型模型参数：$\rho_1=100\ \Omega\cdot m$，$\rho_2=10\ \Omega\cdot m$，$\rho_3=100\ \Omega\cdot m$；$d_1=100$ m，$d_2=150$ m，$d_3\to\infty$；

(b) K 型模型参数 $\rho_1=10\ \Omega\cdot m$，$\rho_2=100\ \Omega\cdot m$，$\rho_3=10\ \Omega\cdot m$；$d_1=50$ m，$d_2=100$ m，$d_3\to\infty$

100 m时，反演的结果可以显示出高阻异常，但是模型尾部已经不闭合，跟 H 型模型比较起来，其反演深度不深。这也验证了正演研究得出的结论，ATEM 对低阻的探测能力比高阻要强。

四层 KH 型和 HK 型模型算例：

本书还利用模型交替调整反演方法计算了四层 KH 模型和 HK 型模型响应，模型参数和计算结果如图 4-11 所示。

由图 4-11 可以看出，反演的结果在模型形态和数值上都和真实模型的相吻合，也和 Zohdy 法的反演结果作了比较，得到和之前三层模型相同的结论，模型交替调整反演法更能反映真实模型的形态，可以得到更小的均方根误差，效果更好。

图 4-11(a)中为 KH 型模型，细实线表示反演模型，粗实线表示真实模型，最后的均方根误差 δ 达到 0.16%，模型匹配的效果非常好。

图 4-11(b)中为 HK 型模型，最后均方根误差 δ 为 0.7%，从图可看出，反演模型的电阻率比真实模型参数中第三层高阻体电阻率值低，跟真实模型不能很好地吻合，一般情况下反演高阻层的效果没有低阻层的效果那么好，如图 4-10(b)、图 4-11(b)所示，但能够反映电阻率的变化趋势，再次验证 ATEM 探测高阻体没有探测低阻体的效果好。

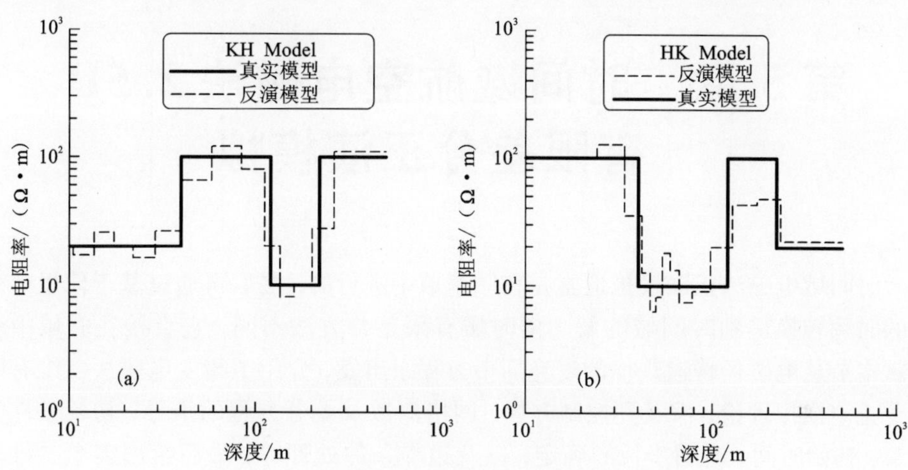

图 4-11　四层 KH 模型和 HK 模型反演算例

(a) KH 型模型参数：$\rho_1=20\ \Omega\cdot m$，$\rho_2=100\ \Omega\cdot m$，$\rho_3=10\ \Omega\cdot m$，$\rho_4=100\ \Omega\cdot m$；$d_1=40$ m，$d_2=80$ m，$d_3=100$ m，$d_4\to\infty$；

(b) HK 型模型参数：$\rho_1=100\ \Omega\cdot m$，$\rho_2=10\ \Omega\cdot m$，$\rho_3=100\ \Omega\cdot m$，$\rho_4=20\ \Omega\cdot m$；$d_1=40$ m，$d_2=80$ m，$d_3=100$ m，$d_4\to\infty$

4.3　小结

(1)本章提出了一种模型交替调整反演方法，对典型模型的反演算例表明，该方法能够取得较好的反演效果。

(2)除了能反映低阻异常以外，模型交替调整反演法能对高阻异常有较高的分辨能力，这种方法可以应用于需要解释高阻存在的情况，但是 ATEM 自身的特点就不利于探测高阻异常，因此模型交替调整反演法也难免会出现过度解释的现象，跟奥康姆反演法相比，稳定性稍差。但这是必然现象，稳定性和分辨率是一对矛盾的两面，分辨率高就必然降低稳定性。

(3)模型交替调整反演方法跟 CDT 类方法相比较，因为包含迭代拟合和判断的过程，对每一测点反演所需的时间肯定比 CDT 类方法多得多，但具有精度高的优势，适合应用于后期深入研究的数据处理。

(4)模型交替调整算法属于一种人机交互反演方法，要求使用者有一定经验，对不同的模型给出合适的伸缩因子、深度调整次数 *nd*、电阻率调整次数 *nr* 等，考虑到时间域航空电磁法的数据量非常大，研究表明，设伸缩因子为 10%，*nr* 给定一个较大的值(如 30)，*nd* 取 2，一般情况下可以得到较为理想的反演结果。

第5章　时间域航空电磁法2.5D有限差分正演模拟

时间域电磁法正演模拟通常是在频率域中进行的，之后再通过基于傅里叶变换的时频转换得到时间域的解。但时域有限差分方法不同，它直接在时域中求解。本节从电磁场普遍规律的麦克斯韦方程组出发，介绍了瞬变电磁法二维有限差分正演模拟理论，涉及到控制方程、网格离散及差分方程的推导，初始条件的求解，初始时间、时间步长的确定，以及边界条件处理等，最后给出多个二维模型的正演结果及分析。

1966年K. S. Yee首次提出时域有限差分(Finite Difference Time Domain, FDTD)方法[40]。其基本出发点是利用差分代替微分，一般过程为：首先要推导出微分方程，其次，用规则网格切割定义域使之既相邻又不重叠，然后再构造对应的差分格式，最后计算求解并给出物理解释。

时域有限差分法直接把含时间变量的Maxwell旋度方程或波动方程(扩散方程)，在Yee氏网格或其他离散网格中转换成差分方程。每个网格点上的场值均与其相邻的场值有关。在每个时间点计算网格空间各点上的场值，随着时间的推进，便能直接模拟电磁波的传播及其与物体的相互作用。由于时域有限差分法的直接出发点是概括电磁场普遍规律的麦克斯韦方程，因此这一方法具有广泛的适用性。并且它不需要推导任何导出方程，避免了更多数学工具的使用，使得该算法简单且易于实现[187]。

5.1　瞬变电磁法二维有限差分正演模拟

5.1.1　控制方程

麦克斯韦方程组是研究瞬变电磁正演的理论基础，它完整地描述了电磁场的基本规律。在时间域中，麦克斯韦方程组有如下形式：

$$\nabla \times \boldsymbol{E} = -\frac{\partial \boldsymbol{B}}{\partial t} \tag{5-1}$$

$$\nabla \times \boldsymbol{H} = \boldsymbol{J} + \frac{\partial \boldsymbol{D}}{\partial t} \tag{5-2}$$

$$\nabla \cdot \boldsymbol{B} = 0 \tag{5-3}$$

$$\nabla \cdot \boldsymbol{E} = \rho \tag{5-4}$$

式中，$\boldsymbol{B}$ 为磁感应强度，单位特[斯拉]（T或 Wb/m^2）；$\boldsymbol{E}$ 为电场强度，单位伏每米（V/m）；$\boldsymbol{D}$ 为电位移矢量，单位库[伦]每平方米（C/m^2）；$\boldsymbol{H}$ 为磁场强度，单位安[培]每米（A/m）；$\boldsymbol{J}$ 为电流密度，单位安[培]每平方米（A/m^2）。

此外，在各向同性均匀介质中，存在状态方程：

$$\boldsymbol{D} = \varepsilon \boldsymbol{E} \tag{5-5}$$

$$\boldsymbol{B} = \mu \boldsymbol{H} \tag{5-6}$$

$$\boldsymbol{J} = \sigma \boldsymbol{E} \tag{5-7}$$

式中，$\boldsymbol{\varepsilon}$、$\boldsymbol{\mu}$、$\boldsymbol{\sigma}$ 分别为介电常数，磁导率以及电导率。

上述麦克斯韦方程是传统的表达形式，仅考虑了电偶极子源的存在。若同时还存在磁性源，则方程式(5-1)、式(5-2)更具对称性。在各向同性均匀介质中，电偶极子源和磁偶极子源共同存在时麦克斯韦方程为

$$\nabla \times \boldsymbol{H} = \varepsilon \frac{\partial \boldsymbol{E}}{\partial t} + \sigma \boldsymbol{E} + \boldsymbol{J}_e \tag{5-8}$$

$$\nabla \times \boldsymbol{E} = -\mu \frac{\partial \boldsymbol{H}}{\partial t} + \boldsymbol{J}_m \tag{5-9}$$

式中，$\boldsymbol{J}_e$ 为电流密度，$\boldsymbol{J}_m$ 为磁流密度。若场源位于坐标原点，则：

$$\boldsymbol{J}_e = P_e \cdot \delta(x)\delta(y)\delta(z) \tag{5-10}$$

$$\boldsymbol{J}_m = -\mu_0 \cdot (\mathrm{d}P_m/\mathrm{d}t) \cdot \delta(x)\delta(y)\delta(z) \tag{5-11}$$

式中，$\delta(x)$、$\delta(y)$、$\delta(z)$ 为狄拉克(Dirac)源函数，P_e、P_m 为源的电偶极矩和磁偶极距，μ_0 为真空中的总磁导率。且 $P_e = I\Delta s$，Δs 为电流源长度，$P_m = IS$，S 为小电流环的面积，I 为阶跃电流，其满足：

$$I(t) = \begin{cases} 0, & t < 0 \\ I_0, & t \geqslant 0 \end{cases}$$

固体地球物理中电磁场各分量除需满足上述麦克斯韦方程组外，还应满足相应的边界条件。在通过分界面时，电场强度的切向分量连续，即：

$$E_{t1} = E_{t2} \tag{5-12}$$

设 $\boldsymbol{n}$ 为分界面的法向单位矢量，则边界条件式(5-12)可以写成

$$\boldsymbol{n} \times (E_1 - E_2)\big|_G = 0 \tag{5-13}$$

在任何边界面上，磁通密度即磁感应强度的法向分量连续。即

$$B_{n1} = B_{n2} \tag{5-14}$$

若不存在面电流，磁场强度的切向分量在通过分界面时连续，即

$$\boldsymbol{n} \times (H_1 - H_2)\big|_G = 0 \tag{5-15}$$

式中，G 为介质分界面，下标1、2分别表示界面两侧介质中的电磁场。

方程式(5－8)、式(5－9)及边界条件式(5－13)、式(5－15)组成了时间域瞬变电磁场的边值方程。

由方程式(5－1)～式(5－4)可以得到关于电场和磁场在无源区的波动方程：

$$\nabla^2 \boldsymbol{E} - \mu\sigma \frac{\partial \boldsymbol{E}}{\partial t} - \mu\varepsilon \frac{\partial^2 \boldsymbol{E}}{\partial t^2} = 0 \tag{5-16}$$

$$\nabla^2 \boldsymbol{H} - \mu\sigma \frac{\partial \boldsymbol{H}}{\partial t} - \mu\varepsilon \frac{\partial^2 \boldsymbol{H}}{\partial t^2} = 0 \tag{5-17}$$

方程式(5－16)和式(5－17)中左端第二项代表传导电流，第三项代表位移电流。当瞬变电磁场法在中深层勘探时，位移电流远远小于传导电流，因此可以忽略位移电流[188]。在各向同性线性无源介质中瞬变电磁场可以用如下扩散方程描述：

$$\nabla^2 \boldsymbol{E} - \mu\sigma \frac{\partial \boldsymbol{E}}{\partial t} = 0 \tag{5-18}$$

$$\nabla^2 \boldsymbol{H} - \mu\sigma \frac{\partial \boldsymbol{H}}{\partial t} = 0 \tag{5-19}$$

对于线源二维问题的 TE 模式，电场只有 y 分量，因此可以得到二维问题的控制方程为：

$$\nabla^2 \boldsymbol{E}_y - \mu\sigma \frac{\partial \boldsymbol{E}_y}{\partial t} = 0 \tag{5-20}$$

在空气中取自由空间的介电常数 $\varepsilon_0 = 8.854 \times 10^{-12}$ F/m。而对于磁导率，统一取自由空间的磁导率 $\mu = \mu_0 = 4\pi \times 10^{-7}$ H/m。

5.1.2 网格离散及 DuFort-Frankel 差分方程的推导

图 5－1 为二维时域有限差分法的网格，在上半空间的空气层，场近似满足拉普拉斯方程，这是地－空边界条件向上延拓的理论基础。如图 5－1，因为在场源及地表附近电场的空间分布变化剧烈，故在场源附近及地表附近网格剖分得比较细。

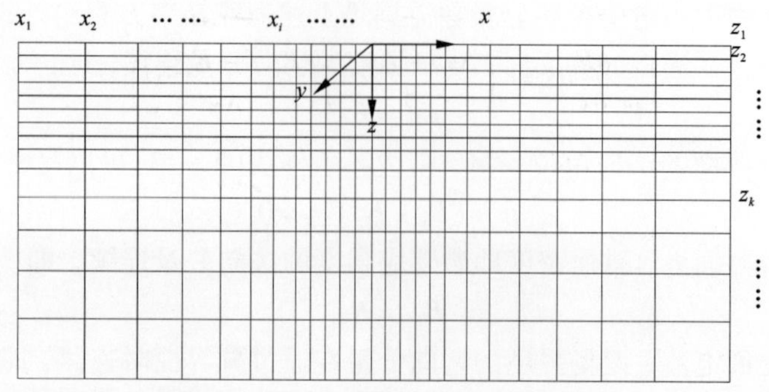

图 5－1　二维时域有限差分矩形网格

空气层：$\nabla^2 \boldsymbol{E}_y = 0$

图 5－1 中沿 y 方向放置的两条无限长电流源（图中圆圈位置），分别通以正、负电流，当电流断开时，负阶跃脉冲激发二次场。此时电磁波为 TE 模式，仅存在电场 y 分量，以及磁场的 x、z 分量，且电场 y 分量满足扩散方程：[53]

$$\frac{\partial^2 \boldsymbol{E}_y}{\partial x^2} + \frac{\partial^2 \boldsymbol{E}_y}{\partial z^2} - \mu\sigma \frac{\partial \boldsymbol{E}}{\partial t} = 0 \tag{5-21}$$

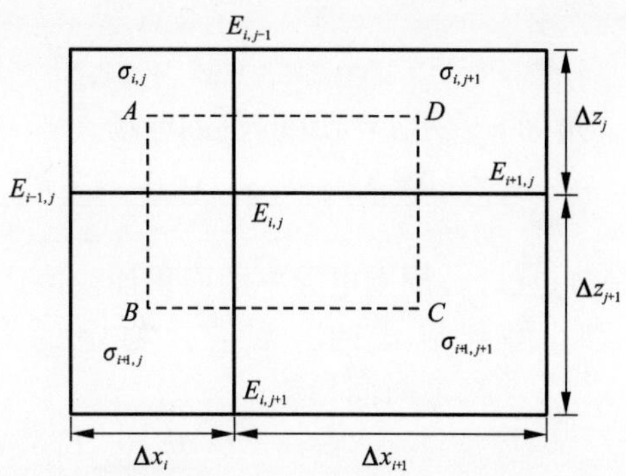

图 5－2　网格节点(i, j)及其临近节点放大示意图

下面将用 E 来代替 E_y。

图 5－2 中，节点(i, j)的坐标为 x_i，z_j，该处的电场为 $E_{i,j}$。将式(5－20)对矩形 $ABCD$ 积分，并应用格林定理，得：

$$\begin{aligned}\iint_{ABCD} \mu_0 \sigma \frac{\partial \boldsymbol{E}}{\partial t} \mathrm{d}x\mathrm{d}z &= \iint_{ABCD} \left(\frac{\partial^2 \boldsymbol{E}}{\partial x^2} + \frac{\partial^2 \boldsymbol{E}}{\partial y^2} \right) \mathrm{d}x\mathrm{d}z \\ &= \int_{BC} \frac{\partial \boldsymbol{E}}{\partial z} \mathrm{d}x - \int_{AD} \frac{\partial \boldsymbol{E}}{\partial z} \mathrm{d}x + \int_{DC} \frac{\partial \boldsymbol{E}}{\partial x} \mathrm{d}z - \int_{AB} \frac{\partial \boldsymbol{E}}{\partial x} \mathrm{d}z \end{aligned} \tag{5-22}$$

利用如下近似：

$$\int_{BC} \frac{\partial \boldsymbol{E}}{\partial z} \mathrm{d}x \approx \left(\frac{\Delta x_i + \Delta x_{i+1}}{2} \right) \left(\frac{E_{i,j+1} - E_{i,j}}{\Delta z_{j+1}} \right)$$

$$\int_{AD} \frac{\partial \boldsymbol{E}}{\partial z} \mathrm{d}x \approx \left(\frac{\Delta x_i + \Delta x_{i+1}}{2} \right) \left(\frac{E_{i,j} - E_{i,j-1}}{\Delta z_j} \right)$$

$$\int_{DC} \frac{\partial \boldsymbol{E}}{\partial x} \mathrm{d}z \approx \left(\frac{\Delta z_j + \Delta z_{j+1}}{2} \right) \left(\frac{E_{i+1,j} - E_{i,j}}{\Delta x_{i+1}} \right)$$

$$\int_{AB} \frac{\partial \boldsymbol{E}}{\partial x} \mathrm{d}z \approx \left(\frac{\Delta z_j + \Delta z_{j+1}}{2} \right) \left(\frac{E_{i,j} - E_{i-1,j}}{\Delta x_i} \right)$$

$$\begin{aligned}\iint_{ABCD} \mu_0 \sigma \frac{\partial \boldsymbol{E}}{\partial t} \mathrm{d}x\mathrm{d}z \approx \frac{\mu_0}{4} (&\sigma_{i,j} \Delta x_i \Delta z_j + \sigma_{i+1,j} \Delta x_i \Delta z_{j+1} \\ &+ \sigma_{i,j+1} \Delta x_{i+1} \Delta z_j + \sigma_{i+1,j+1} \Delta x_{i+1} \Delta z_{j+1}) \frac{\partial E_{i,j}}{\partial t}\end{aligned}$$

最后将上述各个近似式带入式(5－22)，重新整理得到：

$$\mu_0 \overline{\sigma}_{i,j} \frac{\partial E^n_{i,j}}{\partial t} = \frac{1}{\Delta z_j \Delta z_{j+1}} \left(\frac{2\Delta z_{j+1}}{\Delta z_j + \Delta z_{j+1}} E^n_{i,j-1} + \frac{2\Delta z_j}{\Delta z_j + \Delta z_{j+1}} E^n_{i,j+1} - 2E^n_{i,j} \right)$$

$$+\frac{1}{\Delta x_i \Delta x_{i+1}}\left(\frac{2\Delta x_{i+1}}{\Delta x_i+\Delta x_{i+1}}E_{i-1,j}^n+\frac{2\Delta x_i}{\Delta x_i+\Delta x_{i+1}}E_{i+1,j}^n-2E_{i,j}^n\right) \quad (5-23)$$

式中，角标 n 表示 $t=n\Delta t$ 时刻的电场，

$$\overline{\sigma}_{i,j}=\frac{\sigma_{i,j}\Delta x_i\Delta z_j+\sigma_{i+1,j}\Delta x_i\Delta z_{j+1}+\sigma_{i,j+1}\Delta x_{i+1}\Delta z_j+\sigma_{i+1,j+1}\Delta x_{i+1}\Delta z_{j+1}}{(\Delta x_i+\Delta x_{i+1})(\Delta z_j+\Delta z_{j+1})}$$

$\overline{\sigma}_{i,j}$是节点(i, j)周围电导率的面积加权值。

为了得到显式的、无条件稳定的时间分步法，现引入 Dufort-Frankel 法[41-45,189]来离散时间导数：

$$\frac{\partial E_{i,j}^n}{\partial t}\approx\frac{E_{i,j}^{n+1}-E_{i,j}^{n-1}}{2\Delta t} \quad (5-24)$$

除此之外，也可用式(5-24)近似公式代入式(5-23)

$$E_{i,j}^n\approx\frac{E_{i,j}^{n+1}-E_{i,j}^{n-1}}{2} \quad (5-25)$$

最终便可得到 DuFort-Frankel 差分方程：

$$E_{i,j}^{n+1}=\frac{1-4\bar{r}_{i,j}}{1+4\bar{r}_{i,j}}E_{i,j}^{n-1}+\frac{2r_{i,j}^z}{1+4\bar{r}_{i,j}}\left(\frac{\Delta z_j}{\overline{\Delta z_j}}E_{i,j+1}^n+\frac{\Delta z_{j+1}}{\overline{\Delta z_j}}E_{i,j-1}^n\right)$$

$$+\frac{2r_{i,j}^x}{1+4\bar{r}_{i,j}}\left(\frac{\Delta x_i}{\overline{\Delta x_i}}E_{i+1,j}^n+\frac{\Delta x_{i+1}}{\overline{\Delta x_i}}E_{i-1,j}^n\right) \quad (5-26)$$

式中

$$\overline{\Delta z_j}=\frac{\Delta z_j+\Delta z_{j+1}}{2},\ \overline{\Delta x_i}=\frac{\Delta x_i+\Delta x_{i+1}}{2}$$

$$r_{i,j}^z=\frac{\Delta t}{\mu\,\overline{\sigma}_{i,j}\Delta z_j\Delta z_{j+1}},\ r_{i,j}^x=\frac{\Delta t}{\mu\,\overline{\sigma}_{i,j}\Delta x_i\Delta x_{i+1}},\ \bar{r}_{i,j}=\frac{r_{i,j}^x+r_{i,j}^z}{2}$$

注意，在任何一个时级上，DuFort-Frankel 差分方程都只能应用于网点中的一半，这是因为有限差分网格的中点只能按式(5-25)由前后时间平均值来表示。在二维情况下，这种解法可按如下步骤进行：在任何 n 为奇数的时刻，可将差分方程(5-26)把 $E_{i,j}^{n-1}$(此时 $i+j$ 为奇数)向前推算到$(n+1)$时级；再用所求得的值将 $E_{i,j}^n$(此时 $i+j$ 为偶数)向前推算到$(n+2)$时级，以此类推。这样便要求在计算初始给出 $n=0$ 和 $n=1$ 时刻的场值，可以用均匀半空间的解析解给定。

Oristaglio and Hohmann(1984)指出[42]，DuFort-Frankel 法的最大时间步长为

$$\Delta t_{\max}=(\mu_{\min}\sigma_{\min}t)^{1/2}\frac{\Delta_{\min}}{2} \quad (5-27)$$

其中 $\mu_{\min}$ 为模型最小磁导率，$\sigma_{\min}$ 为最小电导率，$\Delta_{\min}$ 为最小网格。

5.1.3 初始条件

二维模型中，假设大地表层电性均匀，便可以将分别通以正负电流的两根无

限长电流源在 $t=t_0$ 时刻的均匀半空间响应(瞬变电场)作为有限差分计算的初始条件。线源在均匀半空间激发的瞬变电场表达式为[53]

$$E(x,z,t)=\frac{I}{\pi\sigma}\Big\{\Big(\frac{z^2-x^2}{R^2}+\frac{2z^2}{T}\Big)\frac{e^{-R^2/T}}{R^2}-\frac{2ze^{-z^2/T}}{\sqrt{\pi}R^2}\Big[\frac{1}{\sqrt{T}}-2xF\Big(x\frac{1}{\sqrt{T}}\Big)\Big(\frac{1}{T}+\frac{1}{R^2}\Big)\Big]\Big\}+\frac{I}{\pi\sigma}\frac{x^2-z^2}{R^4}\mathrm{erfc}\Big(z\frac{1}{\sqrt{T}}\Big) \quad (5-28)$$

式中，$T=\dfrac{4t}{\mu\sigma}$，$R^2=x^2+z^2$，erfc 为误差函数。$F(u)=e^{-u^2}\int_0^u e^{v^2}dv$ 为 Dawson 积分，可用以下近似式求取[1]，

$$F(u)\approx\frac{u+a_3u^3+a_5u^5+a_7u^7}{1+b_2u^2+b_4u^4+b_6u^6+b_8u^8}$$

式中，$a_3=37/84$，$a_5=1/7$，$a_7=13/105$，$b_2=31/28$，$b_4=43/70$，$b_6=17/105$，$b_8=26/105$。

根据均匀半空间的解析解，可以了解瞬变场在地下扩散的过程，直观地理解“烟圈效应”。如图 5-3(a)、(b)、(c)分别是三个时刻均匀半空间瞬变电场值，其单位为 μV/m。负源位于 $x=-50$ m，正源位于 $x=0$ m。均匀半空间电阻率 $\rho_0=300\ \Omega\cdot$m。可以看出瞬变电场在地下随着时间的推移如同“烟圈”一般向下向外传播扩散。若地下介质非均匀，“烟圈”的扩散将不再如同均匀半空间这般对称光滑，此时利用时域有限差分方法可以对非均匀介质的二维瞬变电场进行模拟，了解其扩散情况。

此外还可以通过地表的电场求解地表的感应电动势。在地表 $z=z_0$ 处

$$E(x,z=0,t)=\frac{I}{\pi\sigma}\frac{1}{x^2}(1-e^{-x^2/T})$$

根据法拉第电磁感应定律的微分形式：

$$\frac{\partial B_z}{\partial t}=-\frac{\partial E}{\partial x} \quad (5-29)$$

$$\frac{\partial B_x}{\partial t}=-\frac{\partial E}{\partial z} \quad (5-30)$$

可以求得切断恒定电流之后地表磁场分量的时间导数：

$$\frac{\partial h_z}{\partial t}=-\frac{IT}{2\pi x^3 t}\Big[e^{-x^2/T}\Big(1+\frac{x^2}{T}\Big)-1\Big] \quad (5-31)$$

$$\frac{\partial h_x}{\partial t}=-\frac{I}{\pi^{3/2}xt}\Big[\Big(1+\frac{T}{x^2}\Big)F(x/\sqrt{T})-\frac{\sqrt{T}}{x}\Big] \quad (5-32)$$

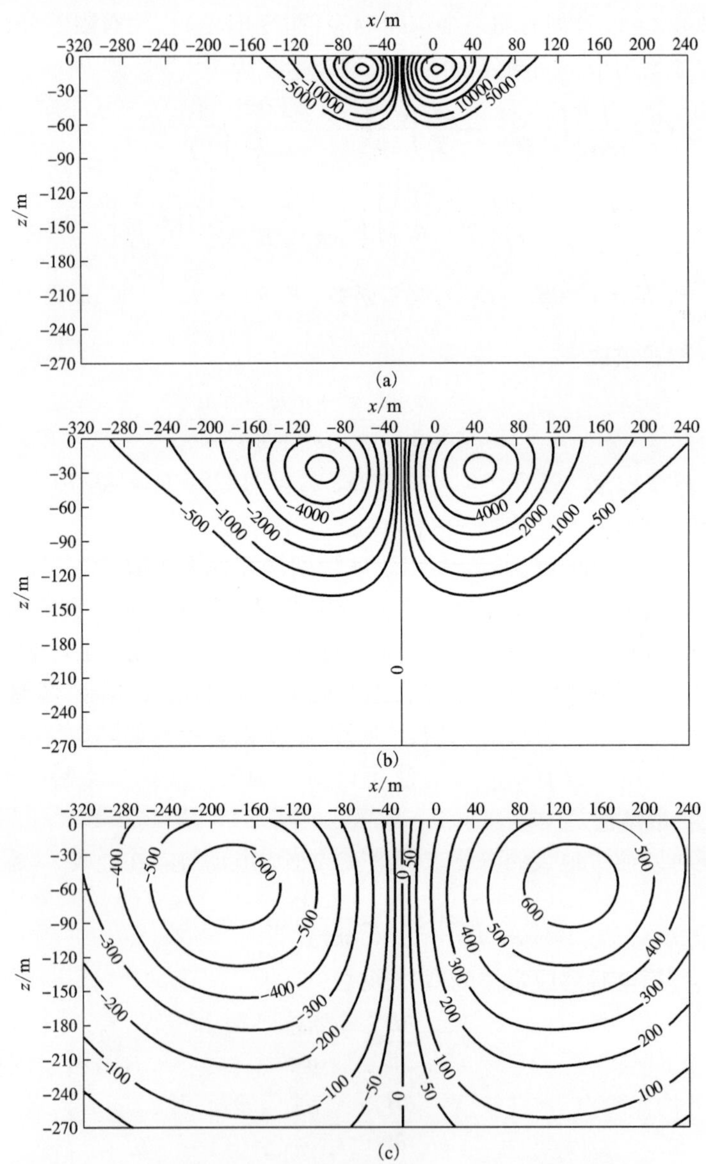

图 5-3　均匀半空间不同时刻瞬变电场(μV/A)在空间的分布

(a)$t=1.259\times10^{-6}$s, (b)$t=6.492\times10^{-6}$s, (c)$t=3\times10^{-5}$s

5.1.4　边界条件

对于地下边界，采用各个时刻均匀半空间的解析解式(5-28)作为边界处的场值加入。在准静态近似的条件下，电场在空气中满足拉普拉斯方程，即

$$\frac{\partial^2 \boldsymbol{E}}{\partial x^2}+\frac{\partial^2 \boldsymbol{E}}{\partial z^2}=0$$

因此空气中的电场 $\boldsymbol{E}(x,\ z<0,\ t)$ 可利用向上延拓的方法根据地－空边界处的电场 $E(x,\ z=0,\ t)$ 求出

$$\boldsymbol{E}(x,\ z<0,\ t)=\frac{-z}{\pi}\int_{-\infty}^{\infty}\frac{\boldsymbol{E}(x',\ z=0,\ t)}{[(x-x')^2+z^2]}\mathrm{d}x' \tag{5-33}$$

或者可以写成

$$\boldsymbol{E}(x,\ z<0,\ t)=\frac{1}{2\pi}\int_{-\infty}^{\infty}\exp(|k_x|z+ik_x x)\tilde{\boldsymbol{E}}(k_x,\ z=0,\ t)\mathrm{d}k_x \tag{5-34}$$

$\tilde{E}(k_x,\ z=0,\ t)$ 为地表波数域电场值。对式(5－34)两边进行 x 的傅里叶变换，有

$$\tilde{\boldsymbol{E}}(k_x,\ z<0,\ t)=\exp(|k_x|z)\tilde{\boldsymbol{E}}(k_x,\ z=0,\ t) \tag{5-35}$$

在程序计算中，首先由解析式(5－28)计算 $z=0$ 处的电场分布，利用三次样条插值得到地表均匀网格上的电场值，利用快速傅里叶变换将其转换到波数域；用式(5－35)计算得到地表上空一个网格处波数域的电场值，再次利用三次样条插值得到原非均匀网格处场值；最后利用差分方程式(5－26)计算下一时刻地表处的电场值。如此循环下去。

5.1.5　二维数值模拟结果分析

5.1.5.1　正演结果验证

为了验证程序的正确性，下面给出均匀半空间中有限差分数值解与解析解的对比。均匀半空间电阻率 $\rho_0=100\ \Omega\cdot\mathrm{m}$。接收线圈等效面积为单位面积，测量垂直感应电动势 V_Z(Vertical EMF)。正源位于 $x=-500$ m，负源位于 $x=0$ m。数值计算中采用非均匀网格，在场源附近剖分较密，其他地方可适当加大网格。时间同样采用不均匀剖分，在早期场变化比较剧烈时采用较小的时间步，随着时间的推移场变得平缓，采用稍大的时间步。表 5－1 列出了计算的时间步。初始时刻根据前人的经验设定为[41－43]：

$$t_0=1.13\mu_1\sigma_1\Delta_1^2 \tag{5-36}$$

式中，μ_1，σ_1 分别为地表磁导率和电导率，Δ_1 为地表第一个网格步长。

表 5－1　模型计算中的时间步

迭代步数	Δt
1000	1.0472×10^{-7}
4000	1.0472×10^{-6}
10000	2.0944×10^{-6}

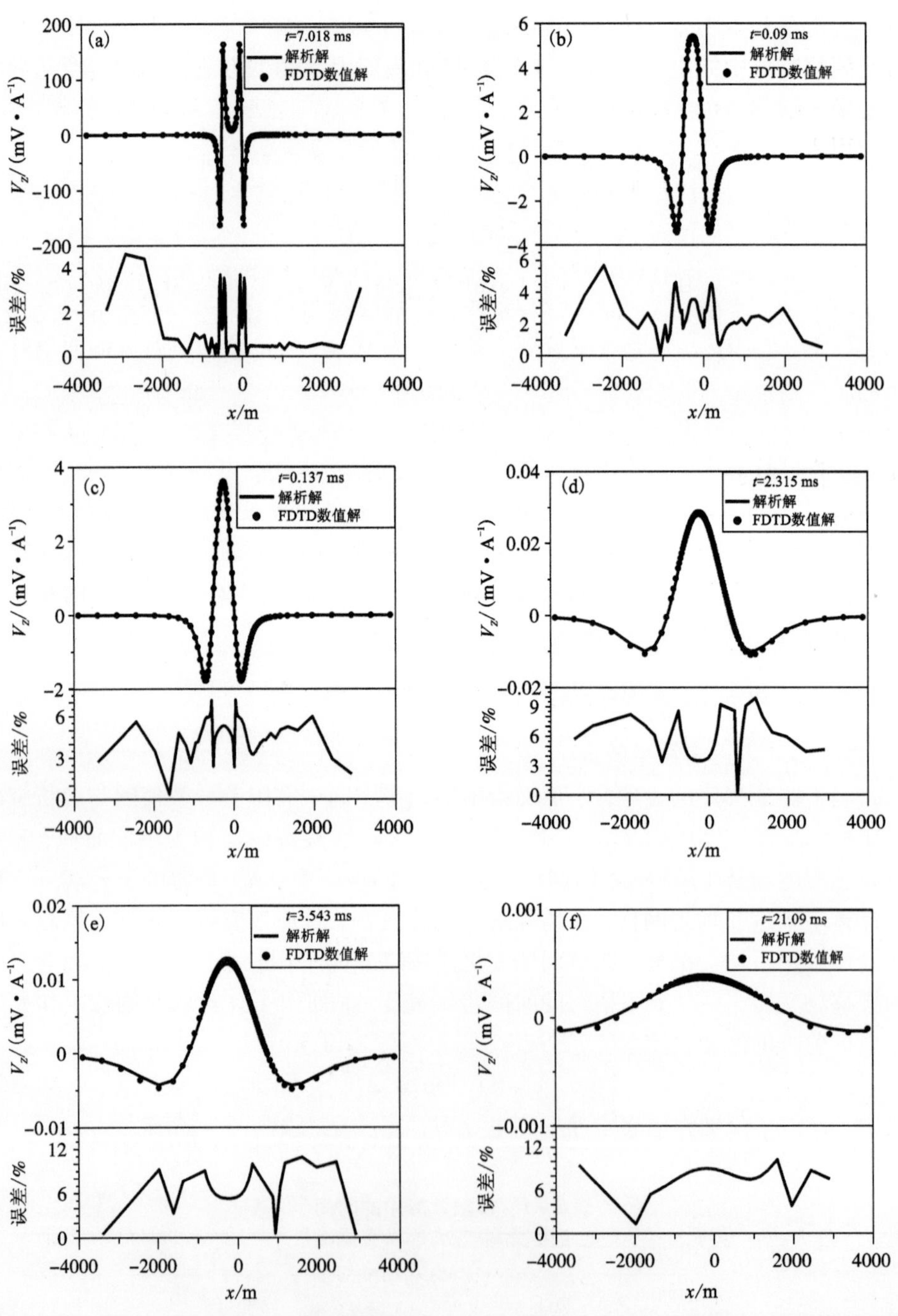

图 5-4　均匀半空间不同时刻垂直感应电动势($-\partial B/\partial t$)数值解与解析解的对比及相对误差图

如图5－4给出了不同时刻有限差分数值解与解析解的对比曲线，可见数值解与解析解基本吻合，最大相对误差不会超过10%，且误差较大的点位于曲线的极小值位置。二维正演主要误差来源分析：(1)边界条件，地空边间条件，向上延拓引入误差。(2)有限差分方程推导中利用差分代替微分本身就是一种近似，因此引入误差。(3)网格时间步长的选取，影响计算精度。

5.1.5.2　**二维模型算例**

模型一：直立低阻板状体(大对比度)

如图5－5所示为模型示意图，在电阻率$\rho_h = 300\ \Omega \cdot m$的均匀半空间中，存在一个电阻率$\rho_d = 0.3\ \Omega \cdot m$的直立板状体。异常体与均匀半空间的电导率之比为1000∶1。直立板状体埋深100 m，长300 m，宽20 m，左端距离正源300 m。图中横坐标表示与负源的距离，纵坐标为垂直感应电动势。因为异常体的存在，感应电动势由正变负的位置随着时间的推移向异常体所在位置移动，最终出现在低阻异常体正上方，在瞬变电磁勘探中常用这一点来近似确定异常体的水平位置。

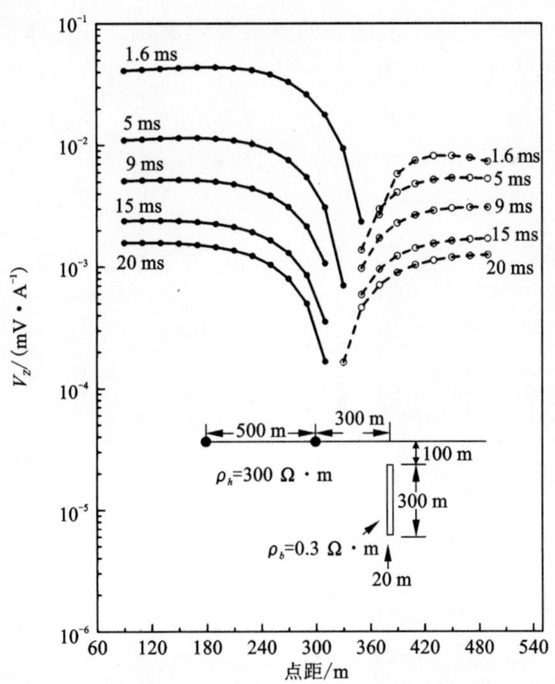

图5－5　模型一：直立低阻板状体(与均匀半空间电导率之比为1000∶1)示意图及其垂直感应电动势响应曲线

实线表示正值，虚线表示负值

图 5 -6 给出了多个不同时刻电场在地下的扩散等值线图，及该时刻地表处的垂直感应电动势曲线。图中横坐标代表水平位置，正负线电流源分别位于 $x=0$ m和 $x=-500$ m 处，纵坐标代表深度。在 0.008 ms 时刻，“烟圈”所代表的瞬变电场未到达异常体，此时不能探测到异常体。但到了 0.02 ms 时刻，电场扩散到异常体上方，但并没有穿透异常体，而是在异常体上方等值线出现了扭曲。这种表现是因为时间域电磁法的趋肤效应，场在低阻异常体中的扩散速度比在均匀半空间的扩散速度慢，因此等值线围绕在异常体的周围。在早期，垂直感应电动势主要表现为与 x 轴有两个交点，并随着时间的推移，变成一个交点。

0.6 ms 时刻电场的图像体现了场从早期向晚期的过渡。左侧的烟圈已经散开，右侧由于低阻异常体的影响，使得电场的等值线在异常体顶端与异常体相交，并形成闭合的曲线。在异常体中间偏上部位，场的等值线出现拐点。在之后的时刻，异常体的作用更加凸显，异常体顶端封闭的等值线类似于“烟圈”随时间的推移向异常体下方扩散移动，直至 3.8 ms 时刻电场等值线图全部包围异常体，之后以异常体为中心扩散。这说明此时涡流主要集中在低阻异常体中且其持续时间也较长。此外，从垂直感应电动势的图像可以看出，在晚期垂直感应电动势与横轴的交点位于异常体的正上方。

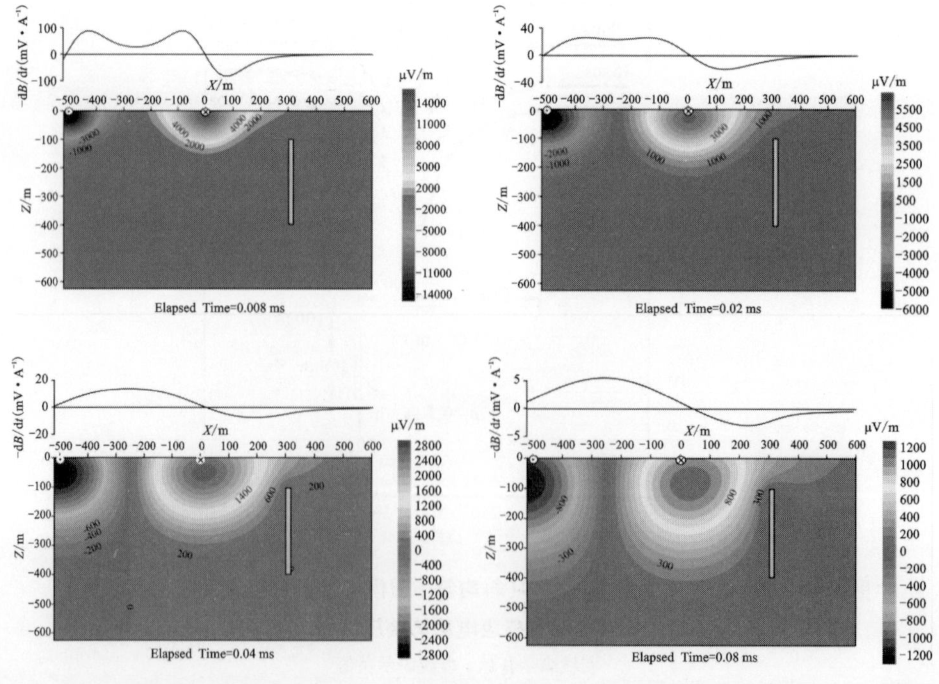

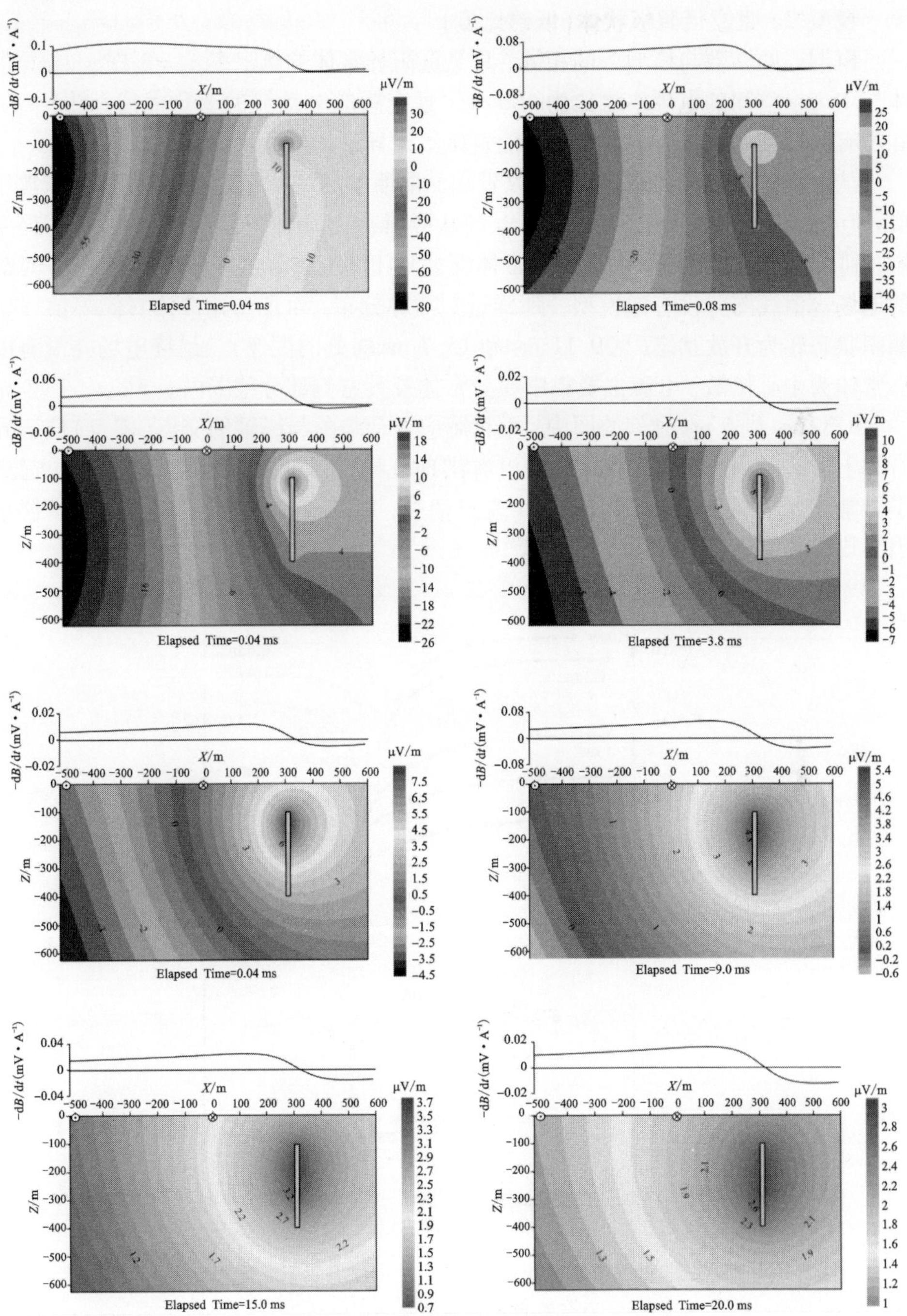

图5-6　模型一：不同时刻地下电场扩散等值线图(下)及地表垂直感应电动势(上)

模型二：直立低阻板状体(低对比度)

模型二的参数与模型一的相同，只是低阻异常体的电阻率$\rho_d = 3\ \Omega \cdot m$，异常体与均匀半空间的电导率之比为100∶1。垂直感应电动势的变化曲线(图5－7)并没有像模型一那样有规律，并不能直接给出异常体的位置信息。

从电场扩散等值线图5－8可以看出，早期电场的扩散过程与模型一非常相似，但由于异常体的电阻率增大，电场从异常体上端向下端扩散演变的过程变短，到0.95 ms时刻的电场图中异常体便被封闭的电场等值线包围。到5 ms时刻的电场等值线图并没有像模型一那样近似对称分布，而是在异常体右侧等值线由圈闭状态转为开放状态(见9.11 ms和15.7 ms时刻的图像)。最终电场并没有以异常体为中心扩散，电流主要集中在异常体及其右侧部分范围内。

0.32 ms到5 ms时刻的图中，垂直感应电动势的与横轴的交点(零点)位于异常体上方附近，但这个交点最终并没有出现在异常体上方，而是向右偏移，远离了异常体。直到9 ms时刻图中这个交点消失，15.7 ms时刻图中没再出现。这是因为均匀半空间中的电流作了贡献。

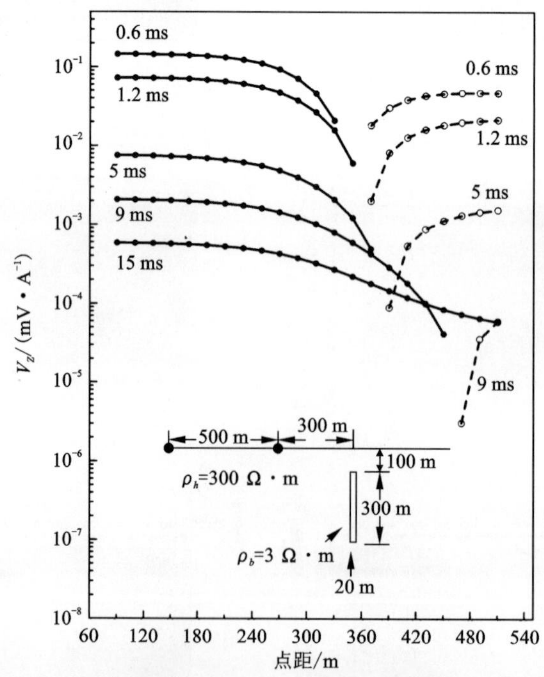

图5－7　模型二：直立低阻板状体(与均匀半空间电导率之比为100∶1)示意图及其垂直感应电动势响应曲线

实线表示正值，虚线表示负值

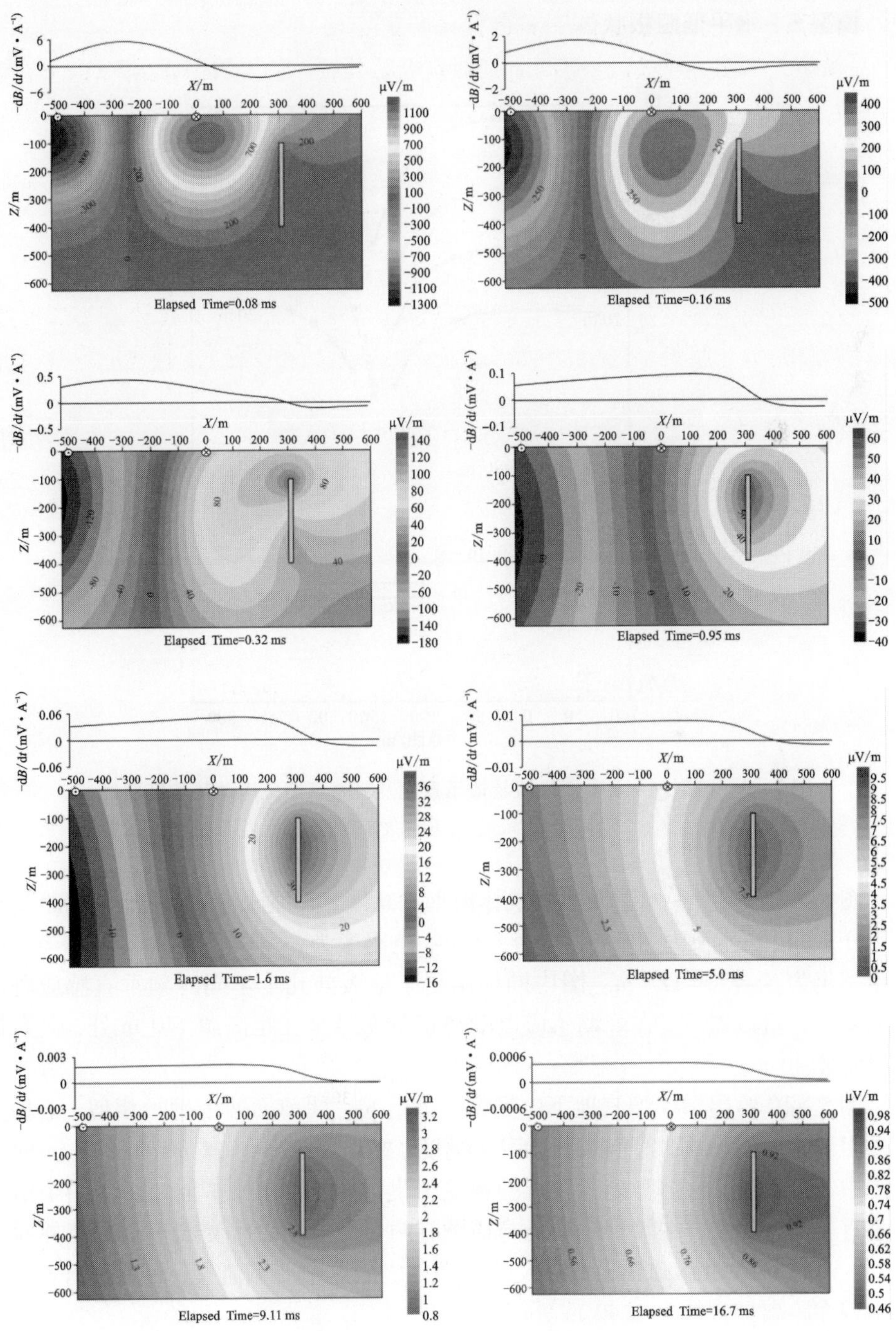

图 5－8　模型二：不同时刻地下电场扩散等值线图(下)及地表垂直感应电动势(上)

模型三：水平低阻板状体

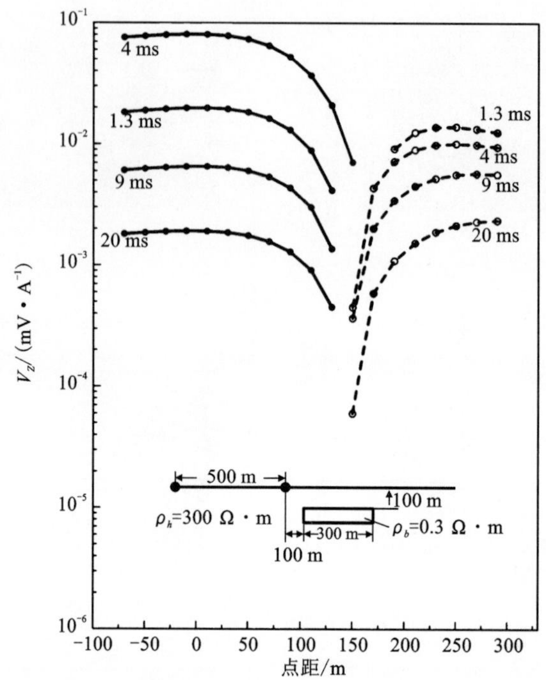

图 5-9　模型三：水平低阻板状体示意图及其垂直感应电动势响应曲线；

实线表示正值，虚线表示负值

图 5-9 为模型三水平低阻板状体模型示意图，其埋深为 100 m，左端距离正源 100 m，板状体长为 300 m，宽为 100 m，电阻率为 $\rho_d = 0.3\ \Omega \cdot m$，均匀半空间电阻率仍为 $\rho_h = 300\ \Omega \cdot m$。图中同样给出了地表处几个不同时刻垂直感应电动势的曲线。可以看到，在晚期感应电动势正负变号是在距离源 140 m 处，向右偏离异常体 40 m。

图 5-10 给出了模型三地下电场的扩散情况。同前面两个例子相似，电场受到低阻异常体的影响，等值线开始发生畸变，在 0.016 ms、0.1 ms 和0.17 ms时刻的图中，涡流在异常体距离源较近的顶端聚集，并开始向外扩散。对于图中给出的垂直感应电动势，在较早时刻仍与横轴有两个交点。之后变成一个交点并向右移动，到 1.3 ms 时移动到异常体左侧顶端。之后这个交点消失，而后又出现且一直出现在距离异常体左端 40 m 处。

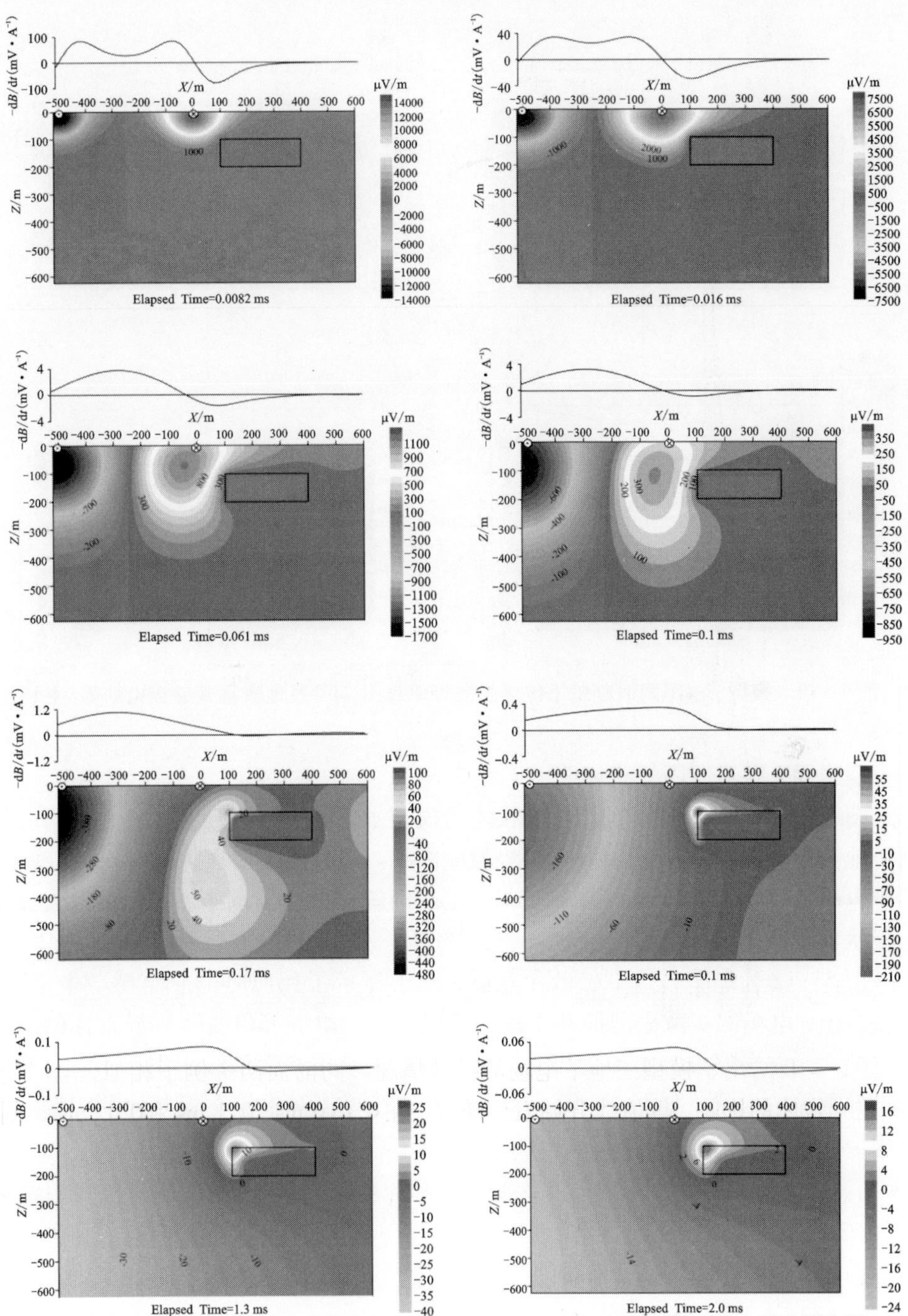
Elapsed Time=0.0082 ms
Elapsed Time=0.016 ms
Elapsed Time=0.061 ms
Elapsed Time=0.1 ms
Elapsed Time=0.17 ms
Elapsed Time=0.1 ms
Elapsed Time=1.3 ms
Elapsed Time=2.0 ms

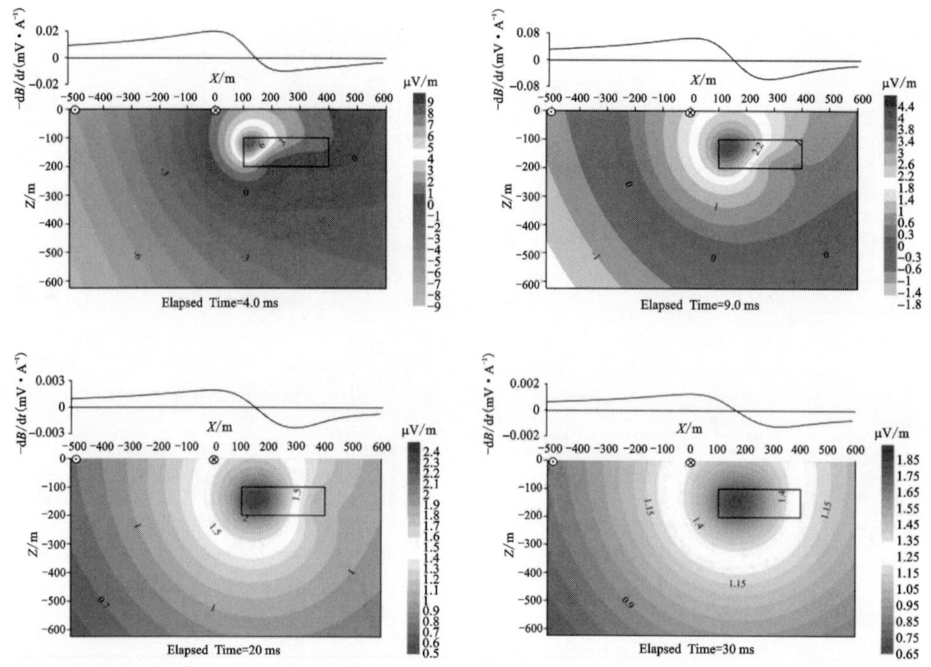

图 5-10　模型三：不同时刻地下电场扩散等值线图(下)及地表垂直感应电动势(上)

模型四：倾斜低阻板状体

图 5-11 为模型四倾斜低阻板状体的模型示意图，各参数如图所示，同时给出了地表处不同时刻垂直感应电动势响应曲线。可以看到，在 1.6 ms 的曲线上，感应电动势在距离源 150 m 左右变号，位于倾斜板状体顶端中心处，可以大概确定板状顶端位置。

图 5-12 为电场在地下扩散示意图，图中显示了相应时刻垂直感应电动势。可以看出，电场的扩散跟前面几个模型情况类似。电场等值线受到异常体的影响发生畸变。并最终以异常体为中心向外扩散。但从电场等值线图中并不能直观地确定异常体的形状。如图 5-10 所示，最终电场等值线中心在板状体的一端。这是因为此时板状体厚度较大。

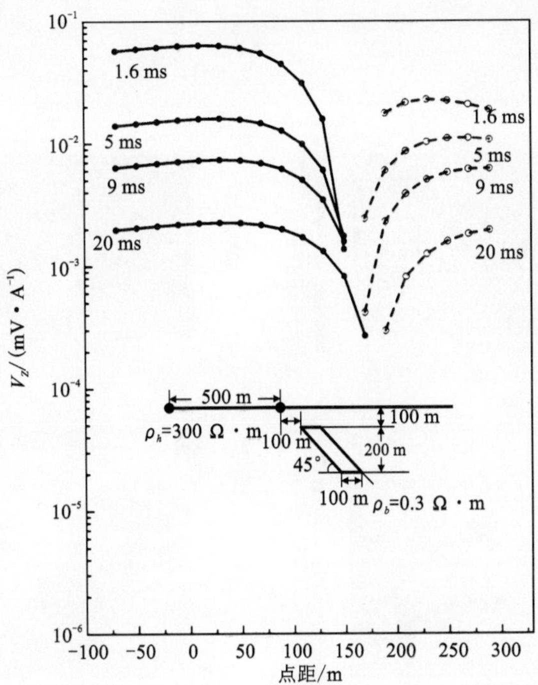

图 5－11　模型四：倾斜低阻板状体示意图及其垂直感应电动势响应曲线

实线表示正值，虚线表示负值

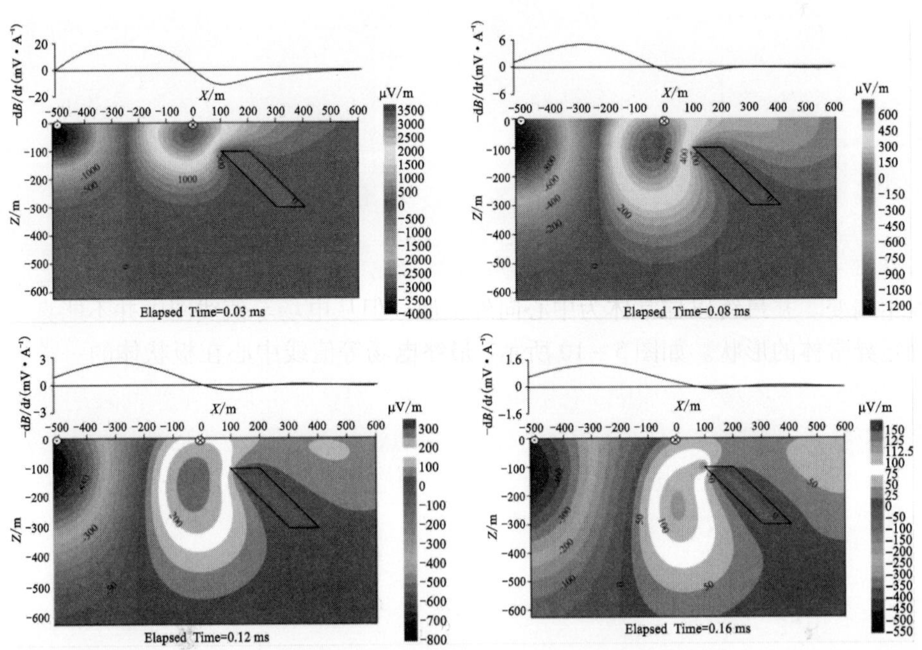

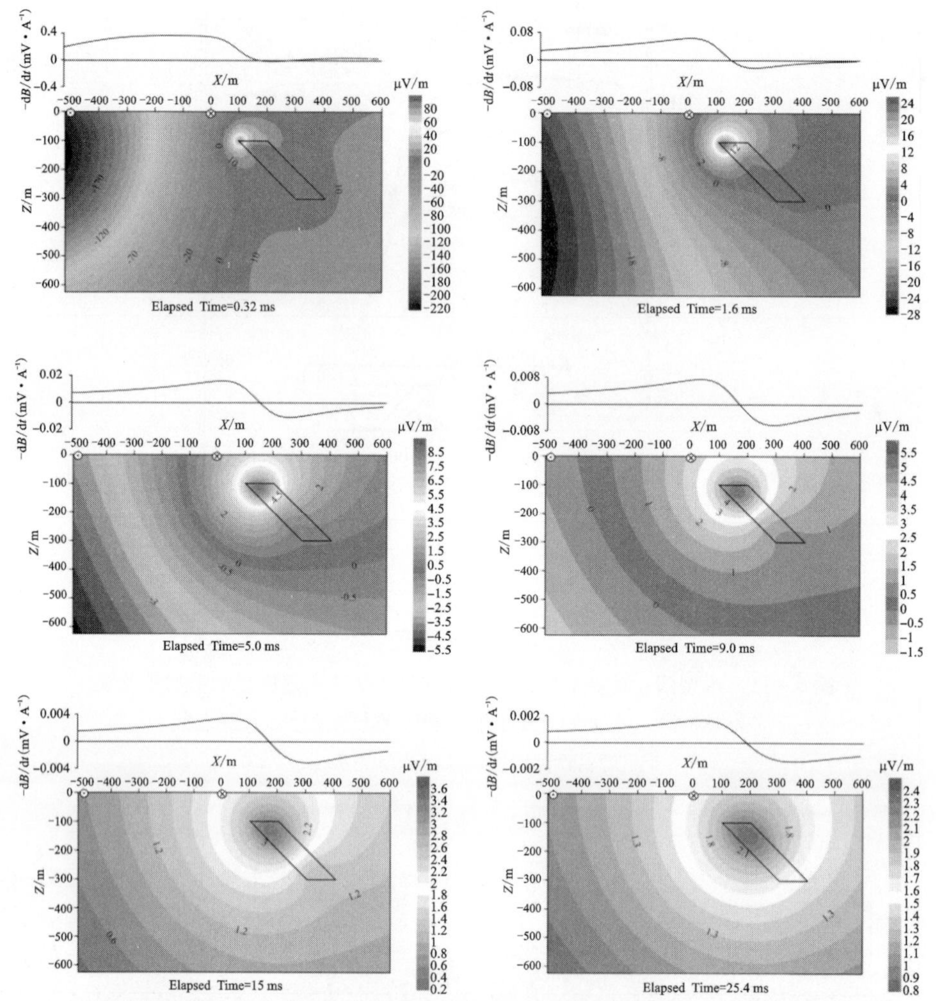

图 5-12　模型四：不同时刻地下电场扩散等值线图(下)及地表垂直感应电动势(上)

模型五：低阻覆盖层下方存在低阻板状体

图 5-13 模型示意图中，在电阻率 $\rho_h = 300\ \Omega \cdot m$ 的均匀半空间表层存在深度为 100 m、电阻率为 $\rho_o = 10\ \Omega \cdot m$ 的低阻覆盖层。直立板状体电阻率 $\rho_b = 0.03\ \Omega \cdot m$，与覆盖层电导率之差较大。图中感应电动势变化较为复杂，很难找出规律。

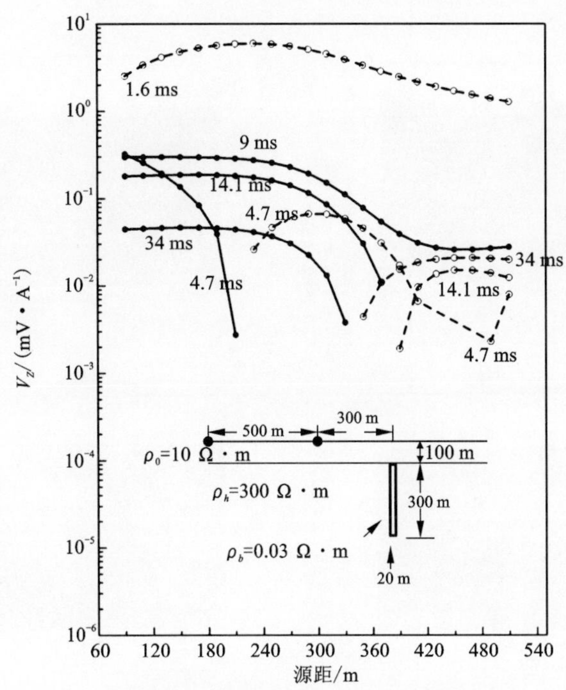

图 5－13　模型五：低阻覆盖层下直立低阻板状体示意图及其垂直感应电动势响应曲线

实线表示正值，虚线表示负值

如图 5－14 所示，低阻覆盖层使电场在地下的扩散速度降低，直到 0.1 ms，电流仍集中在表层，且由于电场在低阻覆盖层及下面的均匀半空间中的扩散速度不同，在两者的分界面处表现出了强烈的折射现象。到 0.321 ms 时，电场的扩散受到了异常体的影响。之后直到 3.7 ms 时，电场的扩散过程均类似于模型一、模型二。但在 4.7 ms 到 5.8 ms 时间内，发现受低阻覆盖层的影响，电场并没有像模型一和模型二那样直接沿着异常体顶端向下移动直至圈闭异常体，而是一部分集中在异常体以上低阻覆盖层中，一部分沿异常体顶端向异常体下方扩散，这是低阻覆盖层和异常体的综合反映。到了 8.9 ms 时，电场主要集中到了异常体上端，并随着时间的推移向异常体下部，向外扩散，如 14.1 ms、20.5 ms、25 ms 时刻的等值线图。

对于图 5－14 中垂直感应电动势，在早期仍与 x 轴有两个交点，之后变成一个交点，并随着时间的推移向源的右边移动，但并没有像模型一那样移动到异常体的上部，而是在 4.7 ms 时消失，但在 14.1 ms 之后，这个交点再次出现，并最终出现在了异常体右端。直至 34 ms 为止(图 5－13)，这个交点与异常只相差不到 30 m。

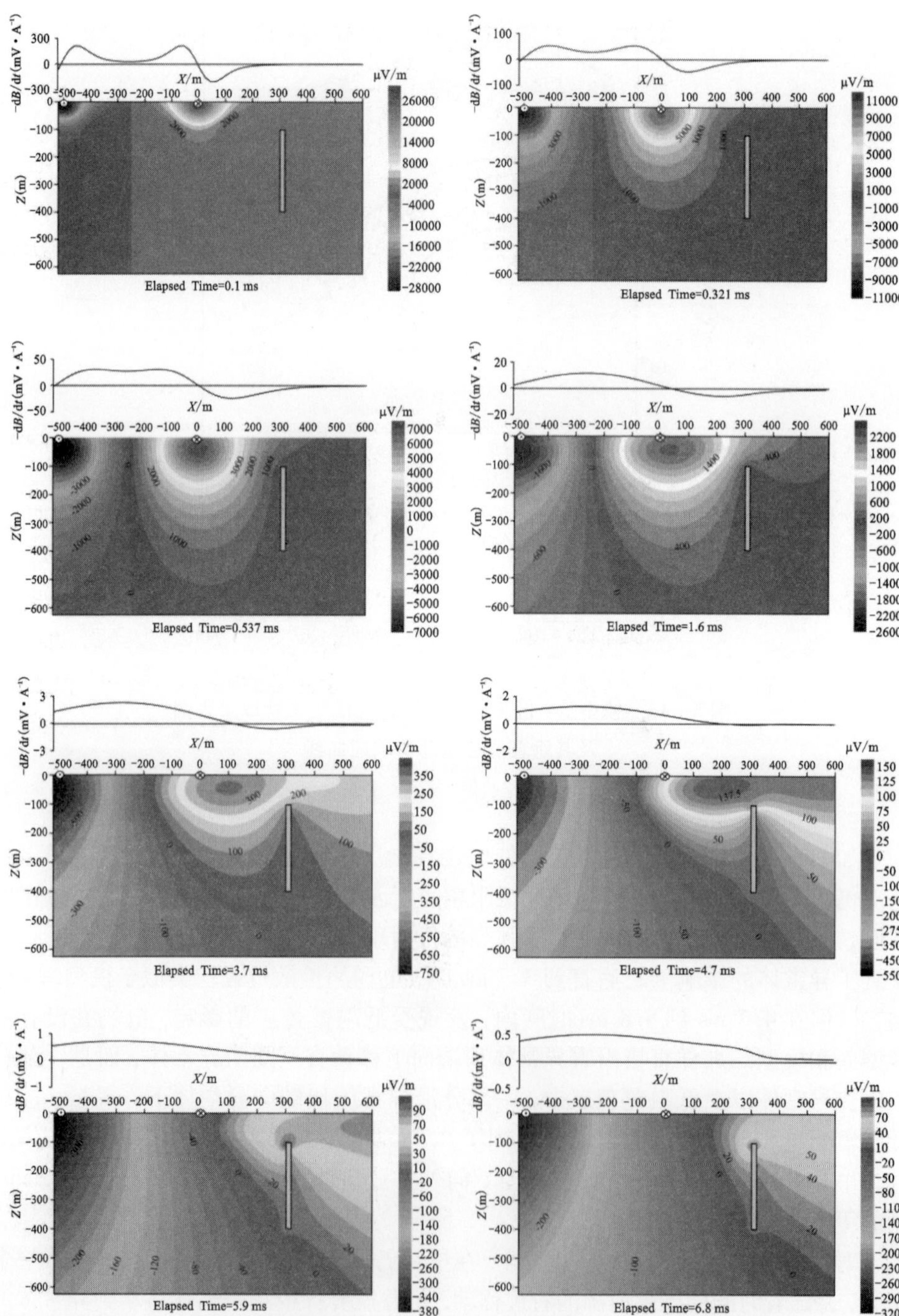
-dB/dt(mV • A⁻¹)
X/m
μV/m
Z(m)
Elapsed Time=0.1 ms
Elapsed Time=0.321 ms
Elapsed Time=0.537 ms
Elapsed Time=1.6 ms
Elapsed Time=3.7 ms
Elapsed Time=4.7 ms
Elapsed Time=5.9 ms
Elapsed Time=6.8 ms

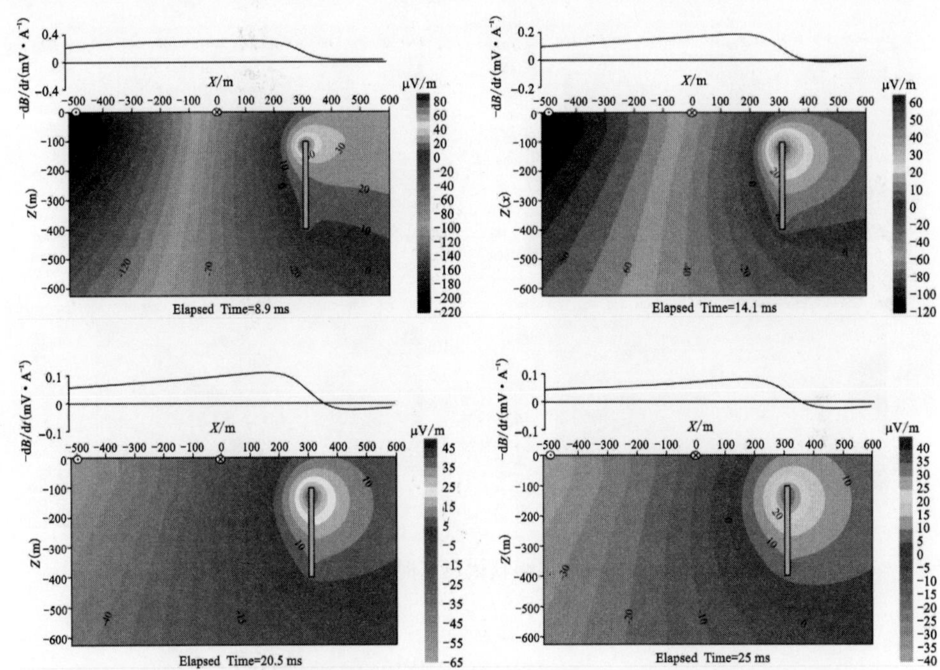

图 5－14　模型五：不同时刻地下电场扩散等值线图(下)及地表垂直感应电动势(上)

模型六：高阻板状体

水平高阻模型与模型三参数相同，只是异常体电阻率变为 $\rho_o = 5000\ \Omega \cdot \mathrm{m}$。其地下电场扩散情况如图 5－15 所示，由图可见高阻体对电场扩散情况影响很小，对等值线图引起的畸变微小，甚至很难察觉。可见瞬变电磁法更适合探测高阻围岩中的低阻，而对低阻围岩中的高阻探测能力较弱。

两个时刻水平高阻板模型与均匀半空间模型感应电动势对比如图 5－16 所示。在 $t = 0.1$ ms 图中，水平高阻模型的垂直感应电动势 V_Z 在中心处高于均匀半空间的 V_Z，而在 $t = 1.6$ ms 图中，中心处的垂直感应电动势却低于均匀半空间的 V_Z。而在板状体所在位置上方，感应电动势也发生了变化，尤其在 1.6 ms 图中，大概在板状体中心(图中垂直直线)上方，感应电动势变大，高于均匀半空间的 V_Z。可见瞬变电磁法在测量低阻中的高阻异常体时，在感应电动势上会有微小的响应，由于噪音等的存在，这个微小的响应很难反映出来，需要在数据解释中做更多的工作。

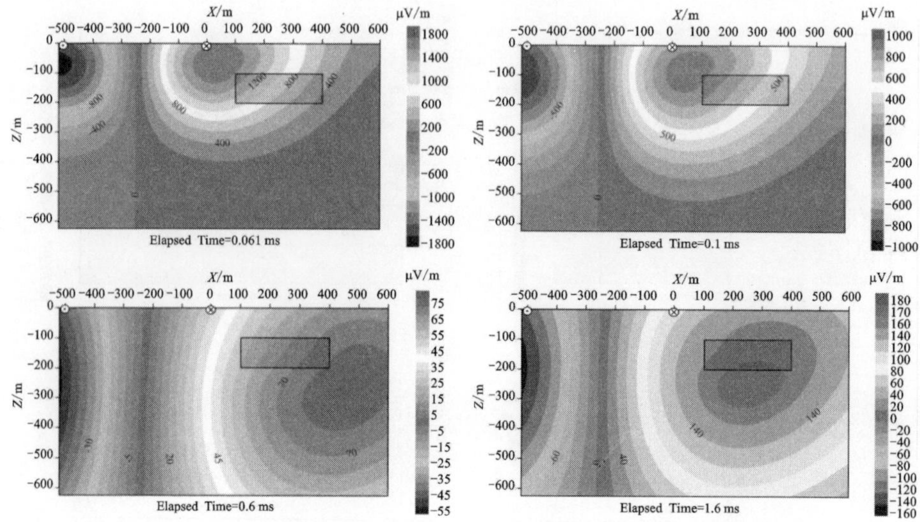

图 5－15　模型六：水平高阻板状体不同时刻地下电场扩散等值线图

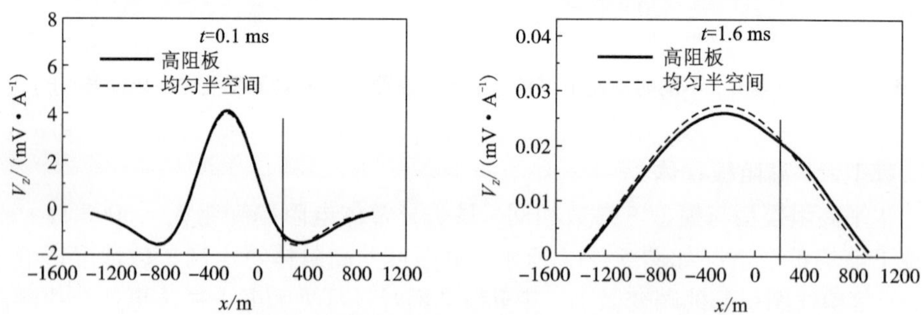

图 5－16　模型六：水平高阻板状体与均匀半空间不同时刻的地表垂直感应电动势对比

5.1.6　小结

这一节主要对瞬变电磁法二维时域有限差分法正演模拟进行了研究，发现时域有限差分法方法简单，容易实现，数值模拟精度较高；分析了多个典型二维模型的电场及感应电动势响应特征，得出以下认识：

(1)瞬变场随着时间的推移向地下扩散，在不同介质中的扩散速度不同，在低阻介质中扩散较慢，在高阻介质中扩散较快，因为低阻更容易吸引涡流。

(2)瞬变电场在地下分布的等值线图，能够反映出场的扩散情况以及异常体的位置信息。当低阻体与围岩电阻率相差较大时，地表的垂直感应电动势能够定性地确定异常体所在的位置，但当低阻体与围岩电阻率相差较小或高于围岩电阻率时，在感应电动势的信息中很难确定异常体的位置信息。

(3)瞬变电磁法对低阻异常体的探测能力远强于对高阻体的探测能力，这是瞬变电磁法适于寻找金属矿、找水等的依据。

(4)当存在低阻覆盖层时，场向下扩散的速度减慢，到达异常体位置所需的时间增加。因此，当在含有低阻覆盖层的区域进行瞬变电磁法勘探时，要适当增加探测时间。

5.2　时间域航空电磁法 2.5D 有限差分正演模拟

瞬变电磁法 2.5D 有限差分正演模拟与 2D 正演模拟既存在相似之处，又有着本质区别。这一节将介绍瞬变电磁法 2.5D 有限差分正演模拟的关键技术。

5.2.1　控制方程

由公式(5-19)知，瞬变电磁场在各向同性的三维无源介质中近似为扩散方程：

$$\nabla^2 \boldsymbol{H} - \mu\sigma \frac{\partial \boldsymbol{H}}{\partial t} = 0 \tag{5-37}$$

在直角坐标系中磁场强度各分量表示为：

$$\nabla^2 H_x - \mu\sigma \frac{\partial H_x}{\partial t} = 0 \tag{5-38}$$

$$\nabla^2 H_y - \mu\sigma \frac{\partial H_y}{\partial t} = 0 \tag{5-39}$$

$$\nabla^2 H_z - \mu\sigma \frac{\partial H_z}{\partial t} = 0 \tag{5-40}$$

式中，μ，σ 分别为地下介质的磁导率与电导率，H_x，H_y，H_z 分别为磁场强度的三个分量。

瞬变电磁法观测的数据主要为垂直感应电动势，因此瞬变电磁法 2.5D 正演将从式(5-40)出发。假设地下介质的电导率沿 y 方向均匀分布，则地下介质为二维结构，而场源为三维场源，因此利用傅里叶变换可以将三维问题转换为二维问题。现引入如下傅氏变换：

$$F(k_y) = F[f(y)] = \frac{1}{\sqrt{2\pi}}\int_{-\infty}^{+\infty} f(y)\mathrm{e}^{-\mathrm{i}k_y y}\mathrm{d}y \tag{5-41}$$

$$f(y) = F^{-1}[F(k_y)] = \frac{1}{\sqrt{2\pi}}\int_{-\infty}^{+\infty} F(k_y)\mathrm{e}^{-\mathrm{i}k_y y}\mathrm{d}k_y \tag{5-42}$$

将式(3-4)中磁场强度沿 y 方向作傅氏变换可以得到：

$$-k_y^2\tilde{H}+\frac{\partial^2\tilde{H}}{\partial x^2}+\frac{\partial^2\tilde{H}}{\partial z^2}=-\mu\sigma\frac{\partial\tilde{H}}{\partial t} \tag{5-43}$$

为了简单起见，下文中将用 H 来表示磁场的垂直分量 H_z，式(5-43)及下文中 H 的上标波浪线表示波数域场值。与式(5-20)相比较，式(5-43)只是多了波数项，因此在2.5D有限差分正演中，网格离散、差分方程的推导均与2D情况类似。

5.2.2 网格离散及Dufort-Frankel差分方程的推导

2.5D有限差分问题中，空间网格的离散与二维相同，只是图中磁场值表示的是波数域的磁场值。如图5-17所示，下标(i, j)表示网格点的空间坐标，$\sigma_{i,j}$表示各单元内的电导率值。Δx 和 Δz 为网格空间步长，即 $\Delta x_i=x_{i+1}-x_i$，$\Delta z_j=z_{j+1}-z_j$，Δt 为时间步长，n 为时间步长的个数，则 $\Delta t_n=t_{n+1}-t_n$。

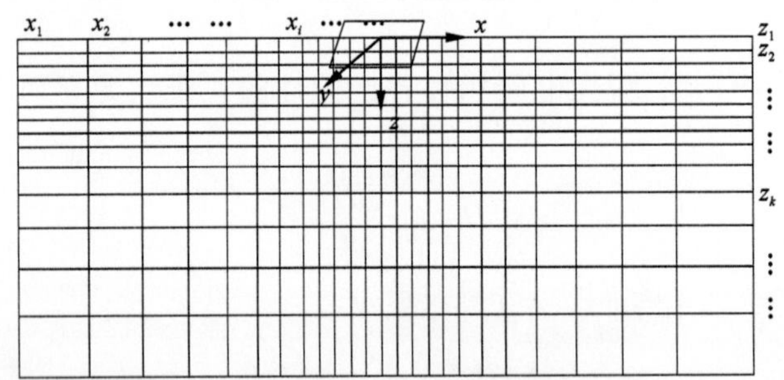

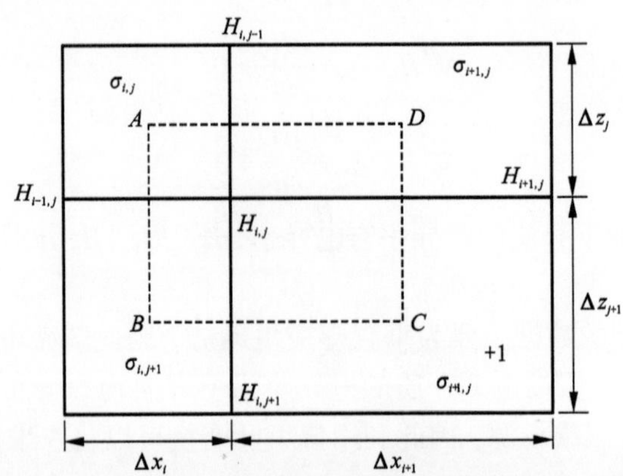

图5-17 2.5D模型网格离散及波数域电磁场的分布

(1)空间项的离散

对矩形 $ABCD$ 积分并应用格林定理可得：

$$\iint_{ABCD}\mu_0\sigma\frac{\partial\tilde{H}}{\partial t}\mathrm{d}x\mathrm{d}z = \iint_{ABCD}\left(\frac{\partial^2\tilde{H}}{\partial x^2}+\frac{\partial^2\tilde{H}}{\partial y^2}-k_y^2\tilde{H}\right)\mathrm{d}x\mathrm{d}z$$
$$= \int_{BC}\frac{\partial\tilde{H}}{\partial z}\mathrm{d}x-\int_{AD}\frac{\partial\tilde{H}}{\partial z}\mathrm{d}x+\int_{DC}\frac{\partial\tilde{H}}{\partial x}\mathrm{d}z-\int_{AB}\frac{\partial\tilde{H}}{\partial x}dz-\iint_{ABCD}k_y^2\tilde{H}\mathrm{d}x\mathrm{d}z \tag{5-44}$$

同样的利用如下近似

$$\begin{aligned}\int_{BC}\frac{\partial\tilde{H}}{\partial z}\mathrm{d}x &\approx \left(\frac{\Delta x_i+\Delta x_{i+1}}{2}\right)\left(\frac{\tilde{H}_{i,j+1}-\tilde{H}_{i,j}}{\Delta z_{j+1}}\right)\\ \int_{AD}\frac{\partial\tilde{H}}{\partial z}\mathrm{d}x &\approx \left(\frac{\Delta x_i+\Delta x_{i+1}}{2}\right)\left(\frac{\tilde{H}_{i,j}-\tilde{H}_{i,j-1}}{\Delta z_j}\right)\\ \int_{DC}\frac{\partial\tilde{H}}{\partial x}dz &\approx \left(\frac{\Delta z_j+\Delta z_{j+1}}{2}\right)\left(\frac{\tilde{H}_{i+1,j}-\tilde{H}_{i,j}}{\Delta x_{i+1}}\right)\\ \int_{AB}\frac{\partial\tilde{H}}{\partial x}dz &\approx \left(\frac{\Delta z_j+\Delta z_{j+1}}{2}\right)\left(\frac{\tilde{H}_{i,j}-\tilde{H}_{i-1,j}}{\Delta x_i}\right)\end{aligned} \tag{5-45}$$

$$\iint_{ABCD}\mu_0\sigma\frac{\partial\tilde{H}}{\partial t}\mathrm{d}x\mathrm{d}z \approx \frac{\mu_0}{4}(\sigma_{i,j}\Delta x_i\Delta z_j+\sigma_{i+1,j}\Delta x_i\Delta z_{j+1}$$
$$+\sigma_{i,j+1}\Delta x_{i+1}\Delta z_j+\sigma_{i+1,j+1}\Delta x_{i+1}\Delta z_{j+1})\frac{\partial\tilde{H}_{i,j}}{\partial t} \tag{5-46}$$

式中，$\bar{\sigma}_{i,j}$与第 2 章中定义相同，为坐标$(x_i,\ z_j)$节点周围四个单元电导率的面积加权平均值，即

$$\bar{\sigma}_{i,j}=\frac{\sigma_{i,j}\Delta x_i\Delta z_j+\sigma_{i+1,j}\Delta x_i\Delta z_{j+1}+\sigma_{i,j+1}\Delta x_{i+1}\Delta z_j+\sigma_{i+1,j+1}\Delta x_{i+1}\Delta z_{j+1}}{(\Delta x_i+\Delta x_{i+1})(\Delta z_j+\Delta z_{j+1})}$$

(2)时间项的离散

对于时间导数的最简单近似为 $t=n\Delta t$ 和 $t=(n+1)\Delta t$ 两个时刻的向前差分，即

$$\frac{\partial\tilde{H}_{i,j}^n}{\partial t}\approx\frac{\tilde{H}_{i,j}^{n+1}-\tilde{H}_{i,j}^n}{\Delta t} \tag{5-47}$$

由式(5-45)，式(5-46)和式(5-47)便可以推导出均匀网格情况下，按时间向前推算扩散方程的显示欧拉法，即

$$\tilde{H}_{i,j}^{n+1}=[1-(4+\Delta^2k_y^2)r_{i,j}]\tilde{H}_{i,j}^{n-1}+r_{i,j}(\tilde{H}_{i+1,j}^n+\tilde{H}_{i-1,j}^n+\tilde{H}_{i,j+1}^n+\tilde{H}_{i,j-1}^n) \tag{5-48}$$

其中

$$r_{i,j}=\frac{\Delta t}{\mu\,\bar{\sigma}_{i,j}\Delta^2}$$

称为局部网度。

不难证明当网度小于 $1/(4+\Delta^2 k_y^2)$ 时，欧拉法是稳定的。故对于欧拉法最大的时间步长为

$$\Delta t_{\max}=\frac{\mu\min(\overline{\sigma}_{i,j})\Delta^2}{4+\Delta^2 k_y^2} \tag{5-49}$$

式中，$\min(\overline{\sigma}_{i,j})$ 表示加权平均电导率的最小值。

由第 2 章研究的电场在不同电性介质中的扩散情况得知，针对不同的电导率，电磁场的扩散情况也不同，这对欧拉法是一个难题。在一个典型的地电断面中，$\min(\overline{\sigma}_{i,j})$ 可能低到 10^{-3} S/m。若网格大小为 10 m×10 m，式(5－49)给出的最大时间步长约为 0.025 μs。

现考虑利用具有更高精度的中心差分[190]来离散时间导数：

$$\frac{\partial \widetilde{H}_{i,j}^{n}}{\partial t}\approx\frac{\widetilde{H}_{i,j}^{n+1}-\widetilde{H}_{i,j}^{n-1}}{2\Delta t} \tag{5-50}$$

此外利用如下近似

$$\widetilde{H}_{i,j}^{n}\approx\frac{\widetilde{H}_{i,j}^{n+1}-\widetilde{H}_{i,j}^{n-1}}{2} \tag{5-51}$$

最终得磁场的差分格式如下

$$\begin{aligned}\widetilde{H}_{i,j}^{n+1}=&\frac{1-4\bar{r}_{i,j}-t\cdot k_y^2/\mu\overline{\sigma}_{i,j}}{1+4\bar{r}_{i,j}+t\cdot k_y^2}\widetilde{H}_{i,j}^{n-1}+\frac{2r_{i,j}^{z}}{1+4\bar{r}_{i,j}+t\cdot k_y^2/\mu\overline{\sigma}_{i,j}}\times\\&\left(\frac{\Delta z_j}{\overline{\Delta z_j}}\widetilde{H}_{i,j+1}^{n}+\frac{\Delta z_{j+1}}{\overline{\Delta z_j}}\widetilde{H}_{i,j-1}^{n}\right)+\frac{2r_{i,j}^{x}}{1+4\bar{r}_{i,j}+t\cdot k_y^2/\mu\overline{\sigma}_{i,j}}\times\\&\left(\frac{\Delta x_i}{\overline{\Delta x_i}}\widetilde{H}_{i+1,j}^{n}+\frac{\Delta x_{i+1}}{\overline{\Delta x_i}}\widetilde{H}_{i-1,j}^{n}\right)\end{aligned} \tag{5-52}$$

式中

$$\overline{\Delta z_j}=\frac{\Delta z_j+\Delta z_{j+1}}{2},\ \overline{\Delta x_i}=\frac{\Delta x_i+\Delta x_{i+1}}{2}$$

$$r_{i,j}^{z}=\frac{\Delta t}{\mu\overline{\sigma}_{i,j}\Delta z_j\Delta z_{j+1}},\ r_{i,j}^{x}=\frac{\Delta t}{\mu\overline{\sigma}_{i,j}\Delta x_i\Delta x_{i+1}},\ \bar{r}_{i,j}=\frac{r_{i,j}^{x}+r_{i,j}^{z}}{2}$$

应用 Dufort-Frankel 法得到差分格式(5－52)是对任何时间步长无条件稳定的显式差分格式。Oristaglio 和 Hohmann[42]给出的最大实用时间步长为

$$\Delta t_{\max}=(\mu_{\min}\sigma_{\min}t)^{1/2}\frac{\Delta_{\min}}{2} \tag{5-53}$$

在电磁法模拟中取 $t=0.1$ ms 较为合理，因为它是大多数瞬变电磁系统开始记录的时间[53]。当 $\sigma_{\min}$ 为 10^{-3} S/m，网格大小为 10 m×10 m 时，式(5－53)给出的最大时间步长为 1.77 μs，比欧拉法给出的最大步长大 70 倍以上。

根据三维有限差分计算的经验将初始时间选取为[45]

$$t_0 = 1.13\mu\sigma\Delta_1^2 \tag{5-54}$$

式中，μ 和 σ 分别为地表的磁导率和电导率，Δ_1 为地表第一层的网格间隔。

5.2.3 初始条件

本书采用矩形回线源作为激发源，将矩形回线源在均匀半空间中形成的波数域瞬变电磁场作为 TEM 2.5D 有限差分正演模拟的初始条件。均匀半空间上空矩形回线源形成的拉氏域波数域垂直磁场表达式为(具体推导过程见附录 A)：

空气层($z \leqslant z_0$)中：

$$\tilde{H}_{0,z}^R = \sqrt{\frac{2}{\pi}}\frac{I\sin(k_y b)}{\pi s k_y}\int_0^{+\infty}\left(\frac{u_0 - u_1}{u_0 + u_1}\mathrm{e}^{-2u_0 z_0 + u_0 z} + \mathrm{e}^{-u_0|z|}\right)\frac{k_x^2 + k_y^2}{u_0 k_x}\sin(k_x a)\cos(k_x x)\mathrm{d}k_x \tag{5-55}$$

地下介质层($z > z_0$)中：

$$\tilde{H}_{1,z}^R = \sqrt{\frac{2}{\pi}}\frac{2I\sin(k_y b)}{\pi s k_y}\int_0^{+\infty}\frac{\mathrm{e}^{(u_1 - u_0)z_0 - u_1 z}}{u_0 + u_1}\frac{(k_x^2 + k_y^2)}{k_x}\sin(k_x a)\cos(k_x x)\mathrm{d}k_x \tag{5-56}$$

在勘查地球物理中，观测的是负阶跃函数的响应，以及观测稳定电流切断后场的衰减。负阶跃响应可以表示为[53]

$$f_-(t) = f(\infty) - f(t) \quad t \geqslant 0 \tag{5-57}$$

因此，将所求的频率域的响应通过逆拉氏变换到时间域，可得到上阶跃电流的时间域响应，然后再利用式(5-57)来求取所需要的下阶跃响应。

5.2.3.1 正余弦变换

式(5-55)及式(5-56)计算式中含有正余弦项，王华军运用成熟的汉克尔变换理论导出了正余弦变换的数值滤波法，并给出了 250 点的滤波系数，详细分析了该方法的计算精度[56]。其表达式为：

$$f_c(k) = \int_0^{+\infty} F(x)\cos(kx)\mathrm{d}x = \sqrt{\frac{\pi}{2}}\frac{1}{k}\sum_{i=1}^{n} F\left(\frac{1}{k}\mathrm{e}^{n\Delta}\right)\cdot c\cos(n\Delta) \tag{5-58}$$

$$f_s(k) = \int_0^{+\infty} F(x)\sin(kx)\mathrm{d}x = \sqrt{\frac{\pi}{2}}\frac{1}{k}\sum_{i=1}^{n} F\left(\frac{1}{k}\mathrm{e}^{n\Delta}\right)\cdot c\sin(n\Delta) \tag{5-59}$$

式中 Δ 为采样间隔，x 为波数域变量，$c\cos(n\Delta)$、$c\sin(n\Delta)$ 分别为为第 n 个余弦变换和正弦变换滤波系数。

5.2.3.2 逆拉氏变换

逆拉氏变换的数值实现有多种办法，本书采用 G-S 变换[119, 122, 123, 191]。假设拉氏空间中的象函数为 $F(s)$，实空间的象原函数为 $f(t)$，则拉氏变换的表达式为：

$$f(t) = L^{-1}[F(s)] \approx \frac{\ln 2}{t}\sum_{m=1}^{n} F(\frac{\ln 2}{t}m)V_m \tag{5-60}$$

式中，s 为拉氏域变量，t 为时间域变量，N 为系数个数，V_m 为 GS 变换系数

$$V_m = (-1)^{m+\frac{n}{2}} \sum_{i=\mathrm{INT}(\frac{m+1}{2})}^{\min(m+\frac{n}{2})} \frac{i^{\frac{n}{2}}(2i)!}{(\frac{n}{2}-i)!i!(i-1)!(m-i)!(2i-m)!} \tag{5-61}$$

式中，INT 为取整函数，min 为极小值函数。

本章根据前人的经验在计算中取 $n=12$ 或 $n=16$[9]。

5.2.3.3 反傅氏变换及波数的选取

运用基于三次样条插值的反傅氏变换，对于反傅氏变换公式(5-42)，三次样条插值法求取的公式及步骤如下[55]：

设已知的函数为 $y=f(x)$，在给定的节点处 $x_1<x_2\cdots<x_{n-1}<x_n$ 上的函数值为 y_1，y_2，…，y_{n-1}，y_n。以及两个端点处的一阶导数值为 $y_1(x_1)$ 与 $y_n(x_n)$。

通过下式可以计算其他节点处的导数值为：

$a_1=0$，$b_1=y'(x_1)$

$h_j=x_{j+1}-x_j$，$j=1, 2, \cdots, n-1$

$a_j=h_{j-1}/(h_{j-1}+h_j)$，$j=2, 3, \cdots, n-1$

$\beta_j=3[(1-a_j)(y_j-y_{j-1})/h_{j-1}+a_j(y_{j+1}-y_j)/h_j]$，$j=2, 3, \cdots, n-1$

$a_j=-a_j/[2+(1-a_j)a_{j-1}]$，$j=2, 3, \cdots, n-1$

$b_j=[\beta_j-(1-a_j)b_{j-1}]/[2+(1-a_j)a_{j-1}]$，$j=2, 3, \cdots, n-1$

$y'(x_j)=a_j y'(x_{j+1})+b_j$，$j=n-1, n-2, \cdots, 2$

利用数值导数 $y'(x_i)(i=1, 2, \cdots, n)$，求解插值节点函数值公式为：

$$\begin{aligned} y(s) = &\left[\frac{3}{h_i^2}(x_{i+1}-s)^2-\frac{2}{h_i^3}(x_{i+1}-s)^3\right]y_i+\left[\frac{3}{h_i^2}(s-x_i)^2-\frac{2}{h_i^3}(s-x_i)^3\right]y_{i+1} \\ &+h_i\left[\frac{1}{h_i^2}(x_{i+1}-s)^2-\frac{1}{h_i^3}(x_{i+1}-s)^3\right]y'(x_i) \\ &-h_i\left[\frac{1}{h_i^2}(s-x_i)^2-\frac{1}{h_i^3}(s-x_i)^3\right]y'(x_{i+1}) \end{aligned} \tag{5-62}$$

式中，$s\in[x_i, x_{i+1}]$。

熊彬指出对于激发源为方形大回线源的地面瞬变电磁响应，波数的选取方法是在一定的波数变化区间($10^{-7}\sim1.0^0$)每一个十进位间按对数间隔取三到四个波数，这样便能够使傅氏反变换的数值积分稳定、可靠。那么，对于小线圈或线框位于空中的情况，波数的选取是否符合这一规则还有待验证。

本书先大致选取一组范围较宽的波数，如 $10^{-8}\sim10^1$ 作傅氏域中垂直磁场随

波数变化的曲线，直到曲线首尾支均出现水平渐近线，这个时候波数对积分的贡献便可以忽略，该范围内的波数就是要选择的波数。

图 5-18 为不同线圈位于不同高度时(h = 0 m，20 m，50 m，80 m)不同采样时间垂直分量随波数的变化曲线。矩形发射线框边长均为 50 m，发射电流为 1 A。

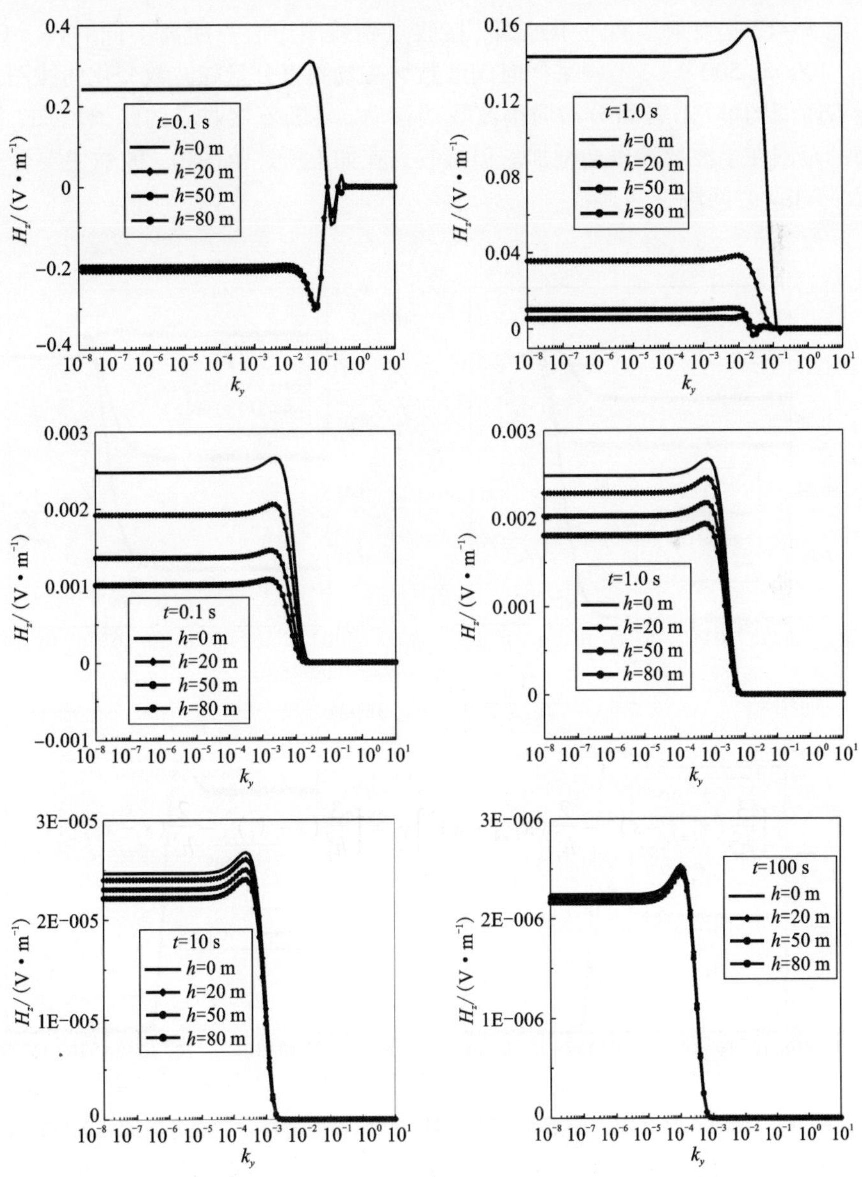

图 5-18　线圈位于不同高度傅氏域磁场垂直分量随波数变化曲线图

测量点位于矩形回线中心。图中在小波数端和大波数端均出现了水平渐近线。而在中间段，场随波数的变化而变化剧烈，且不同采样时间，变化剧烈出现的波数段也不相同。随着时间的推移，波数分布向小波数端移动。且当发射线圈高度变化时，对波数的波动范围影响较小。故对于 10^{-7} ~0.1 s 的采样时间段，波数分布区间为 10^{-5} ~1.0。

图 5－19 是发射线圈位于地面，接收点到线圈中心点距离不同时(x =0 m, 50 m, 100 m, 500 m)，不同采样时间波数域磁场垂直分量随波数变化曲线图。可见随着时间的推移，波数分布向小波数端移动，且随着接收点的距离增加，波数分布的范围在小波数端也会增加。但接收点在如上所述范围内，波数主要分布在 10^{-5} ~1.0 s 时间段。

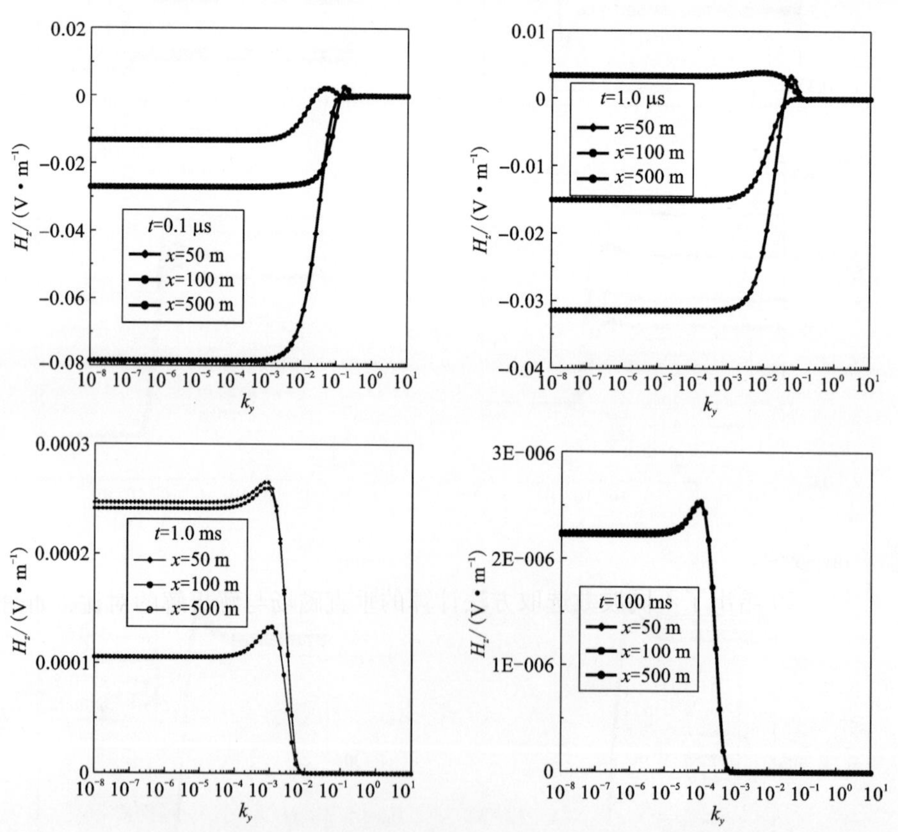

图 5－19　接收点到线圈中心点距离不同时波数域磁场垂直分量随波数变化的曲线图

经过一些类似的比较得出，对于本书所研究的 2.5D 瞬变电磁法而言，反傅氏变换中波数主要分布在 $10^{-5}\sim1.0$ 处。最大范围不会超过 $10^{-7}\sim1.0$。为综合考虑计算精度与计算时间的需求，寻求一套适合的波数，本书在 $10^{-5}\sim1.0$ 区间按对数间隔分别取 15、22、29 个波数，在 $10^{-7}\sim1.0$ s 时间段按对数间隔取 22、29 个波数。将此种傅氏反变换方法与解析解结果进行对比。

Kaufman[192] 给出了均匀半空间下圆形回线中心处的时间域垂直磁场分量 H_z 的表达式

$$H_z=\frac{I}{2a}\left[\frac{3}{\sqrt{\pi}\theta a}\mathrm{e}^{-\theta^2a^2}+\left(1-\frac{3}{2\theta^2a^2}\right)\mathrm{erf}(\theta a)\right] \tag{5-63}$$

式中，a 为回线半径，erf 为误差函数，I 为电流强度，且

$$\theta=\sqrt{\frac{\mu\sigma}{4t}} \tag{5-64}$$

对于误差函数 $\mathrm{erf}(x)$ 的计算有很多方法，这里利用如下计算公式[62]：

当 x 较小时，

$$\begin{aligned}\mathrm{erf}(x)&=\frac{2}{\sqrt{\pi}}\left(x-\frac{x^3}{3\cdot1!}+\frac{x^5}{5\cdot2!}-\frac{x^7}{7\cdot3!}+\cdots\right)\\&=\frac{2}{\sqrt{\pi}}\sum_{i=1}^{\infty}(-1)^{i+1}\frac{x^{2i-1}}{(2i-1)(i-1)!}\end{aligned} \tag{5-65}$$

当 x 较大时，

$$\begin{aligned}\mathrm{erf}(x)&=1-\frac{\mathrm{e}^{-x^2}}{x\sqrt{\pi}}\left(1-\frac{1}{2x^2}+\frac{1\cdot3}{(2x^2)^2}-\frac{1\cdot3\cdot5}{(2x^2)^3}+\cdots\right)\\&=1-\frac{\mathrm{e}^{-x^2}}{x\sqrt{\pi}}\left[1-\sum_{i=1}^{\infty}(-1)^i\frac{1\cdot3\cdot5(2i-1)}{(2x^2)^i}\right]\end{aligned} \tag{5-66}$$

对于本书的计算，通过实验，可以选 $x=5.0$ 为两个计算式的分界值，以满足计算的收敛性。

图 5-20 给出了不同波数选取方法计算的垂直磁场与解析解的对比，如图所示在 $10^{-7}\sim0.1$ s 内，当波数选取区间为 $10^{-5}\sim1.0$ 时选 21 个波数或 26 个波数，波数选取区间为 $10^{-7}\sim1.0$ 时选 29 个波数，误差也可以得到控制，均在 10% 以内，且在 $10^{-6}\sim10^{-2}$s 内最大误差不会超过 2%，平均相对误差不会超过 0.8%。当波数为 29 时的计算时间不超过 3 s，在保证精度的同时，大大地缩短了计算时间。在最终的计算中所涉及的时间点一般在 $10^{-6}\sim10^{-2}$s 内，因此最终在 $10^{-5}\sim1.0$ 区间按对数等间隔选取 21 个波数或在 $10^{-5}\sim10^{-1}$ 区间按对数等间隔选取 17 个波数进行计算，两者计算效果相当。

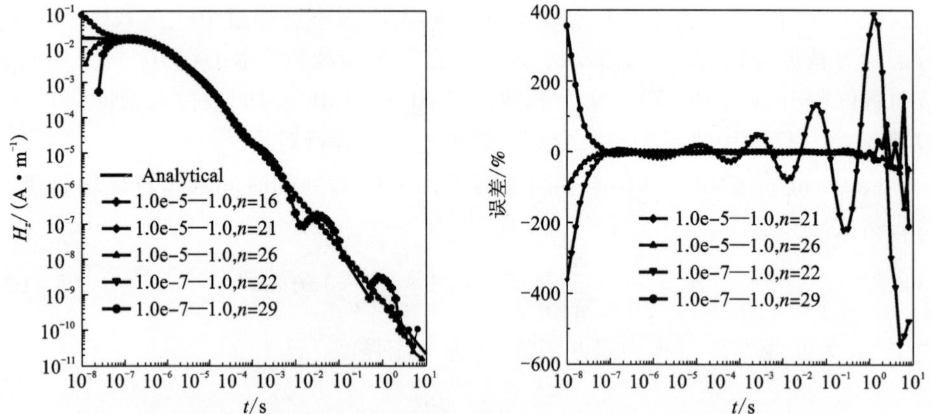

图 5－20　线圈位于地面时正弦变换结果、以及不同波数范围、不同波数个数垂直磁场与解析解的对比

5.2.3.4　感应电动势的求解

(1)感应电动势数值求解方法

瞬变电磁法的观测参数通常为垂直感应电动势(接收线圈为水平线圈)。感应电动势与垂直磁场存在如下关系：

$$V(t) = -nS_{RX}\mu\frac{\partial h_z(t)}{\partial t} \tag{5-67}$$

式中，V 为感应电动势，S_{RX}为接收线圈面积，n 为接收线圈的匝数，μ 为磁导率，h_z 为磁场强度垂直分量。首先求解垂直磁场对时间的导数。

本书使用基于拉格朗日插值的插值求导法。所谓插值求导法，即用分段等距点插值多项式的导数代替列表函数的导数[55]，这种方法的实质就是用差商代替微商。已知拉格朗日插值公式为：

$$y(x) = \sum_{i=1}^{n} l_i(x)y_i \tag{5-68}$$

式中，$l_i(x)$为插值基函数，

$$l_i(x) = \prod_{n}\frac{x - x_j}{x_i - x_j} \tag{5-69}$$

对基函数求导，便可以得到插值节点处的导数公式：

$$y'(x) = \sum_{i=1}^{n}\frac{\sum_{n}\left[\prod_{n}(x - x_k)\right]}{\prod_{n}(x_i - x_j)}y_i \tag{5-70}$$

在插值节点处，式(5－70)的求导精度较高，而时间域电磁法直接求解时间点上的场值时，可以直接利用式(5－70)进行求导[193]。在有限差分正演计算中，步长选取都很小，这样直接求导会使误差增大，甚至导致错误的结果[65, 193]。本书采用对数变换的方法。已知单对数变换公式为[65]

$$\frac{\mathrm{d}y}{\mathrm{d}x}=\frac{1}{x\ln 10}\frac{\mathrm{d}y}{\mathrm{d}(\lg x)} \tag{5-71}$$

这样，将自变量 t 转换为对数，然后用式(5－70)进行求导，再代入式(5－71)便可以求解。为了避免龙格现象[193]，而又要满足精度要求，本书最终选择五点求导公式[194]：

$$\begin{aligned}
f_1' &= \frac{1}{12h}[-25f_1+48f_2-36f_3+16f_4-3f_5] \\
f_2' &= \frac{1}{12h}[-3f_1-10f_2+18f_3-6f_4+f_5] \\
f_3' &= \frac{1}{12h}[f_1-8f_2+8f_4-f_5] \\
f_4' &= \frac{1}{12h}[-f_1+6f_2-18f_3+10f_4+3f_5] \\
f_5' &= \frac{1}{12h}[3f_1-16f_2+36f_3-48f_4+25f_5]
\end{aligned} \tag{5-72}$$

式中，h 为等距节点的间隔，$f_1 \sim f_5$ 为五个等距节点上的函数值，$f_1' \sim f_5'$ 为五个等距节点上函数的一阶导数。下面将对此求导方法进行验证。

Nabighian[195]给出了均匀半空间下圆形回线的时间域及垂直磁场对时间的微商：

$$\frac{\partial h_z}{\partial t}=-\frac{I}{\mu_0\sigma a^3}\left[3\mathrm{erf}(\theta a)-\frac{2}{\sqrt{\pi}}\theta a(3+2\theta^2a^2)\mathrm{e}^{-\theta^2a^2}\right] \tag{5-73}$$

式中各符号代表的意义与前文相同，图3－5给出了上述求导方法求解的垂直磁场对时间的导数与解析解的对比曲线及相对误差曲线。计算中发射线圈边长为50 m×50 m，发射电流为1 A，均匀半空间电阻率为100 Ω·m。数值解在早期和晚期误差较大，而在 $10^{-6} \sim 10^{-2}$s 内误差相对较小，不超过2%，平均相对误差不超过0.5%。

(2)直接求解感应电动势

除上述方法，还可以直接求解感应电动势，即直接在拉氏域中求导，再通过逆拉氏变换到时间域[28, 195]。可以用公式表述为

$$\varepsilon(t)=-nR_x\mu\frac{\partial h(t)}{\partial t}=-nR_x\mu L^{-1}[sH] \tag{5-74}$$

式中各参数意义与前文一致。

图5－22中给出了利用上式计算的感应电动势与解析解的对比，可以看出，

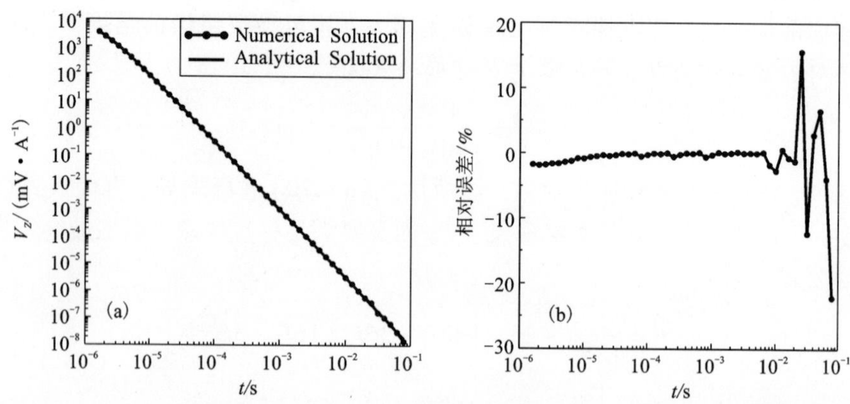

图 5-21　均匀半空间垂直磁场导数数值解与解析解对比(a)及相对误差曲线(b)

在晚期该方法误差较大，但当观测时段为 $10^{-6} \sim 10^{-4}$ s 时相对误差不超过 2%。通过大量数值实验发现：只有在发射线圈较小时(不超过 60 m×60 m)，早期的求解才比较稳定，误差也较小；当发射线圈较大时，早期的求解便不稳定。本书在有限差分计算中，初始时刻一般选取 $10^{-6} \sim 10^{-5}$s，因此发射线圈不大时，便可以利用直接求解方法求解感应电动势作为初始值。

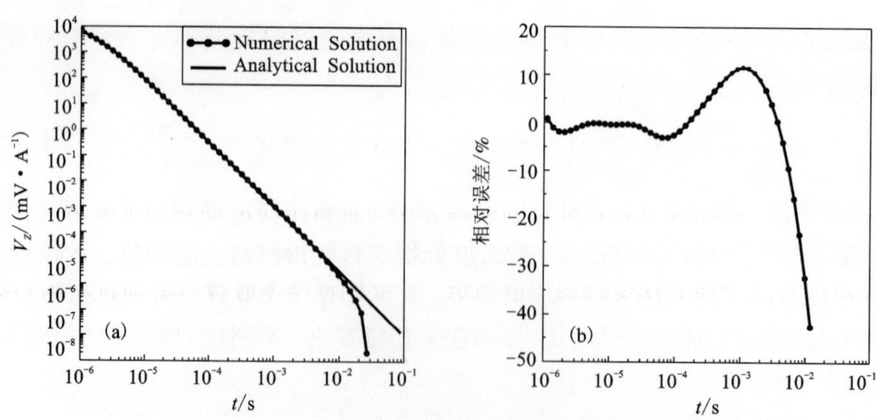

图 5-22　感应电动势逆拉氏变换解与解析解对比(a)及相对误差(b)

(3)均匀半空间感应电动势的响应特征

均匀半空间电阻率为 100 Ω·m，同样采用同点装置，方形线框边长 50 m，供电电流 1 A。图中给出了线圈位于空中不同高度(h = 0 m，20 m，50 m，80 m)时的感应电动势的衰减曲线。

如图 5 - 23(a)所示，当线圈位于空中，早期道的数据同样有了跳变，到一定时间才会趋于正常，而且线圈高度越高，趋于正常的时间就越晚。因此利用扩散方程的差分格式进行航空瞬变电磁法正演模拟时，初始时间的选取要更大，且高度越大，这个初始时间就越长。

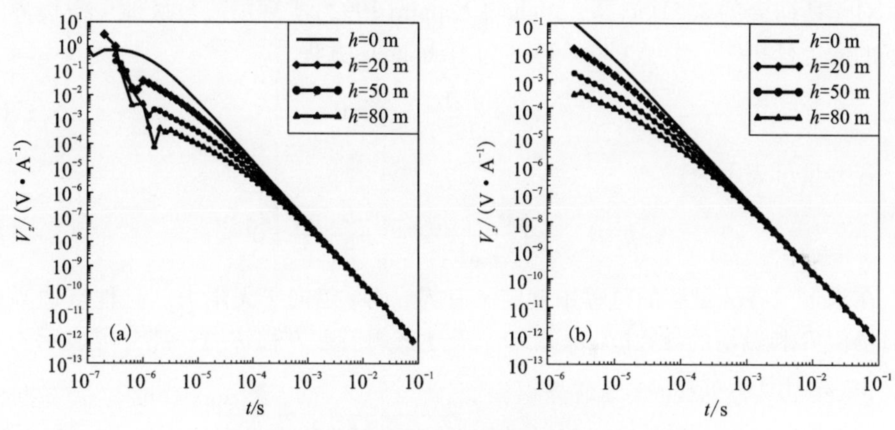

图 5 - 23　线圈位于不同高度的感应电动势

(a)观测时间为 $10^{-7} \sim 10^{-1}$s；(b)观测时间为 $10^{-6} \sim 10^{-1}$s

以 $10^{-6} \sim 10^{-1}$内的感应电动势响应值来讨论其相应特征[如图 5 - 22(b)]，在早期的同一时间点上，感应电动势的值随线圈高度的增加而减小，且随着线圈高度的增加，垂直磁场强度的衰减速率降低。与晚期感应电动势基本一致，也就是说垂直磁场在晚期的衰减速率基本一致，从垂直磁场的衰减曲线也不难得出这一结论。

以上介绍了磁场强度垂直分量的求解方法与垂直感应电动势的求解方法，既可以将磁场垂直分量作为初始值，带入差分格式迭代得网格上磁场值，之后经过基于拉格朗日的求导方法求得感应电动势，又可以直接求取感应电动势作为初始值，带入差分格式，直接获得网格上感应电动势的值。若进行航空瞬变电磁法 2.5D有限差分正演模拟，线圈位于空气中，将采用以上发送获得的感应电动势作为初始值，并根据线圈的高度选取不同的初始时刻，可得到平稳的正确的初始值。

5.2.4　边界条件

5.2.4.1　地下边界条件

在地下边界中，简单地假设位于边界上的波数域场量为零。这样做的前提条件是网格剖分要足够大，边界离源足够远[41-45]。

5.2.4.2 地－空边界条件

第5章第5.1节介绍了二维情况下地空边界条件的处理方法——向上延拓法[42]，已知在似稳条件下，自由空间的磁感应强度满足拉普拉斯方程

$$\nabla^2 B = \frac{\partial^2 B}{\partial x^2} + \frac{\partial^2 B}{\partial y^2} + \frac{\partial^2 B}{\partial z^2} = 0 \tag{5-75}$$

对于所研究的2.5D问题，Michael Leppin(1992)实现了波数域地－空边界上磁场的向上延拓[44]，将式(3－39)变为Helmholtz方程

$$-k_y^2 \tilde{B} + \frac{\partial^2 \tilde{B}}{\partial x^2} + \frac{\partial^2 \tilde{B}}{\partial z^2} = 0 \tag{5-76}$$

各分量可表示为：

$$-k_y^2 \tilde{B}_{x,y,z} + \frac{\partial^2 \tilde{B}_{x,y,z}}{\partial x^2} + \frac{\partial^2 \tilde{B}_{x,y,z}}{\partial z^2} = 0 \tag{5-77}$$

在求上式各分量解的过程中规定 x 有界，而 z 趋向于无限大。且地空边界处的磁场值 $\tilde{B}$ 和磁场的导数 $\partial\tilde{B}/\partial z$ 已知。上述亥姆赫兹方程解的一部分可表示为观测点(x_0, z_0)对数奇异点：

$$G(k_y, x, z) = K_0\left(k_y\sqrt{(x-x_0)^2 + (z-z_0)^2}\right) \tag{5-78}$$

式中，K_0 为第二类0阶虚宗量贝塞尔函数。根据格林定理，有：

$$\iint_F (\tilde{B}_{x,y,z} \nabla^2 G - G \nabla^2 \tilde{B}_{x,y,z}) \mathrm{d}s = \int_{\partial F} \left(\tilde{B}_{x,y,z} \frac{\partial G}{\partial n} - G \frac{\partial \tilde{B}_{x,y,z}}{\partial n} \right) \mathrm{d}l = 0 \tag{5-79}$$

式中，∂F 为区域 F 的边界，但不包括围绕观测点的一个小圆环，法向量 n 垂直 ∂F 指向外，积分路径如图5－24所示。

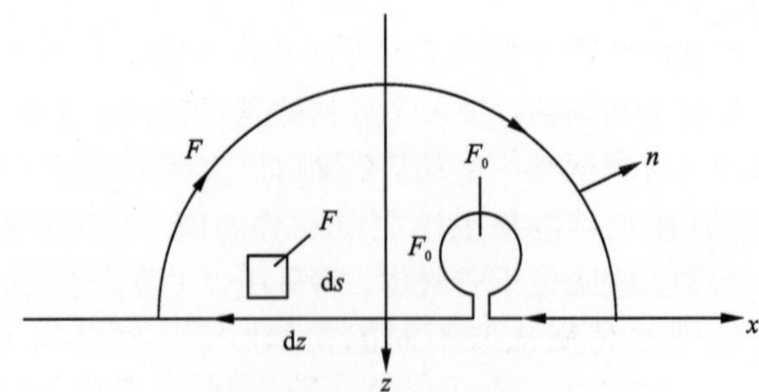

图5－24 积分路径图

对于Neuman问题，即地表处$(z=0)$磁场的导数 $\partial\tilde{B}/\partial z$ 已知，此时定义格林函数形式如下：

$$G(k_y, x, z) = K_0\left(k_y\sqrt{(x-x_0)^2+(z-z_0)^2}\right) + K_0\left(k_y\sqrt{(x-x_0)^2+(z+z_0)^2}\right) \tag{5-80}$$

则$\partial G/\partial z = 0$。将图中积分路径的上半部分置于无穷远，则格林公式为：

$$\int_{\partial F}\left(\tilde{B}_{x,y,z}\frac{\partial G}{\partial n} - G\frac{\partial \tilde{B}_{x,y,z}}{\partial n}\right)\mathrm{d}l - \int_{-\infty}^{\infty} G\frac{\partial \tilde{B}_{x,y,z}}{\partial n}\mathrm{d}x = 0 \tag{5-81}$$

如果∂F_0的半径足够小，则上式中此边界上的积分项中的G为$-\ln(k_y\rho)+K_0(2k_y|z_0|)$，而$\partial G/\partial n$为$1/\rho$，$\mathrm{d}l$为$\rho\mathrm{d}\varphi$。因$\rho\to 0$，则由上式可以得到地面以上部分磁场值的计算公式

$$\iint_F(\tilde{B}_{x,y,z}\nabla^2 G - G\nabla^2\tilde{B}_{x,y,z})\mathrm{d}s = \int_{\partial F}\left(\tilde{B}_{x,y,z}\frac{\partial G}{\partial n} - G\frac{\partial \tilde{B}_{x,y,z}}{\partial n}\right)\mathrm{d}l = 0 \tag{5-82}$$

而对于Dirichlet问题，即在地表处$\tilde{B}$已知，此时格林函数定义为如下形式：

$$G(k_y, x, z) = \mathrm{K}_0\left(k_y\sqrt{(x-x_0)^2+(z-z_0)^2}\right) - K_0\left(k_y\sqrt{(x-x_0)^2+(z+z_0)^2}\right) \tag{5-83}$$

则$G=0$，且

$$\left(\frac{\partial G}{\partial z}\right)_{z=0} = \frac{2k_y z_0}{\sqrt{(x-x_0)^2+z_0^2}}K_1\left(k_y\sqrt{(x-x_0)^2+z_0^2}\right)$$

最终得到：

$$\tilde{B}_{x,y,z}(x_0, z_0) = -\frac{k_y z_0}{\pi}\int_{-\infty}^{\infty}\frac{K_1\left(k_y\sqrt{(x-x_0)^2+z_0^2}\right)}{\sqrt{(x-x_0)^2+z_0^2}}\tilde{B}_{x,y,z}(x, z)\big|_{z=0}\mathrm{d}x \tag{5-84}$$

又已知在介质的垂直分界面$z=z_0$处(电导率分别为σ_A和σ_B)磁场切向分量的法向导数不连续，即

$$\begin{aligned}\frac{1}{\sigma_A}\left(\frac{\partial \tilde{B}_x}{\partial z}\right)\bigg|^A - \frac{1}{\sigma_B}\left(\frac{\partial \tilde{B}_x}{\partial z}\right)\bigg|^B &= \left(\frac{1}{\sigma_A}-\frac{1}{\sigma_B}\right)\frac{\partial \tilde{B}_z}{\partial x}\\ \frac{1}{\sigma_A}\left(\frac{\partial \tilde{B}_y}{\partial z}\right)\bigg|^A - \frac{1}{\sigma_B}\left(\frac{\partial \tilde{B}_y}{\partial z}\right)\bigg|^B &= -k_y\left(\frac{1}{\sigma_A}-\frac{1}{\sigma_B}\right)\tilde{B}_z\end{aligned} \tag{5-85}$$

则当分界面为地空分界面时，$\sigma_A=0$，$z=0$，上式变化为

$$(\partial\tilde{B}_x/\partial z)\,|^A = \partial\tilde{B}_z/\partial x \tag{5-86}$$

$$(\partial\tilde{B}_y/\partial z)\,|^A = -ik_y\tilde{B}_z \tag{5-87}$$

将上述两式带入式(5-82)便可以由磁场的垂直分量得到磁场水平分量：

$$\tilde{B}_x(x_0, z_0) = \frac{1}{\pi}\int_{-\infty}^{\infty}K_0\left(k_y\sqrt{(x-x_0)^2+z_0^2}\right)\frac{\partial\tilde{B}_z(x, z)}{\partial x}\bigg|_{z=0}\mathrm{d}x \tag{5-88}$$

$$\tilde{B}_y(x_0, z_0) = \frac{1}{\pi}\int_{-\infty}^{\infty} K_0\left(k_y\sqrt{(x-x_0)^2+z_0^2}\right)\left(-k_y \tilde{B}_z(x,z)\big|_{z=0}\right)\mathrm{d}x \tag{5-89}$$

在有限差分计算过程中，已知地表的垂直磁场，利用式(5－84)便可以求出地表上空一个网格处磁场的垂直分量，进而进行差分迭代。

5.2.4.3 向上延拓的求解与验证

在计算中采用均匀磁导率 μ_0，因此以上延拓公式均适用于磁场强度各分量 H_x，H_y，H_z。上述积分式中包含的零阶和一阶修正的贝塞尔函数，其求解方法数学上已有大量的研究[196]，本书直接采用其近似表达式。

对于式中无穷积分的求取，我们采用下述处理方法

$$\begin{aligned}\int_{-\infty}^{+\infty} f(x)\mathrm{d}x &= \int_{-\infty}^{-a} f(x)\mathrm{d}x + \int_{-a}^{a} f(x)\mathrm{d}x + \int_{a}^{+\infty} f(x)\mathrm{d}x \\ &= \int_{-a}^{a} f(x)\mathrm{d}x + \int_{0}^{+\infty}\left(f(x+a)+f(-x-a)\right)\mathrm{d}x\end{aligned} \tag{5-90}$$

式(5－90)中第一部分的有限积分选择高斯－勒让德积分进行求解。又根据高斯－勒让德积分区间不能过大的性质，将大区间积分改成多个小区间积分之和[197, 198]，即

$$\int_{-a}^{a} f(x)\mathrm{d}x = \sum_{i=1}^{2a/\Delta}\int_{-a+\Delta*(i-1)}^{-a+\Delta*i} f(x)\mathrm{d}x \tag{5-91}$$

式(5－90)中第二部分采用高斯—拉盖尔积分进行求解[67]。计算表明 Δ 和 a 这两个参数的选取直接影响着最终的计算精度和速度，综合考虑两者相互制约的特性，并通过大量的试算比较，计算中给定 $\Delta=5$，$\alpha=500-3000$。

在数值计算中地表处的垂直磁场为离散的，因此积分中利用插值，综合考虑插值的精度和计算的速度，本书最终选择连分式插值进行计算，以得到插值节点处的磁场值。图 5－25 给出了两个不同时刻垂直磁场向上延拓值与数值解析解的对比曲线及误差曲线。计算中，方形回线边长为 200 m，发射电流为 100 A，延拓高度为 5 m，积分中 $a=500$。从图中可以看到，延拓的误差非常小。经过试算得出，当延拓高度变大时误差也会随之变大。我们在有限差分计算中向上延拓的高度为半个网格，一般小于 5 m，误差可以接受。

5.2.5 2.5D 数值模拟结果分析

以上介绍了瞬变电磁法 2.5D 有限差分正演模拟的理论基础。将 2.5D 与 2D 正演对比来看，两者差分方程的推导过程极为相似，只是前者多了波数项；但是 2.5D 正演中，无论是在初始值的求解还是边界条件的处理都比 2D 情况复杂困难得多，且 2.5D 问题涉及到波数的选取与反傅氏变换，使得算法更为复杂，计算时间更长。另外，在本节模型计算中，均为发射线圈固定在坐标原点，讨论测线上

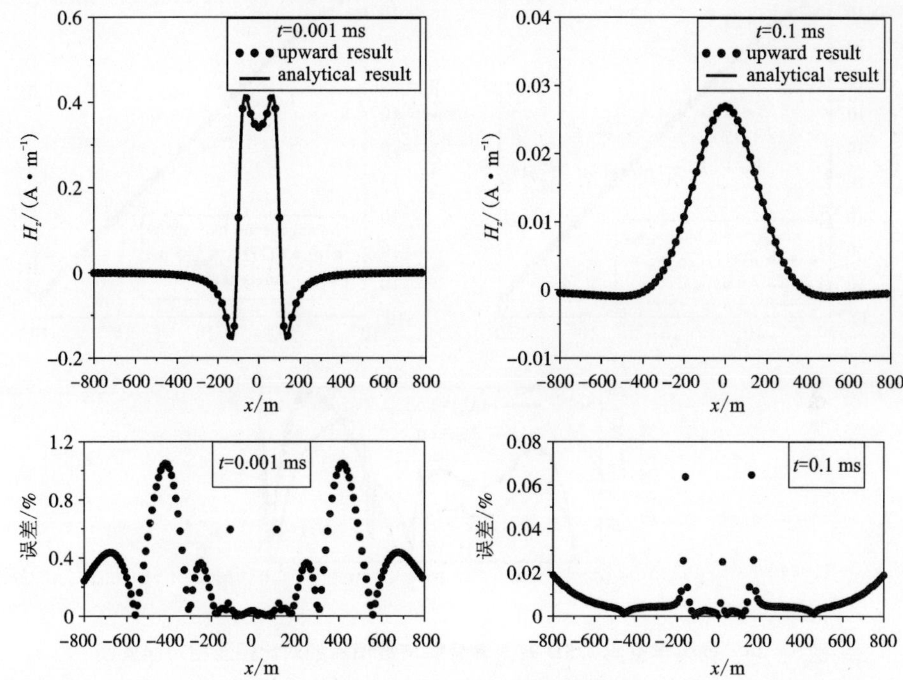

图 5－25　不同时刻垂直磁场向上延拓 5 m 曲线与数值解析解的对比曲线(上)及误差图(下)

不同时间瞬变总场的变化特征。

作者利用 Fortran 语言编写了瞬变电磁法 2.5D 有限差分正演程序，现对程序进行验证，并对典型二维地电模型的有限差分正演模拟结果进行了分析总结。

5.2.5.1　2.5D 正演结果验证

(1)均匀半空间模型：

均匀半空间电阻率为 100 Ω·m，方形发射回线边长 60 m，接收线圈等效面积 50 m^2，供电电流 1 A，采用中心回线测量。有限差分最小时间步长 1×10^{-8}，最大延迟时间为 10 ms，波数选取 17 个。图 5－26 给出了两种非均匀剖分网格条件下有限差分数值解与解析解的对比曲线，图的纵坐标为垂直感应电动势 V_z，图 5－26(a)中网格规模为 181×80(个)，最小网格边长 2 m；图 5－26(b)中网格规模为 109×55(个)，最小网格边长 5 m。从图 5－26(c)可以看出数值解与解析解基本吻合，当最小网格边长为 2m 时，在 $10^{-6}\sim10^{-3}$s 内最大相对误差不超过 10%，$10^{-3}\sim10^{-2}$s 内最大相对误差为 16%；当最小网格边长为 5 m 时，整体误差增加。最小网格大小变化对计算精度有所影响，且在时域有限差分计算中空间网格与时间步长的选取相互制约，影响着最终的计算精度。

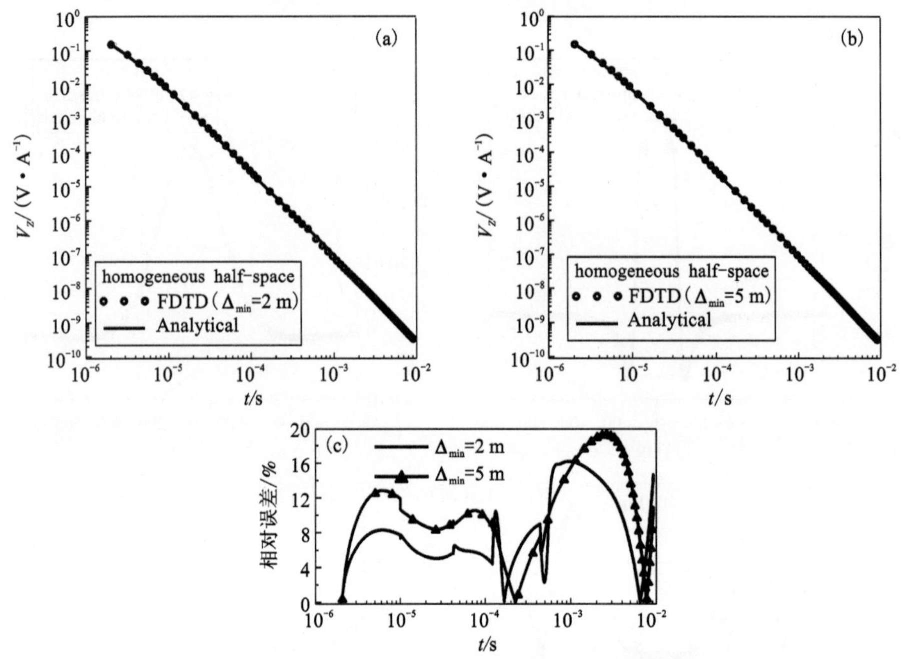

图 5-26　均匀半空间 2.5D 有限差分解与数值解的对比图及相对误差图

图中 Δ_{min} 表示有限差分计算中的最小网格值

(2)层状模型:

首先是电阻率分层均匀的 H 型三层地电断面模型，模型参数为: $\rho_1=100\ \Omega\cdot\mathrm{m}$、$\rho_2=10\ \Omega\cdot\mathrm{m}$、$\rho_3=100\ \Omega\cdot\mathrm{m}$; 层厚度 $h_1=100$ m、$h_2=50$ m，方形发射回线边长 60 m，接收线圈等小面积 50 m^2，供电电流 1 A，采用中心回线测量。有限差分网格规模 181×80(个)，最小网格边长 2 m，最小时间步长 1×10^{-8}，最大延迟时间为10 ms，波数选取 17 个。图 5-27 为感应电动势响应曲线，可以看出有限差分数值解与解析解基本吻合，在如图所示的 $10^{-6}\sim10^{-2}$s 内，计算的最大相对误差为 10.91%，最小相对误差为 0.36%，平均相对误差为 3.91%。

接下来是 K 型三层地电断面模型，模型参数为: $\rho_1=100\ \Omega\cdot\mathrm{m}$、$\rho_2=1000\ \Omega\cdot\mathrm{m}$、$\rho_3=100\ \Omega\cdot\mathrm{m}$; 层厚度 $h_1=100$ m、$h_2=50$ m，其他参数同上。图 5-28 给出了感应电动曲线，可以看出有限差分数值解与 1D 数值解基本吻合，在如图所示的 $10^{-6}\sim10^{-2}$s 内，计算的最大相对误差为 15.80%，最小相对误差为 0.0009%，平均相对误差为 4.88%。可见对 K 型模型计算精度较差。且从另个层状模型可以看出瞬变电磁法对低阻体的反映较之高阻要好。

误差来源分析: 主要是瞬变电磁法测量的感应电动势从早期到晚期跨越了八九个数量级，而且在时域有限差分法数值模拟中涉及多个步骤，各个环节误差积累。主要表现在:

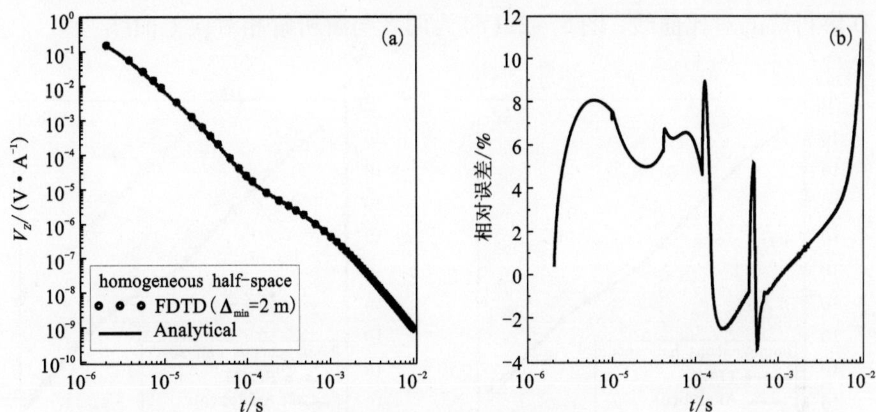

图 5-27　H 型层状介质有限差分数值解与解析解对比(a)及相对误差(b)

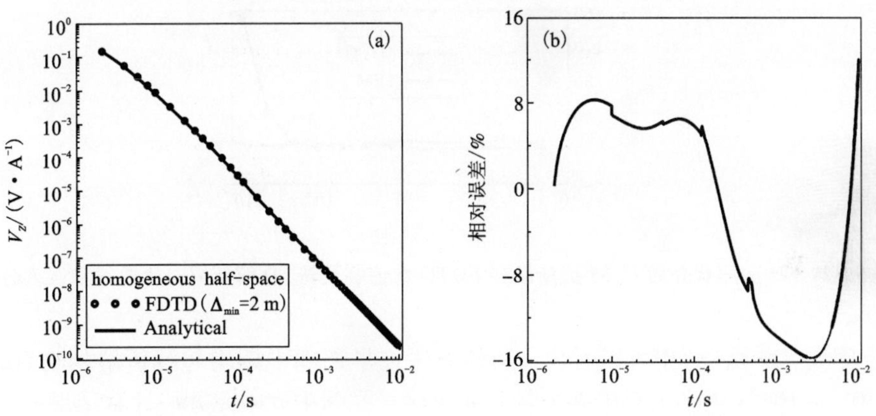

图 5-28　K 型层状介质有限差分数值解与一维数值解对比(a)及相对误差(b)

①地空边界条件的处理中，插值与无穷积分的计算引起误差，地下边界处场值设为 0，计算区域不够大，不能够真实体现场的传播特性；②均匀半空间的数值解本身存在误差，再作为有限差分计算的初始源，将误差带入，并随着时间的推进使误差叠加增大；③反傅氏变换为无穷积分，我们只选取部分波数进行计算，会引起误差；④空间网格、时间步长的选取带来误差，当网格增大或时间步长增大时将严重影响最终的计算精度。

(3) FDTD 与 FEM 结果对比：

首先给出本书计算结果与周俊杰[65](2010)有限元结果的对比，计算中方形发射回线边长 50 m，其他参数与文中 H 型层状模型相同。图 5-29(a)为有限元

(FEM)数值解与1D解析解的对比曲线，图5-29(b)为有限差分(FDTD)数值解与1D解析解的对比曲线，图5-29(c)为两者与解析解相对误差曲线。

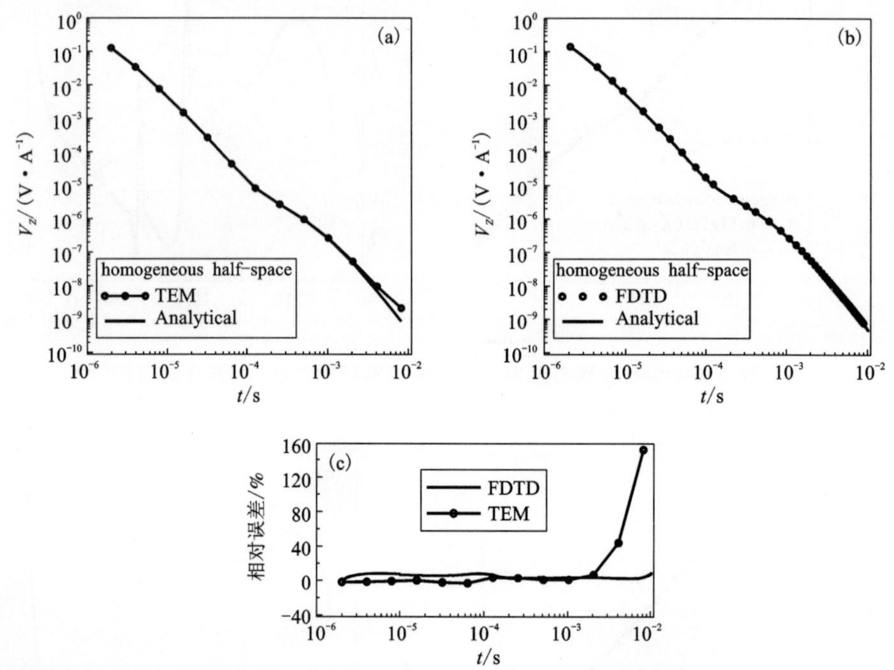

图5-29　H型层状介质FEM数值解和FDTD数值解及与1D解析解对比曲线和误差分析

图5-29图(c)中可以看出，两种方法在早期和中期均与解析解相吻合，而在10^{-3}~10^{-2}s内本书有限差分计算明显优于文献中有限元方法计算结果。

此外，熊彬[60]的有限元计算结果指出，对于H型模型，计算平均相对误差为-5%；K型层状模型平均相对误差为5%，本书计算误差与之相当，进一步证明本书计算的可靠性。

5.2.5.2　均匀半空间响应特征

均匀半空间电阻率为100 Ω·m，方形回线边长为60 m，线框中心位于坐标原点，接收线圈有效面积为50 m^2。计算中网格规模为181×80(个)，非均匀剖分，最小网格边长2 m，最小时间步长1×10^{-8}s，波数选取17个。

图5-30为均匀半空间不同延迟时刻x剖面上总垂直感应电动势的响应曲线，不同延时曲线均对称，最大值出现在发射线圈中心处，且随着时间的推移，响应减弱，主要为中心点处二次场的扩散。经计算得知，均匀半空间上的垂直感应电动势在任何时刻都是对称的，这也和理论相符合。

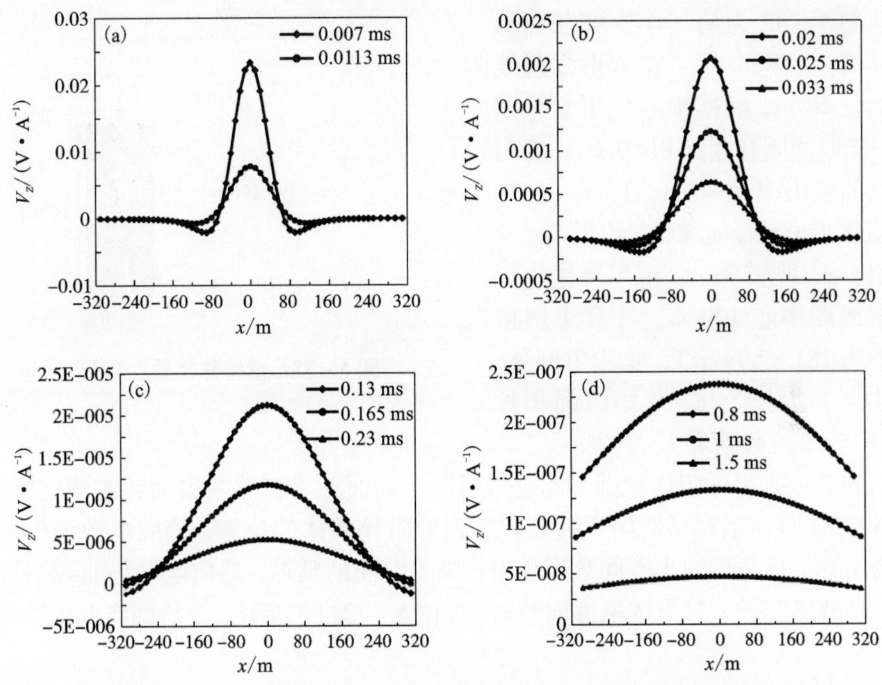

图 5-30　均匀半空间不同延时地表上各点垂直感应电动势曲线

图 5-31 为均匀半空间模型中 $x=0$ m，$x=\pm50$ m，$x=\pm100$ m 处垂直感应电动势随时间的响应曲线。同样可以看到，在任何时刻，响应关于线圈中心点都对称，对称点处感应电动势的衰减速度也相同。$x=0$ m处响应值最大，衰减速度最快，$x=\pm50$ m 处次之，$x=\pm100$ m处响应最小，衰减速度最慢。且位于发射线圈内的点的响应值一直大于零并随时间衰减至零，而位于线圈外面的点，响应值在早期小于零，之后随时间增大直至大于零，之后又衰减直至零。

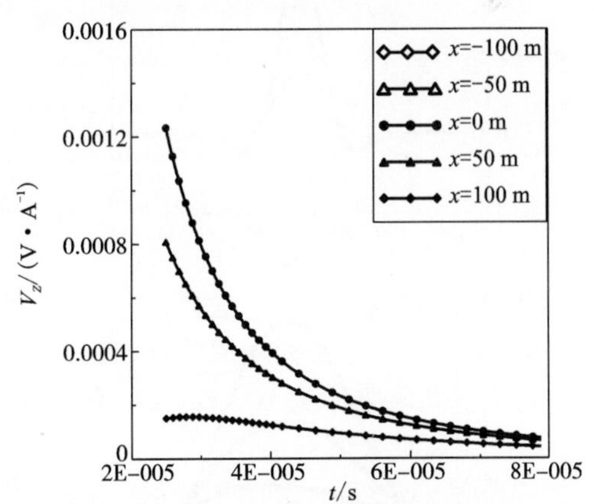

图 5-31　均匀半空间地表不同点处垂直感应电动势随时间响应曲线

5.2.5.3 低阻体模型

图5-32为均匀半空间赋存低阻体模型(模型一)，正方形发射线圈边长60 m，线框中心位于坐标原点，接收线圈有效面积50 m^2。均匀半空间电阻率$\rho_0 = 100\ \Omega \cdot m$，二维低阻体长100 m、宽40 m、电阻率$\rho_1 = 10\ \Omega \cdot m$，埋深50 m，低阻体中心距发射线圈中心100 m。计算中网格规模为181×80(个)，非均匀剖分，最小网格边长2 m，最小时间步长1×10^{-8}s，波数选取17个。

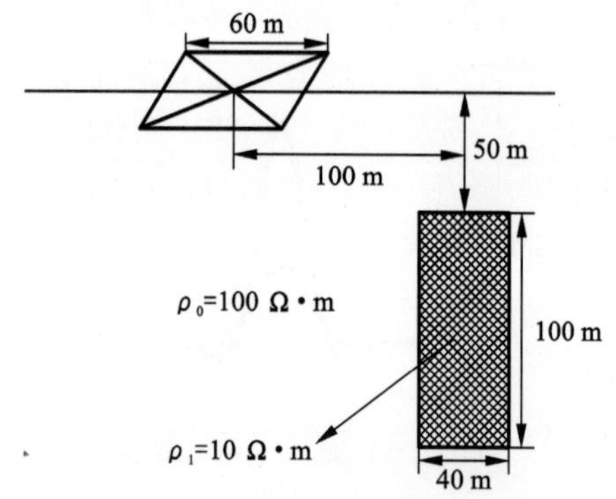

图5-32 低阻体模型示意图

图5-33为低阻体模型不同延迟时刻x剖面上垂直感应电动势的响应特征。图5-33(a)显示在早期场还没有扩散到低阻异常体的位置，感应电动势仍然呈对称分布，且与均匀半空间数值相当。随着时间的延迟，感应电动势曲线不再对称，且整体向低阻异常体反方向倾斜，如图5-33(b)所示。之后感应电动势曲线

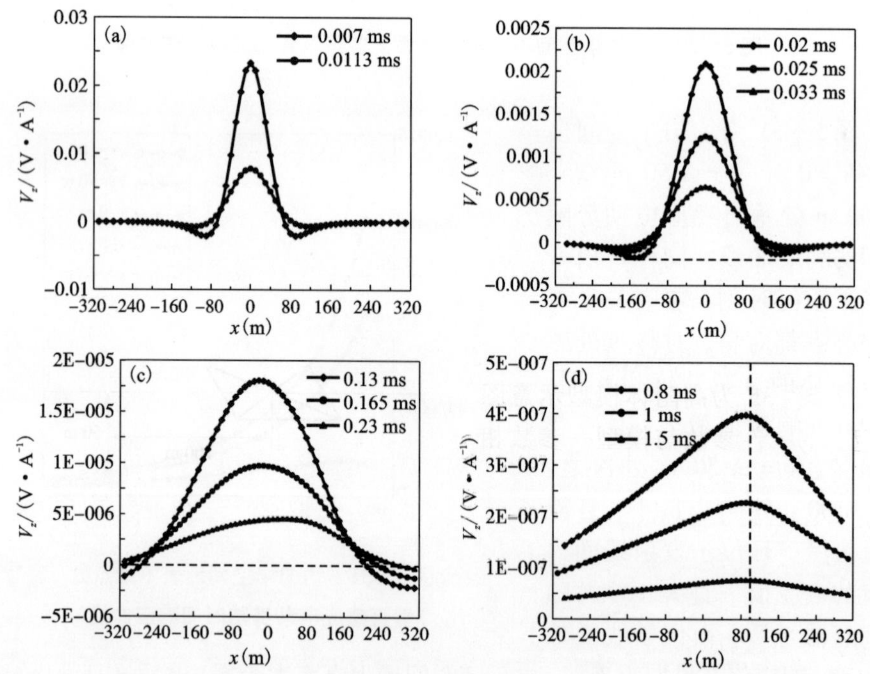

图5-33 低阻体模型的垂直感应电动势在不同延时上的响应曲线

不对称性更加明显，如图5-33(c)所示。感应电动势最大值的位置随着时间的推移向异常体所在位置移动，到了晚期最大值出现在异常体中心正上方，如图5-33(d)所示，垂直虚线代表低阻异常体水平方向的中心位置。感应电动势的这种表现，是因为场在低阻异常体中的扩散速度比在高阻围岩中的扩散速度慢。可见在此模型所示的情况下，晚期的数据能够定性地判断低阻异常体的位置。

图5-34为低阻体模型地表剖面上 $x=0$ m，$x=\pm20$ m，$x=\pm50$ m处垂直感应电动势的时间相应曲线。可以看到，在均匀半空间对称分布的感应电动势不再对称。离低阻异常体较近的 $x=50$ m处感应电动势比离异常体较远的 $x=-50$ m处要小，衰减速度要慢；$x=100$ m处感应电动势比 $x=-100$ m处感应电动势小，衰减速度慢。且发射线圈中心处感应电动势最大，衰减最快。

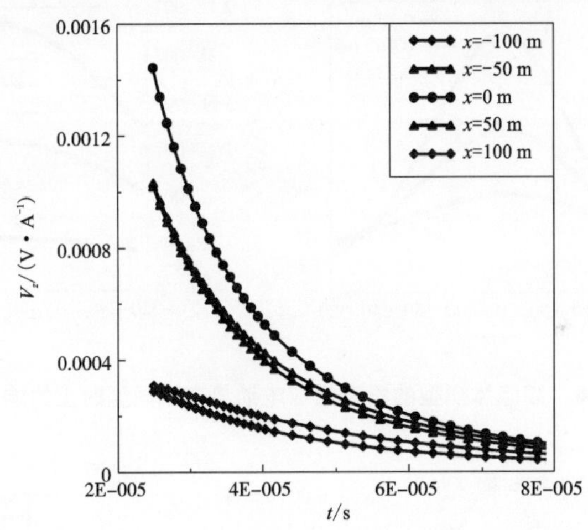

图5-34　低阻体模型地表不同点处垂直感应电动势衰减曲线

5.2.5.4　高阻体模型

如5-35为高阻体模型示意图(模型二)，各参数与模型一参数相同，只是异常体变为高阻体且电阻率 $\rho_1=1000\ \Omega\cdot m$。

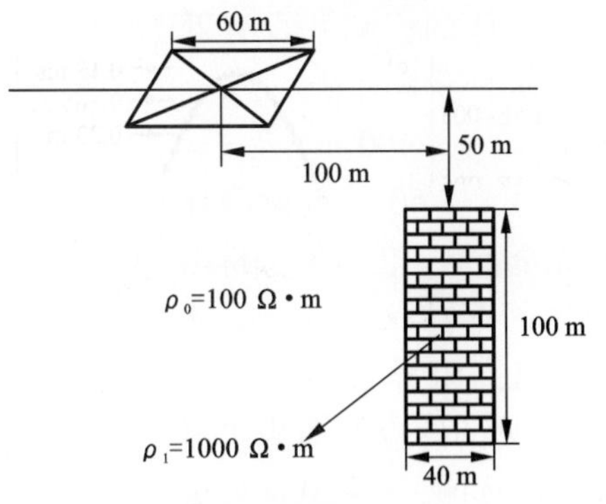

图5-35　高阻体模型示意图

图5-36为均匀半空间高阻体模型不同延迟时刻 x 剖面上垂直感应电动势的响应特征。如图所示，垂直感应电动势受高阻体影响较小。曲线仍近于对称。且到晚期曲线的

最大值并没有类似于低阻体模型那样出现在模型正上方。

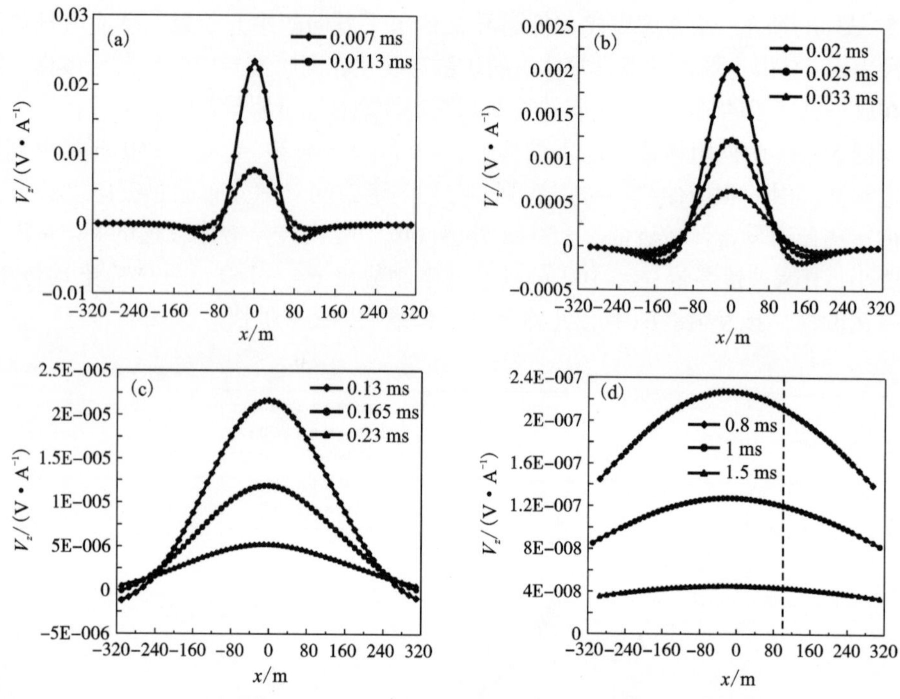

图 5-36 高阻体模型的垂直感应电动势在不同延时上的响应曲线

图 5-37 为高阻体模型地表剖面上 $x=0$ m、$x=\pm 20$ m、$x=\pm 50$ m 处垂直感应电动势的时间相应曲线。可见，高阻异常体的影响并没有低阻异常体的影响明显，但 $x=100$ m 和 $x=-100$ m，及 $x=50$ m 和 $x=-50$ m 处曲线并没有完全重合，仍可以分辨出异常体的存在。且与低阻体相反，离高阻异常体较近的 $x=50$ m处的感应电动势比离高阻体较远的 $x=-50$ m 处更大，衰减速度更快；$x=100$ m

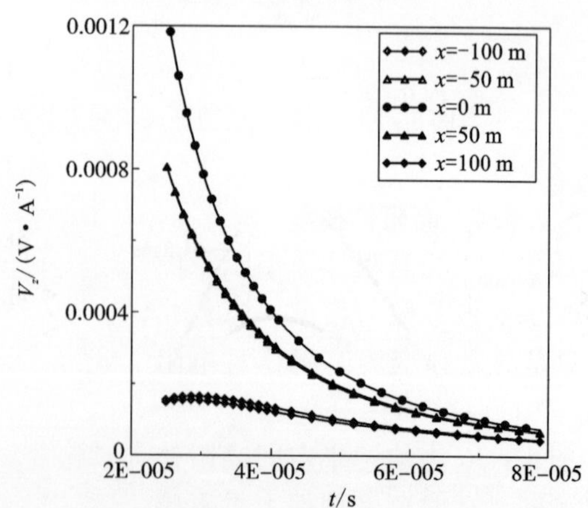

图 5-37 低阻体模型地表不同点处垂直感应电动势衰减曲线

处感应电动势比 $x=-100$ m 处感应电动势大，衰减速度快。

5.2.5.5　低阻覆盖层模型

图5－38为低阻覆盖层模型(模型三)。与模型一相比，在低阻体上方存在一层厚度为50 m，电阻率为 $\rho_0=20\ \Omega\cdot\text{m}$ 的低阻覆盖层。

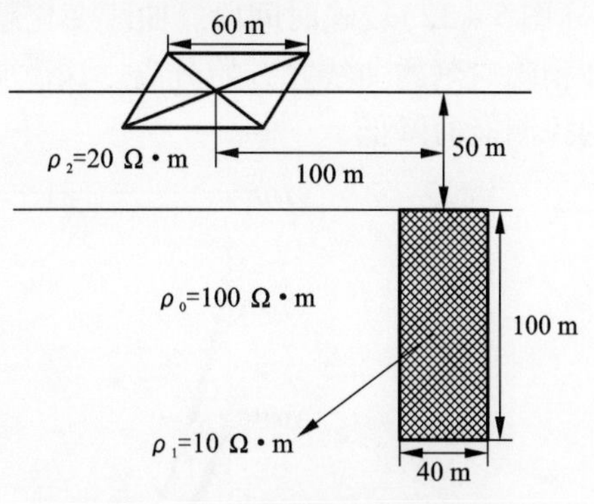

图5－38　低阻覆盖层模型

图5－39给出了 x 剖面上感应电动势的响应曲线。与模型一相对比不难发现，响应受低阻覆盖层影响非常明显。到0.2 ms左右感应电动势仍然对称[图5－39(b)]，说明场并没有扩散到低阻异常体位置。到了0.8 ms在没有覆盖层的模型一中，感应电动势最大值已经移动到异常体上方，而在存在覆盖层的情况下，感应电动势仍然没有到达异常体上方[图5－39(c)]。直到2.5 ms感应电动势最大值才出现在异常体中心位置处。

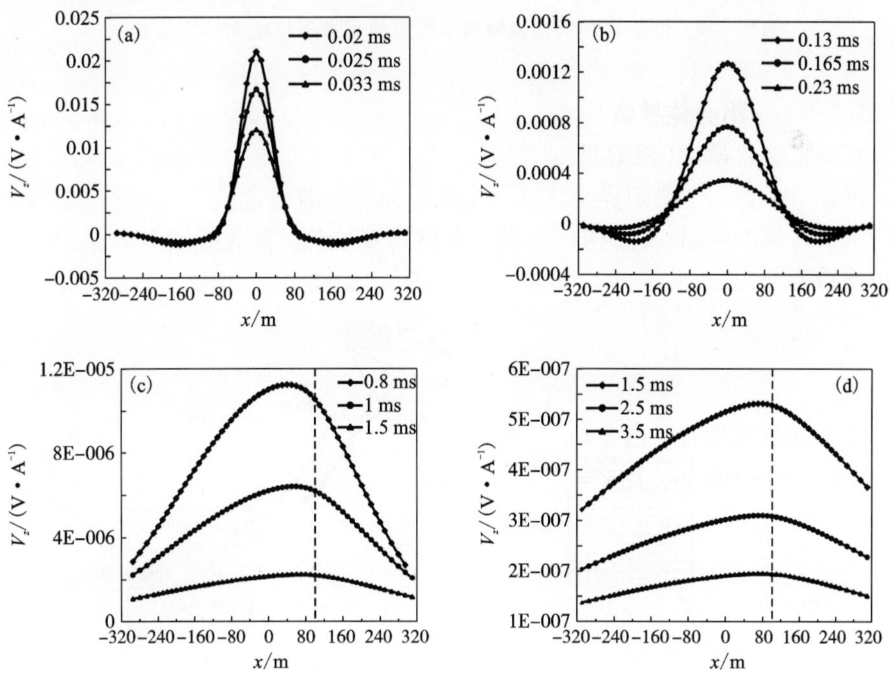

图5－39　低阻覆盖层模型的垂直感应电动势在不同延时上的响应曲线

图 5 - 40 为剖面上不同位置处感应电动势的时间响应曲线。这里给出了比模型一(图 5 - 32)较晚时间段。曲线变化趋势与低阻体情况相同，但可以看到对称点在稍晚时刻的曲线才开始分离。这说明低阻覆盖层的存在，瞬变电磁法对低阻体的探测能力降低。

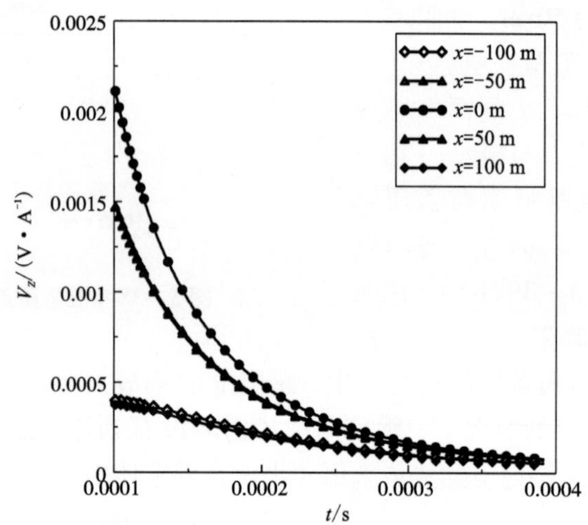

图 5 - 40　低阻覆盖层模型地表不同点处垂直感应电动势衰减曲线

5.2.5.6　组合体模型

高低阻组合模型(模型四)：

图 5 - 41 为一个高阻异常体和一个低阻异常体的组合模型示意图，各参数如图所示。计算中网格、时间步、波数、发射线圈边长、接收线圈有效面积等各参数仍保持不变。

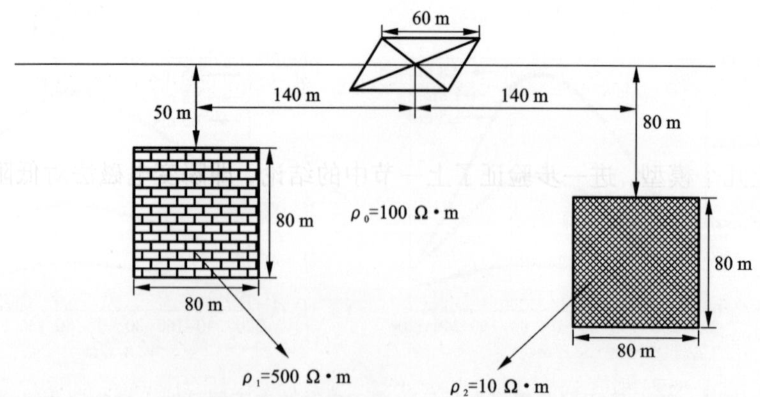

图 5 - 41　高低阻组合模型示意图

图 5－42 列出了模型四在不同延迟时刻 x 剖面上感应电动势曲线。由于低阻异常体与发射线圈距离较之模型一变大，埋深增加，因此感应电动势受到异常体的影响时间也较晚，直到 0.033 ms[图 5－42(b)]曲线仍近于对称。而到了 0.13 ms[图 5－42(c)]，曲线不再对称。随着场的扩散，感应电动势最大值出现的位置向低阻异常体方向移动，到了晚期[图 5－42(d)]，感应电动势最大值出现在低阻异常体上方，而高阻异常体上方曲线只有微小的下凹，很难察觉，在整个时间段上都很难辨别高阻体的存在。

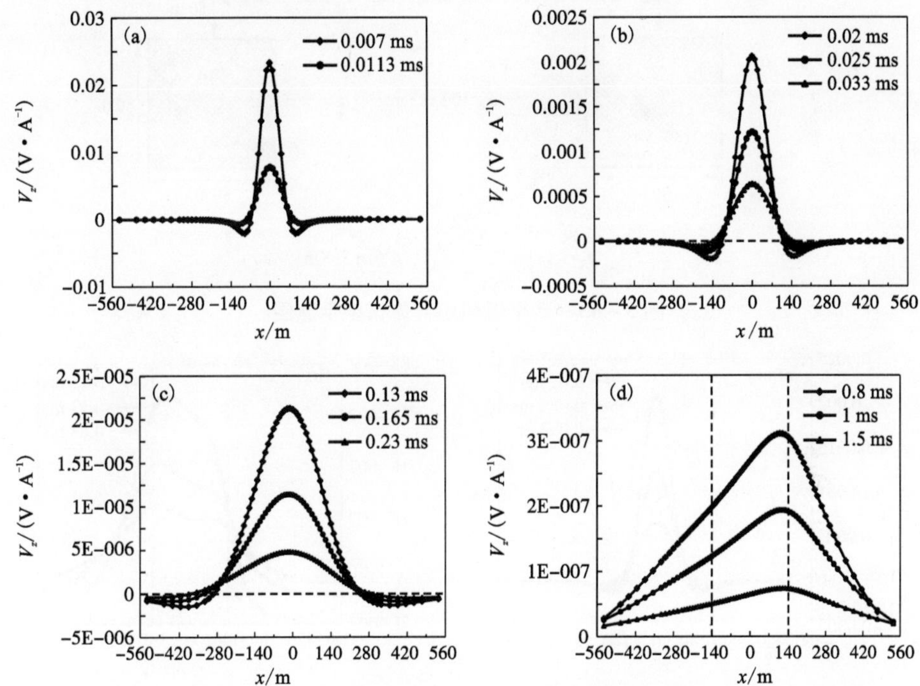

图 5－42　高低阻组合体模型的垂直感应电动势在不同延时上的响应曲线

以上几个模型，进一步验证了上一节中的结论，即瞬变电磁法对低阻异常体的探测能力高于对高阻体的探测能力。

两个低阻体组合模型(模型五)：

图 5－43 为两个低阻体组合的模型，两个低阻体埋深及与发射线圈的距离均相同，只是电阻率不同，如图 5－43 所示。FDTD 计算中各参数同上。

图 5－44 为不同延迟时刻感应电动势响应曲线。因为同时受到两个低阻异常体的影响，感应电动势由一个极大值变为两个极大值，且随着时间的延迟，分别向两个低阻体方向移动，最后分别出现在两个低阻异常体中心正上方。且从图 5

-44(b)、(c)可以看到，因为左边低阻体电阻率比右边低阻体电阻率更低，因此场在左边低阻体中扩散得更慢，感应电动势的极大值先到达右边低阻体中心上方，后到达左边低阻体上方，最后左边低阻体的异常大于右边低阻体的异常。可见感应电动势可以反映出水平方向上一定距离分布的多个低阻异常体的位置以及电阻率的相对大小。

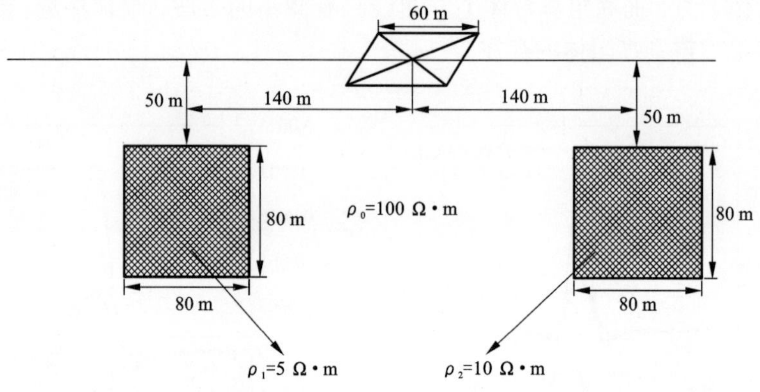

图 5-43　两个低阻组合体模型示意图

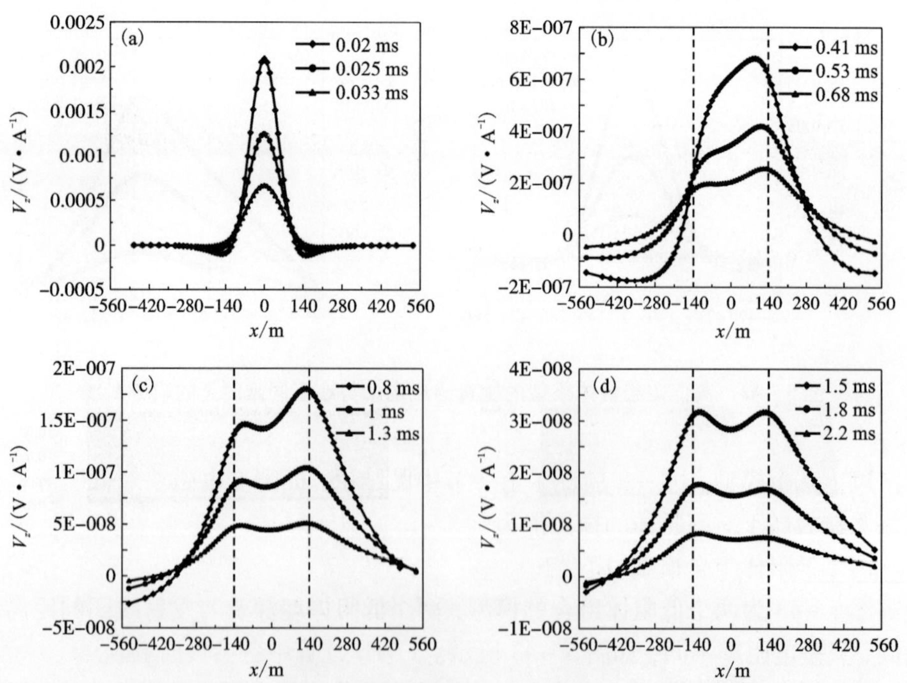

图 5-44　两个低阻体组合模型的垂直感应电动势在不同延时上的响应曲线

5.2.5.7　地下感应电动势等值线剖面图

图 5－45 以前面介绍的均匀半空间模型、低阻覆盖层模型(图 5－38)、高阻低阻组合模型(图 5－41)为例，给出感应电动势在地下介质中扩散等值线剖面图。图中横坐标为水平位置，纵坐标表示深度，发射线框位于坐标原点，图中标出了异常体的位置。感应电动势单位为 μV。

从图 5－45 中可以看出，随着时间的推移，感应电动势如同“烟圈”一般向下向外扩散，各个时刻感应电动势始终对称，且感应电动势最大值始终出现在发射线框正下方。早期感应电动势的最大值主要集中在线框正下方的地表处，两侧各出现负值，随着时间的推移，感应电动势最大值向下移动，感应电动势负值向两侧、向下移动，并最终消失。

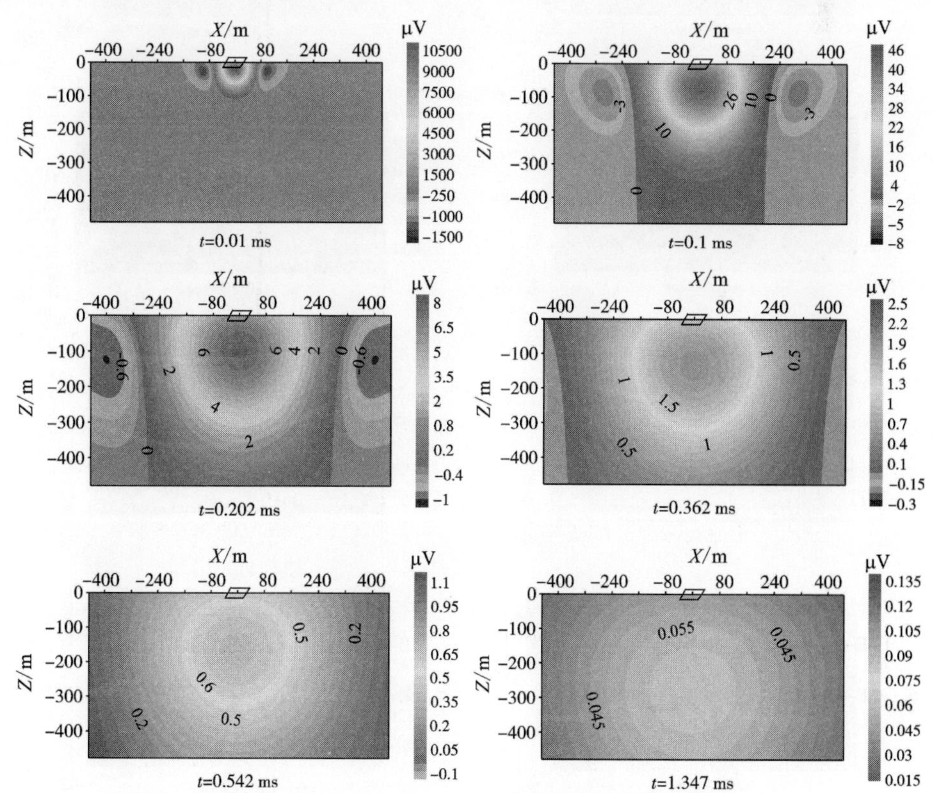

图 5－45　均匀半空间地下感应电动势扩散等值线图

图 5－46 为低阻覆盖层下存在低阻异常体模型的感应电动势扩散等值线图，图中标明了低阻覆盖层以及低阻异常体的位置。可以看出，当存在低阻覆盖层时，场扩散的速度减慢，直到 0.202 ms 场才扩散到 200 m 左右，而均匀半空间此

时刻场已扩散到 400 m 左右。且由于低阻覆盖层与下方低阻异常体的综合影响，涡流主要集中在了低阻覆盖层与异常体中。且相同时刻，感应电动势比均匀半空间的大，感应电动势的最大值主要集中在低阻覆盖层与低阻异常体附近，最终集中在低阻异常体附近。这里与第 2 章二维模拟所得到的结论相同。即当存在低阻覆盖层时，场扩散的速度减慢，若要探测相同的深度，需要延长探测时间。

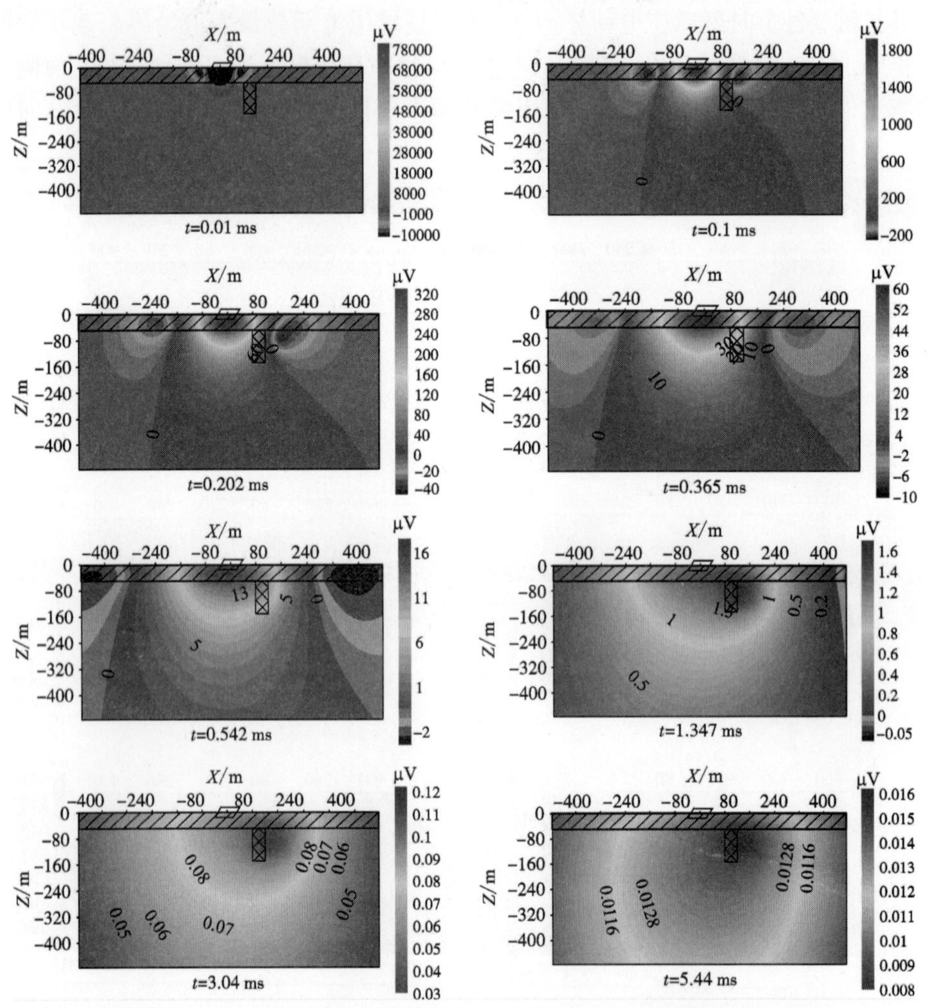

图 5-46 低阻覆盖层模型(图 5-38)的地下感应电动势扩散等值线图

图 5-47 为图 5-41 所示模型的地下感应电动势扩散等值线图，可以看出电磁场受到右侧低阻体的影响非常明显，而受左侧高阻体的影响微小。感应电动势

的最大值主要集中在低阻异常体附近，最终以低阻异常体为中心向外扩散。可见，瞬变电磁法对低阻异常体更为敏感、探测能力更强。

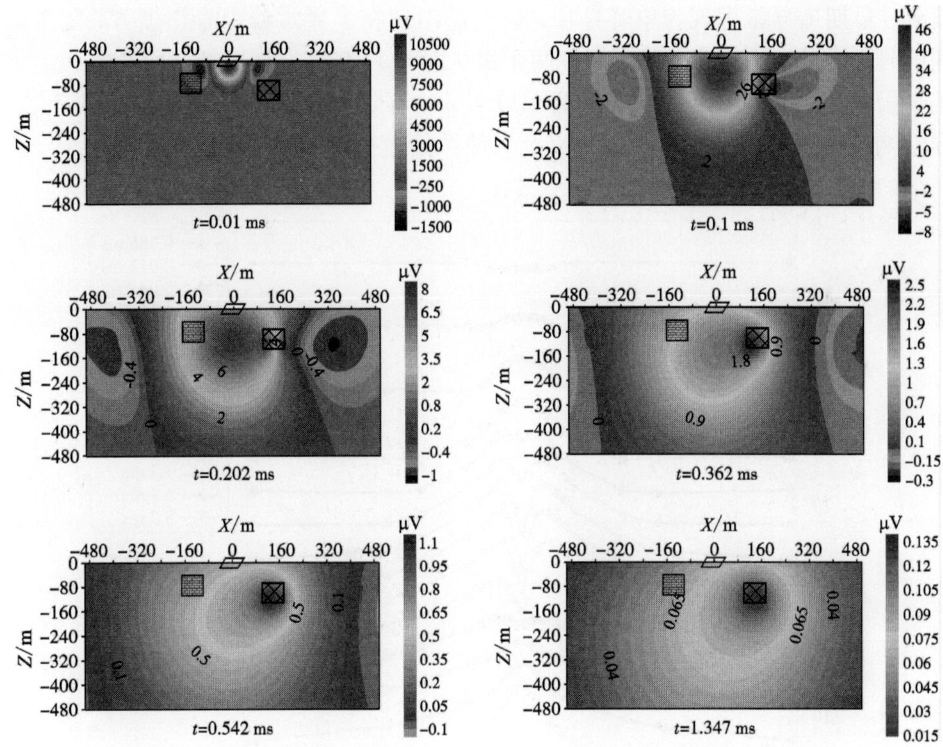

图 5 - 47　高低阻组合模型（图 5 - 41）的地下感应电动势扩散等值线图

5.2.6　中心回线装置响应特征

为了进一步验证程序的正确性，下面给出地下存在两个局部异常体的中心回线装置剖面上的响应特征。图 5 - 48 为中心回线装置模型一示意图。如图所示，围岩电阻率 ρ_0 = 100 Ω · m，低阻直立板状体电阻率 ρ_1 = 1 Ω · m，顶端埋深 20 m，异常体垂向和横向延伸分别为 100 m 和 20 m。方形发射回线边长 50 m，接收线圈等效面积 50 m^2，供电电流 1 A。

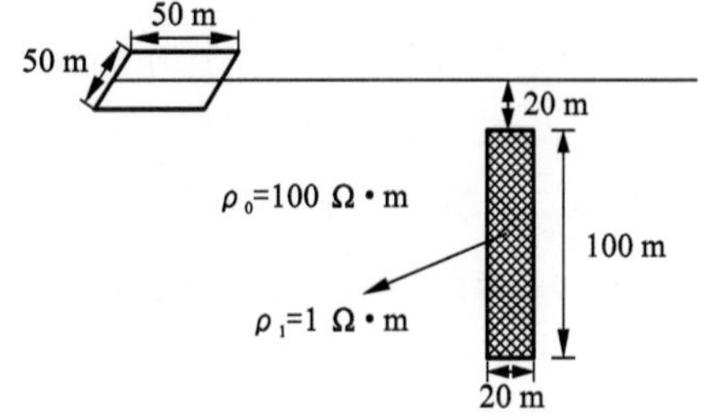

图 5 - 48　中心回线装置模型一示意图

图5－49给出了上述模型21个测深点的中心回线瞬变电磁响应。图中横轴为测深点位置，坐标原点位于异常体中心正上方，测深点位置关于坐标原点对称分布；纵轴为感应电动势，从上到下对应多个采样时间道上的响应。从图中可以看到，早期道异常表现为单峰异常，极大值出现在了异常体中心正上方，随着时间的延迟，异常表现为双峰异常，两个极大值出现在直立板两侧，而直立板上方出现极小值，晚期道异常又表现为单峰异常，极大值出现在板状体中心正上方。异常响应特征与物理模拟[1]结果以及其他数值模拟结果[26, 27]规律一致。

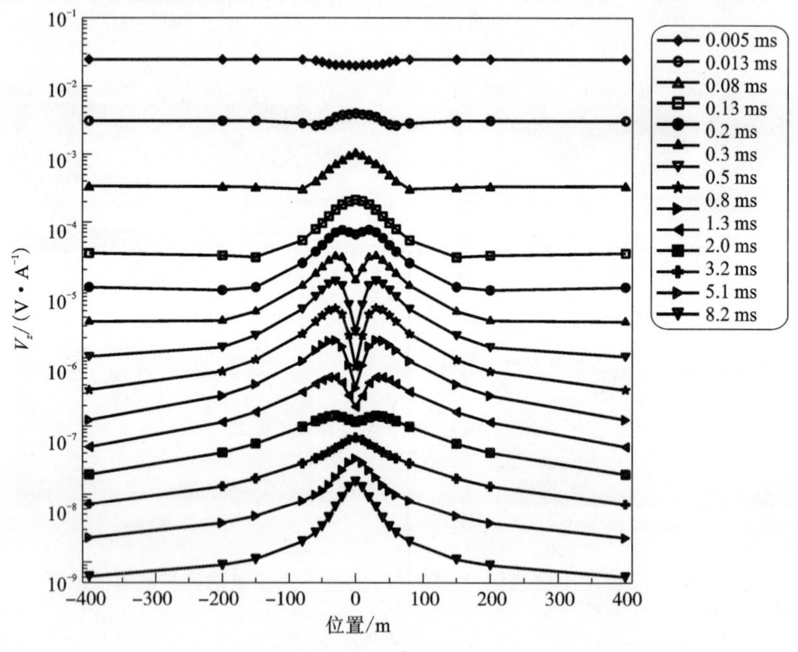

图5－49　瞬变电磁多测道剖面图(中心回线装置)

图5－50为双低阻体模型(中心回线装置模型二)示意图，围岩电阻率ρ_0 = 100 Ω·m，等轴状低阻体电阻率分别为ρ_1 = 1 Ω·m，ρ_2 = 10 Ω·m，规模均为20 m×20 m，顶端埋深分别为20 m和25 m，两异常体相距200 m。方形发射回线边长为50 m，接收线圈等效面积为50 m^2，供电电流为1 A。

图5－51给出了测线方向28个测深点各采样时间道上的瞬变电磁场剖面响应曲线。剖面测量中心点位于坐标原点，亦即两异常体中心位置。可以看到，在每个异常体上方表现出了异常特征，与板状体模型类似，早期道为单峰弱异常，之后变为双峰异常，最后又变为单峰异常，且在中期时间段，右侧异常体由于电阻率较大，异常变小，直到晚期异常才比较明显。可以看出，目标体(异常体)电

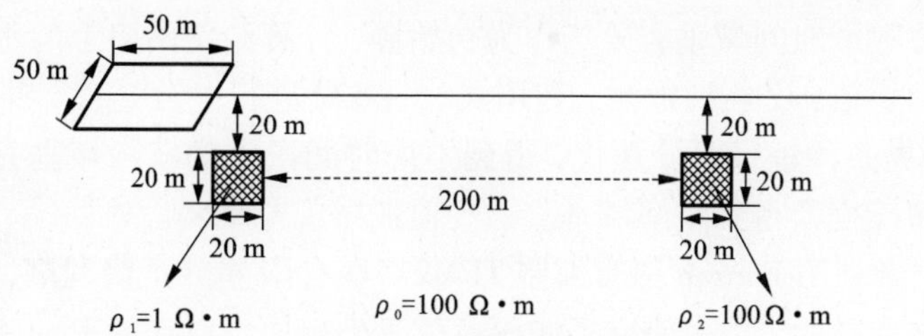

图5-50　中心回线装置模型二示意图

阻率越低，瞬变电磁法的探测效果越好。

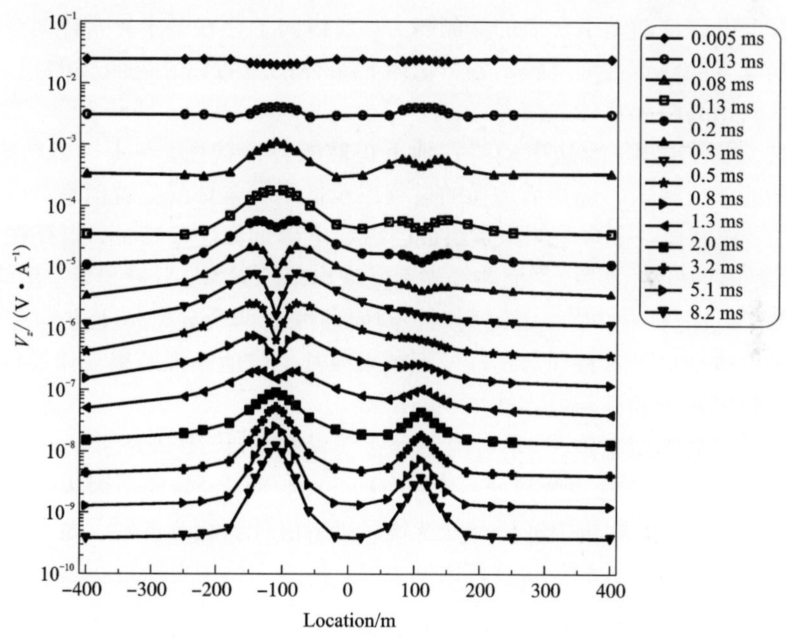

图5-51　瞬变电磁多测道剖面图(中心回线装置)

5.2.7　小结

本章根据磁场垂直分量所满足的波数域扩散方程推导了2.5D问题中的差分方程；推导了矩形回线源形成的波数域瞬变电磁场，作为有限差分计算的初始条件；给出了2.5D正演中地-空边界条件的处理方法；研究了反傅氏变换以及波数的选取方法。

2.5D 有限差分的计算步骤如下：①选取合适的波数，将均匀半空间上矩形回线源形成的波数域时间域垂直磁场作为初始源，计算给定网格上的垂直磁场值或垂直感应电动势值；②在波数域，利用式(5－52)进行差分迭代，并利用式(5－84)给出的边界条件进行差分迭代，得到不同时间段上的波数域垂直磁场值。③最后利用反傅氏变换得到空间域垂直磁场值或感应电动势。

首先，作者利用 Fortran 语言编制 TEM2.5D 有限差分正演程序，为了验证程序的正确性与有效性，首先研究了测深点位于坐标原点时剖面上的感应电动势响应特征，反映出均匀半空间模型中感应电动势曲线始终与发射线圈中心处对称，且最大值始终出现在发射线圈中心处，当有异常体存在时，曲线发生变化。当存在低阻异常体时，感应电动势曲线最大值将出现在低阻异常体正上方；当存在高阻异常体时，感应电动势曲线发生微小的变化，很难察觉；当存在低阻覆盖层时，影响了瞬变电磁法对地下介质的探测能力；当横向上存在多个异常体时，感应电动势曲线基本能够定性地反映出各个低阻异常体的位置以及电阻率的相对大小，但很难反映出高阻异常体的信息。

其次，作者给出了感应电动势在地下扩散的等值线图，与上一节结论相同，等值线图能够反映电磁场扩散传播的过程以及低阻异常体的位置信息。

随后，作者研究了多个测深点组成的瞬变电磁剖面响应特征，当存在低阻板状体时，随着时间的延迟，剖面曲线先后呈现出单峰异常、双峰异常、单峰异常；当存在两个低阻体且相距一定距离时，剖面曲线在两个异常体上方均有异常反应。两个模型剖面异常特征与物理模拟结果或其他数值模拟结果规律类似，进一步证明了程序的正确性与可靠性。

此外通过对瞬变电磁法 2D 有限差分正演模拟与 2.5D 有限差分正演模拟的比较发现，2D 模拟方法更为简便，计算时间更短，而 2.5D 模拟因为需要选取一系列波数，在各个波数域中进行差分迭代、初始值计算相当耗时，地－空边界条件中包含无穷积分的计算使得计算时间大增，但是三维源更接近实际。

第 6 章　时间域航空电磁法 2.5D 有限元正演模拟

时间域电磁法有限元模拟一般是在频率域进行求解，再通过时频转换得到时间域的解；对于 2.5D 问题，常规处理方法是利用傅里叶变换转至波数域，再利用逆傅里叶变换得到三维空间的解。本章将从电磁场基本理论出发，利用积分变换将时间域问题转至拉氏傅氏域下，求得电磁场分量的偏微分方程以构建变分方程，并以此为基础，讨论如何利用异常场有限元法来进行航空瞬变电磁法 2.5D 正演模拟。

6.1　拉氏傅氏域电磁场基本方程及其边界条件

航空瞬变电磁法的一般工作方式如图 6－1 所示，在飞机等运载工具上搭载通电线圈构成回路，脉冲电流激发产生电磁场，通常称为一次场(Primary field)。在一次场激发下，地下导体中产生感应涡流，进而产生感应电磁场，称为二次场(Secondary field)。航空瞬变电磁法的物理原理与常规瞬变电磁法相同，只是把源的位置移到了空中，因此，与常规瞬变电磁法相比，二次场响应会变弱。

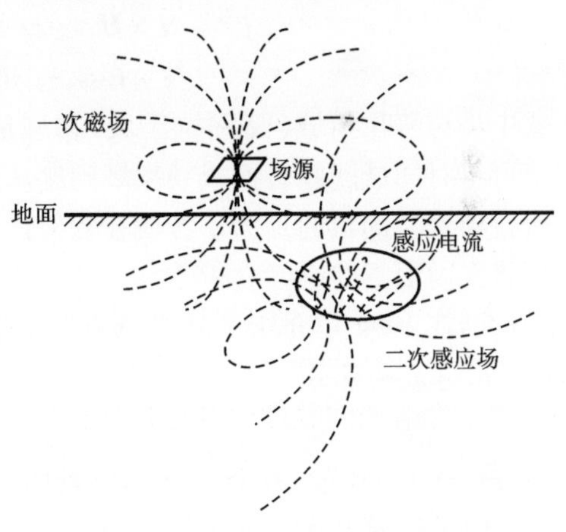

图 6－1　航空瞬变电磁法原理示意图

对时间域电磁法正演模拟基本理论，Kaufman、Nabighian、王华军等学者已做过详尽分析，这里仅针对如何构建航空瞬变电磁法 2.5D 正演中的关键问题做必要的推导论证[16－17, 60, 192, 195]。根据电磁感应理论，磁性源激发的电磁场在时间域满足

$$\nabla \times \boldsymbol{h} = \varepsilon \frac{\partial \boldsymbol{e}}{\partial t} + \sigma \boldsymbol{e} \tag{6-1}$$

$$\nabla \times \boldsymbol{e} = -\mu \frac{\partial \boldsymbol{h}}{\partial t} + \boldsymbol{j}_{\mathrm{m}} \tag{6-2}$$

式中，ε 表示介电常数、σ 表示电导率、μ 表示磁导率，$\boldsymbol{e}$、$\boldsymbol{h}$ 分别代表时间域电场矢量与磁场矢量，$\boldsymbol{j}_{\mathrm{m}}$ 表示磁性源磁流密度矢量。上述方程组描述了三维空间任意一点(x, y, z)处任意时刻 t 时激发的电磁场分布情况，因而电场和磁场可以分别写为四元函数 $e(x, y, z, t)$、$h(x, y, z, t)$。对于简单模型，例如均匀半空间、导电球体或者导电薄板模型等，可以求解得到电磁场解析解；对于二维和三维的复杂模型，则需要借助数值方法才能得到电磁场近似解，例如使用有限单元法来求解。为避免时间的离散化导致求解规模过于庞大，降低求解维度，通常在频率域进行求解，再转到时间域。已知拉普拉斯变换对为：

$$\begin{aligned} F(s) &= L[f(t)] = \int_0^{+\infty} f(t)\mathrm{e}^{-st}\mathrm{d}t \\ f(t) &= L^{-1}[F(s)] = \frac{1}{2\pi i}\int_0^{+\infty} F(s)\mathrm{e}^{st}\mathrm{d}s \end{aligned} \tag{6-3}$$

借助该变换可对方程式(6－1)和式(6－2)作拉普拉斯变换(简称拉氏变换)，则有

$$\nabla \times \boldsymbol{H} = (\varepsilon s + \sigma)\boldsymbol{E} \tag{6-4}$$

$$\nabla \times \boldsymbol{E} = -\mu s\boldsymbol{H} + \boldsymbol{J}_{\mathrm{m}} \tag{6-5}$$

式中将拉普拉斯域(简称拉氏域)物理量用大写字母表示，s 为拉氏域变量。这样就可将时间域问题转换成频率域问题。进行时频转换有多种方法，在这里使用拉普拉斯变换的目的是为了方便在数值计算中使用 Gaver-Stehfest 变换算法，相关问题将在后面章节继续分析。

徐世浙在 1994 年介绍了异常场有限元算法[199]。在电法和电磁法正演模拟中，场量可分成两部分

$$u = u_{\mathrm{b}} + u_{\mathrm{s}} \tag{6-6}$$

式中，u 表示电磁场量，下标 b 表示背景场(Background field)、下标 s 表示异常场(Scattered field，或称剩余场)[14]。背景场是指相同场源情况下简单模型的电磁场，通常将该模型设为均匀半空间。根据上述推导过程，在背景模型下有

$$\nabla \times H_{\mathrm{b}} = (\varepsilon_{\mathrm{b}} s + \sigma_{\mathrm{b}})E_{\mathrm{b}} \tag{6-7}$$

$$\nabla \times E_{\mathrm{b}} = -\mu_{\mathrm{b}} sH_{\mathrm{b}} + J_m \tag{6-8}$$

将方程式(6－4)、式(6－5)与方程式(6－7)、式(6－8)分别相减，可得异常电磁场方程

$$\nabla \times H_s = (\varepsilon s + \sigma)E_{\mathrm{s}} + (\varepsilon_{\mathrm{s}} s + \sigma_{\mathrm{s}})E_{\mathrm{b}} \tag{6-9}$$

$$\nabla \times E_{\mathrm{s}} = -\mu sH_{\mathrm{s}} - \mu_{\mathrm{s}} H_{\mathrm{b}} \tag{6-10}$$

式中，E_{s} 和 H_{s} 分别表示异常电场和异常磁场，ε_{s}、μ_{s} 和 σ_{s} 分别表示异常介电常

数、异常磁导率和异常电导率。如果考虑背景模型与目标模型只有电导率差异，那么可以进一步简写为

$$\nabla \times H_{\mathrm{s}} = (\varepsilon s + \sigma) E_{\mathrm{s}} + J_{\mathrm{es}} \tag{6-11}$$

$$\nabla \times E_{\mathrm{s}} = -\mu s H_{\mathrm{s}} \tag{6-12}$$

式中

$$J_{\mathrm{es}} = \sigma_{\mathrm{s}} E_{\mathrm{b}} \tag{6-13}$$

由此可以看出：目标模型的场源在异常场方程中是通过背景电磁场与异常导体来体现的，可将其看成是异常场源。用常规有限元法求解电磁场量时，其泛函问题中包含场源项。由于电磁场在场源上总是奇异的，因此在用有限元求解时，线性插值、二次插值甚至更高阶的插值都不能很好地拟合场源附近的电磁场分布情况，带来较大的计算误差。在异常电磁场的泛函问题中不包含场源项，因此计算精度相对较高。

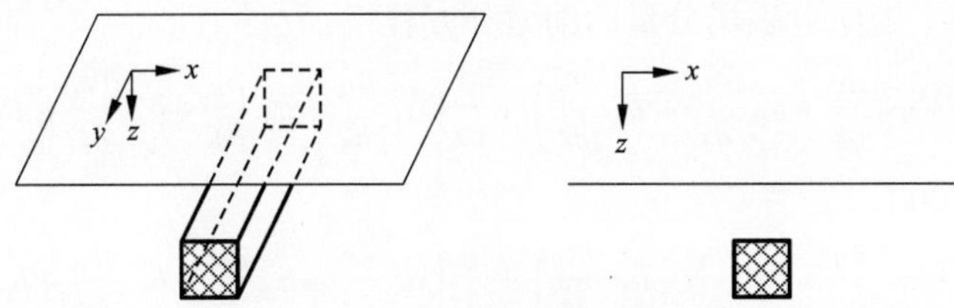

图 6－2　二维地电模型示意图

考虑到场源所激发的电磁场具有三维效应，而观测断面为 2D 模型，假设沿构造走向方向（设为 3D 空间中 y 方向）电性参数无变化，那么利用傅里叶变换（简称傅氏变换）可将 3D 问题转换为 2D 问题，如图 6－2 所示。已知傅氏变换对为：

$$\begin{aligned} F(m) &= F[f(y)] = \int_{-\infty}^{+\infty} f(y) \mathrm{e}^{-\mathrm{i}my} \mathrm{d}y \\ f(y) &= F^{-1}[F(m)] = \frac{1}{2\pi} \int_{-\infty}^{+\infty} F(m) \mathrm{e}^{\mathrm{i}my} \mathrm{d}m \end{aligned} \tag{6-14}$$

根据旋度的定义，方程式(6－11)和式(6－12)可进一步写为

$$\begin{cases} -\mathrm{i}m \widehat{\boldsymbol{H}}_{zs} - \dfrac{\partial \widehat{\boldsymbol{H}}_{ys}}{\partial z} = (\varepsilon s + \sigma) \widehat{\boldsymbol{E}}_{xs} + \widehat{\boldsymbol{J}}_{xes} \\ \dfrac{\partial \widehat{\boldsymbol{H}}_{xs}}{\partial z} - \dfrac{\partial \widehat{\boldsymbol{H}}_{zs}}{\partial x} = (\varepsilon s + \sigma) \widehat{\boldsymbol{E}}_{ys} + \widehat{\boldsymbol{J}}_{yes} \\ \dfrac{\partial \widehat{\boldsymbol{H}}_{ys}}{\partial x} + \mathrm{i}m \widehat{\boldsymbol{H}}_{xs} = (\varepsilon s + \sigma) \widehat{\boldsymbol{E}}_{zs} + \widehat{\boldsymbol{J}}_{zes} \end{cases} \tag{6-15}$$

$$\begin{cases} -\mathrm{i}m\,\widehat{\boldsymbol{E}}_{zs}-\dfrac{\partial \widehat{\boldsymbol{E}}_{ys}}{\partial z}=-\mu s\,\widehat{\boldsymbol{H}}_{xs} \\ \dfrac{\partial \widehat{\boldsymbol{E}}_{xs}}{\partial z}+\dfrac{\partial \widehat{\boldsymbol{E}}_{zs}}{\partial x}=-\mu s\,\widehat{\boldsymbol{H}}_{ys} \\ \dfrac{\partial \widehat{\boldsymbol{E}}_{ys}}{\partial x}+\mathrm{i}m\,\widehat{\boldsymbol{E}}_{xs}=-\mu s\,\widehat{\boldsymbol{H}}_{zs} \end{cases} \tag{6-16}$$

式中，上加圆弧的矢量表示傅氏变换之后的拉氏域矢量，简称拉氏傅氏域矢量，m 表示傅氏域变量，i 为虚数单位，带下标 x、y、z 的电磁场矢量表示对应方向的电磁分量。联立求解方程式(6-15)和式(6-16)即可得到拉氏傅氏域电磁场各分量的解，但由于待求变量互相交合，且含有偏导数项，无法进行常规求解。王华军、熊彬、徐凯军等学者对此作了系统推导[16, 17, 60]，令：

$$u_b=\widehat{\boldsymbol{E}}_{\mathrm{yb}},\ v_{\mathrm{b}}=-\mathrm{i}\,\widehat{\boldsymbol{H}}_{\mathrm{yb}};\ u=\widehat{\boldsymbol{E}}_{\mathrm{ys}},\ v=-\mathrm{i}\,\widehat{\boldsymbol{H}}_{\mathrm{ys}} \tag{6-17}$$

可得到关于走向电磁场分量的偏微分方程组：

$$\frac{\partial}{\partial x}\left(a_1\frac{\partial u}{\partial x}+a_2\frac{\partial v}{\partial z}+b_1\frac{\partial u_{\mathrm{b}}}{\partial x}+b_2\frac{\partial v_{\mathrm{b}}}{\partial z}\right)+\frac{\partial}{\partial z}\left(a_1\frac{\partial u}{\partial z}+a_2\frac{\partial v}{\partial x}+b_1\frac{\partial u_{\mathrm{b}}}{\partial z}-b_2\frac{\partial v_{\mathrm{b}}}{\partial x}\right)$$
$$=a_4u+b_4u_{\mathrm{b}} \tag{6-18}$$

$$\frac{\partial}{\partial x}\left(a_3\frac{\partial v}{\partial x}-a_2\frac{\partial u}{\partial z}+b_3\frac{\partial v_{\mathrm{b}}}{\partial x}-b_2\frac{\partial u_{\mathrm{b}}}{\partial z}\right)+\frac{\partial}{\partial z}\left(a_3\frac{\partial v}{\partial z}+a_2\frac{\partial u}{\partial x}+b_3\frac{\partial v_{\mathrm{b}}}{\partial z}+b_2\frac{\partial u_{\mathrm{b}}}{\partial x}\right)$$
$$=a_5u \tag{6-19}$$

方程中系数分别为：

$$\begin{aligned} &a_1=\frac{\varepsilon s+\sigma}{m^2+k^2},\ a_2=\frac{m}{m^2+k^2},\ a_3=\frac{-\mu s}{m^2+k^2} \\ &a_4=\varepsilon s+\sigma,\ a_5=-\mu s,\ k^2=\mu s(\varepsilon s+\sigma) \\ &a_{1b}=\frac{\varepsilon s+\sigma_{\mathrm{b}}}{m^2+k_{\mathrm{b}}^2},\ a_{2\mathrm{b}}=\frac{m}{m^2+k_{\mathrm{b}}^2},\ a_{3\mathrm{b}}=\frac{-\mu s}{m^2+k_{\mathrm{b}}^2} \\ &a_{4\mathrm{b}}=\varepsilon s+\sigma_{\mathrm{b}},\ a_{5\mathrm{b}}=-\mu s,\ k_{\mathrm{b}}^2=\mu s(\varepsilon s+\sigma_{\mathrm{b}}) \\ &b_1=a_2a_{2\mathrm{b}}\sigma_{\mathrm{s}},\ b_2=a_2a_{3\mathrm{b}}\sigma_{\mathrm{s}},\ b_3=a_3a_{3\mathrm{b}}\sigma_{\mathrm{s}},\ b_4=\sigma_{\mathrm{s}} \end{aligned} \tag{6-20}$$

在待求解的二维地电断面上，拉氏傅氏域走向分量在电性分界面处满足下列边值条件：

$$\begin{aligned} &(u^1-u^2)|_{\Gamma}=0 \\ &(v^1-v^2)|_{\Gamma}=0 \\ &a_1^1\frac{\partial u^1}{\partial n}-a_1^2\frac{\partial u^2}{\partial n}+\left(b_1^1\frac{\partial u_{\mathrm{b}}^1}{\partial n}-b_1^2\frac{\partial u_{\mathrm{b}}^2}{\partial n}\right)=(a_2^1-a_2^2)\frac{\partial v^1}{\partial \tau}+(b_2^1-b_2^2)\frac{\partial v_{\mathrm{b}}^2}{\partial \tau} \\ &a_3^1\frac{\partial v^1}{\partial n}-a_3^2\frac{\partial v^2}{\partial n}+\left(b_3^1\frac{\partial v_{\mathrm{b}}^1}{\partial n}-b_3^2\frac{\partial v_{\mathrm{b}}^2}{\partial n}\right)=-(a_2^1-a_2^2)\frac{\partial u^1}{\partial \tau}+(b_2^1-b_2^2)\frac{\partial u_{\mathrm{b}}^2}{\partial \tau} \end{aligned} \tag{6-21}$$

式中，Γ 表示电性分界面，n 表示分界面外法向方向矢量，τ 表示分界面切向方向矢量，上标 1 和 2 分别表示分界面两侧的电性介质。根据有限元理论，在由拉氏傅氏域电磁场走向分量构建的对偶方程和边界条件的基础上，可以引入泛函极值问题，进而求解得到拉氏傅氏域电磁场走向分量以及其他分量。

6.2　拉氏傅氏域电磁场有限元分析

传统变分法是从泛函极值问题转换为偏微分问题进行求解，而有限元方法与之刚好相反。根据变分原理，将偏微分方程转换为泛函极值问题，在求解区域内通过单元剖分的办法将泛函极值问题离散化，进而可得到一个高阶线性方程组。通过求解方程组，可得到给定边界条件下使泛函极小的近似解。有限元方法的优势在于：自然边界条件已经隐含得到满足；对于二阶偏微分方程，其对应的泛函极值问题只含有一阶导数，降低了求解难度；在进行复杂模型模拟时，灵活性和适用性高于其他数值方法；有限元求解中网格剖分要满足待求量的变化特性，在剖分合理的情况下求解精度很高[199, 200]。

6.2.1　有限元变分问题

已知与方程式(6－18)和式(6－19)相对应的泛函极值问题为：

$$J(u,\ v)\ =\iint\limits_{\Omega}\Big\{a_1\Big[\Big(\frac{\partial u}{\partial x}\Big)^2+\Big(\frac{\partial u}{\partial z}\Big)^2\Big]+a_3\Big[\Big(\frac{\partial v}{\partial x}\Big)^2+\Big(\frac{\partial v}{\partial z}\Big)^2\Big]+a_4u^2+$$

$$a_5v^2+2a_2\Big(\frac{\partial u}{\partial x}\frac{\partial v}{\partial z}-\frac{\partial u}{\partial z}\frac{\partial v}{\partial x}\Big)+2b_4u_{\mathrm{b}}u\ ++2b_1\Big(\frac{\partial u_{\mathrm{b}}}{\partial x}\frac{\partial u}{\partial x}-\frac{\partial u_{\mathrm{b}}}{\partial z}\frac{\partial u}{\partial z}\Big)+$$

$$2b_3\Big(\frac{\partial v_{\mathrm{b}}}{\partial x}\frac{\partial v}{\partial x}-\frac{\partial v_{\mathrm{b}}}{\partial z}\frac{\partial v}{\partial z}\Big)+2b_2\Big(\frac{\partial v_{\mathrm{b}}}{\partial z}\frac{\partial u}{\partial x}-\frac{\partial v_{\mathrm{b}}}{\partial x}\frac{\partial u}{\partial z}\Big)\Big\}+$$

$$2b_2\Big(\frac{\partial u_{\mathrm{b}}}{\partial x}\frac{\partial v}{\partial z}-\frac{\partial u_{\mathrm{b}}}{\partial z}\frac{\partial v}{\partial x}\Big)\Big\}\mathrm{d}\Omega+\frac{1}{2}\oint\limits_{\partial\Omega}(\eta^v v^2+\eta^u u^2)\,\mathrm{d}l\rightarrow\min \tag{6-22}$$

式中，u、v 为拉氏傅氏域电磁场走向分量，各系数与下标指代与前文所述相同；Ω 表示有限元求解区域，加偏微分符号表示区域外边界，其中 η^u、η^v 分别为

$$\begin{aligned}\eta^u&=-\Big[\frac{1}{u}\Big(a_1\frac{\partial u}{\partial n}-a_2\frac{\partial v}{\partial \tau}+b_1\frac{\partial u_{\mathrm{b}}}{\partial n}-b_2\frac{\partial v_{\mathrm{b}}}{\partial \tau}\Big)\Big]\\ \eta^v&=-\Big[\frac{1}{v}\Big(a_3\frac{\partial v}{\partial n}-a_2\frac{\partial u}{\partial \tau}+b_3\frac{\partial v_{\mathrm{b}}}{\partial n}-b_2\frac{\partial u_{\mathrm{b}}}{\partial \tau}\Big)\Big]\end{aligned} \tag{6-23}$$

n 和 τ 分别为边界 l 的外法线方向和切向方向，k 为电磁场的波数，k_y为 y 方向的 Fourier 波数。该泛函取得极小值的条件为

$$\delta J(u,\ v)=0 \tag{6-24}$$

式(6-22)与式(6-24)就构成了航空瞬变电磁法2.5D有限元正演模拟所遵循的变分问题[16]。

6.2.2 有限元实现流程

利用上述变分问题进行有限元求解的基本思想是：将求解区域剖分成若干个子区域，在每一个子区域内对拉氏傅氏域电磁场走向分量用线性、二次或其他类型拟合函数进行近似求解子区域内的泛函；遍历所有子区域的泛函并求和，根据泛函极值条件，得到满足剖分节点上函数所满足的线性方程组，之后对其求解，得到节点处的近似解。图6-3为实现航空瞬变电磁法2.5D有限元的具体流程。进行航空瞬变电磁法正演模拟的最终目标是得到特定装置下模型所对应的时间域响应，观测参数通常为垂直方向的感应电动势，因此还需根据有限元解计算垂直磁场分量，再利用逆傅氏变换和逆拉氏变换将其转回时间域，再根据磁场与电动势的关系计算出感应电动势。

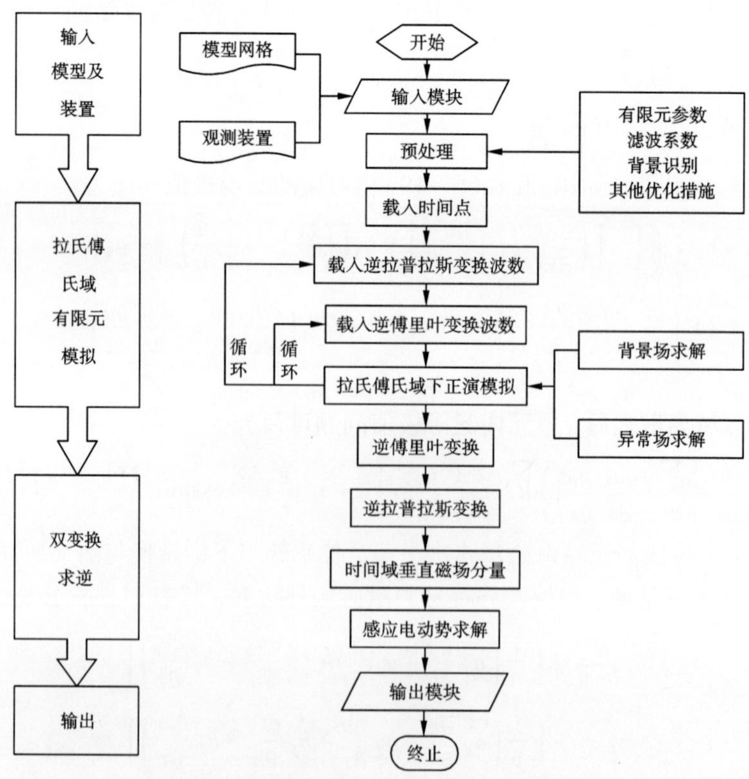

图6-3 航空瞬变电磁2.5D有限元模拟流程

从图6-3还可以看到，在拉氏傅氏域下的求解分为两部分。第一部分是对背景场进行求解，由于背景模型通常是均匀半空间等简单模型，因此可以利用解析表达式进行求解；如果表达式无法直接解出，可利用数值算法求解。第二部分是对异常场进行有限元求解，具体算法流程如图6-4所示。航空瞬变电磁法异常场有限元求解首先要进行网格剖分与单元分析，泛函极值问题可离散为

$$J = \sum_{i=1}^{n} J_i \tag{6-25}$$

即在每个单元上计算泛函极值问题。采用三角形网格，单元节点以逆时针编号为 i、j、k，则单元内任意坐标场值 u、v 可表示为：

$$\begin{pmatrix} u \\ v \end{pmatrix} = \begin{pmatrix} u_i & u_j & u_k \\ v_i & v_j & v_k \end{pmatrix} \begin{pmatrix} N_i \\ N_j \\ N_k \end{pmatrix} \tag{6-26}$$

式中的形函数为：

$$\begin{pmatrix} N_i \\ N_j \\ N_k \end{pmatrix} = \frac{1}{2\Delta} \begin{pmatrix} \alpha_i & \beta_i & \gamma_i \\ \alpha_j & \beta_j & \gamma_j \\ \alpha_k & \beta_k & \gamma_k \end{pmatrix} \begin{pmatrix} 1 \\ x \\ z \end{pmatrix} \tag{6-27}$$

其中系数：

$$\begin{aligned} &\alpha_i = x_j z_k - x_k z_j,\ \beta_i = z_j - z_k,\ \gamma_i = x_k - x_j; \\ &\alpha_j = x_k z_i - x_i z_k,\ \beta_j = z_k - z_i,\ \gamma_j = x_i - x_k; \\ &\alpha_k = x_i z_j - x_j z_i,\ \beta_k = z_i - z_j,\ \gamma_k = x_j - x_i. \end{aligned} \tag{6-28}$$

三角单元的面积 Δ 为：

$$\Delta = \frac{1}{2}(\beta_i \gamma_j - \beta_j \gamma_i) \tag{6-29}$$

求解区域离散之后，单元内泛函极值问题可写为：

$$\begin{aligned} J_i = {} & a_1 \boldsymbol{u}_e^{\mathrm{T}} \sum \boldsymbol{u}_e + a_3 \boldsymbol{v}_e^{\mathrm{T}} \sum \boldsymbol{v}_e + a_4 \boldsymbol{u}_e^{\mathrm{T}} \boldsymbol{\Lambda} \boldsymbol{u}_e + a_5 \boldsymbol{v}_e^{\mathrm{T}} \boldsymbol{\Lambda} \boldsymbol{v}_e + a_2 \boldsymbol{u}_e^{\mathrm{T}} \boldsymbol{\Pi} \boldsymbol{v}_e + a_2 \boldsymbol{v}_e^{\mathrm{T}} \boldsymbol{\Pi}^{\mathrm{T}} \boldsymbol{u}_e \\ & + 2\left(b_1 \boldsymbol{u}_e^{\mathrm{T}} \sum \boldsymbol{u}_{be} + b_3 \boldsymbol{v}_e^{\mathrm{T}} \sum \boldsymbol{v}_{be} + b_4 \boldsymbol{u}_e^{\mathrm{T}} \boldsymbol{\Lambda} \boldsymbol{u}_{be} + b_2 \boldsymbol{u}_e^{\mathrm{T}} \boldsymbol{\Pi} \boldsymbol{v}_{be} + b_2 \boldsymbol{v}_e^{\mathrm{T}} \boldsymbol{\Pi}^{\mathrm{T}} \boldsymbol{u}_{be} \right) \end{aligned} \tag{6-30}$$

式中：

$$\boldsymbol{\Lambda} = \frac{\Delta}{12} \begin{pmatrix} 2 & 1 & 1 \\ 1 & 2 & 1 \\ 1 & 1 & 2 \end{pmatrix},\ \boldsymbol{\Pi} = \frac{1}{2} \begin{pmatrix} 0 & 1 & -1 \\ -1 & 0 & 1 \\ 1 & -1 & 0 \end{pmatrix},\ \sum = \frac{1}{4\Delta}(\boldsymbol{\beta}\boldsymbol{\beta}^{\mathrm{T}} + \boldsymbol{\gamma}\boldsymbol{\gamma}^{\mathrm{T}}) \tag{6-31}$$

其中

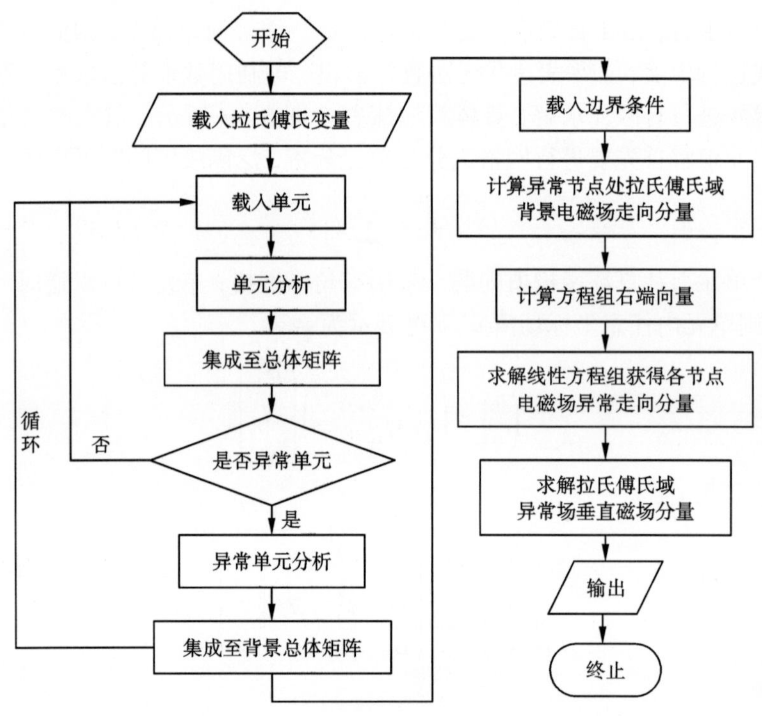

图 6－4　拉氏傅氏域异常场有限元求解流程

$$\boldsymbol{N}_x^{\mathrm{T}} = (N_{ix} \quad N_{jx} \quad N_{kx})$$
$$\boldsymbol{u}^{\mathrm{T}} = (u_i \quad u_j \quad u_k) \tag{6-32}$$
$$\boldsymbol{\beta}^{\mathrm{T}} = (\beta_i \quad \beta_j \quad \beta_k)$$

若令

$$\boldsymbol{w}_e^{\mathrm{T}} = (u_1 \quad v_1 \quad u_2 \quad v_2 \quad u_3 \quad v_3) \tag{6-33}$$

借助初等变换矩阵

$$\boldsymbol{h} = \begin{pmatrix} 1 & 0 & 0 & 0 & 0 & 0 \\ 0 & 0 & 1 & 0 & 0 & 0 \\ 0 & 0 & 0 & 0 & 1 & 0 \end{pmatrix}, \ \boldsymbol{g} = \begin{pmatrix} 0 & 1 & 0 & 0 & 0 & 0 \\ 0 & 0 & 0 & 1 & 0 & 0 \\ 0 & 0 & 0 & 0 & 0 & 1 \end{pmatrix} \tag{6-34}$$

可将式(6－30)改写为

$$\boldsymbol{J}_i = \boldsymbol{w}_e^{\mathrm{T}} \boldsymbol{k}_e \boldsymbol{w}_e + 2\boldsymbol{w}_e^{\mathrm{T}} \boldsymbol{k}_{\mathrm{be}} \boldsymbol{w}_{\mathrm{be}} \tag{6-35}$$

式中的矩阵为

$$\boldsymbol{k}_e = \boldsymbol{h}^{\mathrm{T}}(a_1\sum + a_4\boldsymbol{\Lambda})\boldsymbol{h} + \boldsymbol{g}^{\mathrm{T}}(a_3\sum + a_5\boldsymbol{\Lambda})g + \boldsymbol{h}^{\mathrm{T}}a_2\boldsymbol{\Pi}g + \boldsymbol{g}^{\mathrm{T}}a_2\boldsymbol{\Pi}^{\mathrm{T}}\boldsymbol{h}$$
$$\boldsymbol{k}_{be} = \boldsymbol{h}^{\mathrm{T}}(b_1\sum + b_4\boldsymbol{\Lambda})\boldsymbol{h} + \boldsymbol{g}^{\mathrm{T}}b_3\sum\boldsymbol{g} + b_2\boldsymbol{h}^{\mathrm{T}}\boldsymbol{\Pi}\cdot\boldsymbol{g} + b_2\boldsymbol{g}^{\mathrm{T}}\boldsymbol{\Pi}^{\mathrm{T}}\boldsymbol{h} \tag{6-36}$$

根据式(6－25)，再将单元上的泛函极值问题集成为

$$J = \sum_{i=1}^{n} J_i = \boldsymbol{W}^{\mathrm{T}}\boldsymbol{K}\boldsymbol{W} + 2\boldsymbol{W}^{\mathrm{T}}\boldsymbol{K}_{\mathrm{b}}\boldsymbol{W}_{\mathrm{b}} \tag{6-37}$$

式中，$\boldsymbol{W}$ 为走向分量 $\boldsymbol{u}$、$\boldsymbol{v}$ 交叉放置的总体向量，$\boldsymbol{K}$ 为总体集成矩阵，$\boldsymbol{K}_{\mathrm{b}}$ 为背景总体集成矩阵。对泛函取极值，可得线性方程组：

$$\boldsymbol{K}\boldsymbol{W} = -\boldsymbol{K}_{\mathrm{b}}\boldsymbol{W}_{\mathrm{b}} \tag{6-38}$$

这就是有限元求解的核心。求解得到总体向量后，利用公式

$$\widehat{\boldsymbol{H}}_z = -\left(a_1\frac{\partial \boldsymbol{u}}{\partial x} + a_2\frac{\partial \boldsymbol{v}}{\partial z}\right) \tag{6-39}$$

通过走向分量求解垂向分量。这里借助中心差分可求解式中的偏微分项，用距离反比加权平均的方法来进一步提高其精度。

综上所述，要实现有限元求解，首先应计算矩阵 $\boldsymbol{K}$ 与右端向量。右端向量的求解需要计算背景总体集成矩阵和拉氏傅氏域背景走向分量。求解出有限元解之后，利用逆拉氏傅氏变换可得到时间域的异常垂直磁场分量，若要得到总的二次场分量还需计算时间域的背景垂直磁场分量。下面将详细推导空中矩形源下背景电磁场表达式。

6.3　拉氏傅氏域背景电磁场求解

在航空瞬变电磁法有限元求解中，若将背景模型选为均匀大地，则需对均匀大地下拉氏傅氏域电磁场进行求解，若选为层状大地，则需对层状大地下每个电性层的拉氏傅氏域电磁场进行求解。对均匀大地情形下的求解，Ward 和 Hohmann 已经阐述了如何求解水平大回线源磁矢量势[203]，再利用磁矢量势来求解电磁场量[192, 195]。在此基础上，王华军给出了磁偶极子源和回线源的瞬变电磁场在拉氏傅氏域的解[16]。这里将线圈移至空气层中，将均匀大地扩展为层状大地，从波动方程出发，借助电磁场连续性边界条件，推导出空中发射线圈激励下的拉氏傅氏域解。如果将层状大地的电性设定为同一数值，则模型变为“伪均匀大地”，对于数值计算而言，该解与均匀大地解是等效的；如果取为层状大地，求解后再经逆拉氏傅氏变换，则可得到航空瞬变电磁法的一维时间域电磁场解。将层状大地作为背景模型更符合实际的需要，且在一定程度上削减了有限元右端向量求解的计算量[171]，但其求解较均匀大地复杂。求解层状大地拉氏傅氏域电磁场解的意义在于：经逆拉氏变换和逆傅氏变换后可得到时间域的航空电磁响应，

对其进行分析可得到航空电磁响应的基本特征，是进一步分析二维模型响应特征的基础。此外，在有限元求解中，可将二维模型构建为“伪层状大地”，得到近似的层状大地响应，可将这里的层状大地解作为参照进行对比，评价有限元求解的精度。

如图6－5所示，假设地面上方有一垂直磁偶极子，以其几何中心为原点建立直角坐标系，平行地面方向为x、y方向，竖直向下方向为z方向。从电磁场麦克斯韦方程出发，在拉氏域下有波动方程[41, 59]

$$\nabla^2 \boldsymbol{A} + k^2 \boldsymbol{A} = \frac{\widehat{\boldsymbol{J}}_{\mathrm{m}}}{\mu s} \quad (6-40)$$

式中，$\boldsymbol{A}$为磁矢量位z分量，且已知该位只有z分量，其他方向为零。考虑式(6－40)对应的齐次方程

$$\nabla^2 \boldsymbol{A} + k^2 \boldsymbol{A} = 0 \quad (6-41)$$

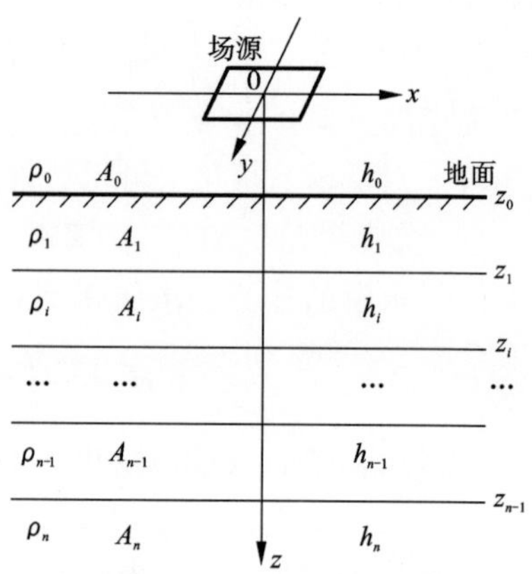

图6－5　拉氏傅氏域背景模型及装置示意图

对其作x、y两个方向的双傅氏变换：

$$\frac{\partial^2 \widehat{\widehat{\boldsymbol{A}}}}{\partial z^2} - u^2 \widehat{\widehat{\boldsymbol{A}}} = 0 \quad (6-42)$$

式(6－42)的通解为：

$$\widehat{\widehat{\boldsymbol{A}}} = c\mathrm{e}^{-uz} + d\mathrm{e}^{uz}。 \quad (6-43)$$

根据文献，全空间的拉氏域磁矢量位经两次傅氏变换后的解为：

$$\widehat{\widehat{\boldsymbol{A}}} = \frac{\sqrt{2\pi} R_{\mathrm{m}}}{\mu s} \frac{\mathrm{e}^{-u|z|}}{2u} \quad (6-44)$$

式中：

$$R_m = \mu_0 P_{\mathrm{m}} \left(\sqrt{\frac{1}{2\pi}} \right)^3 \quad (6-45)$$

接下来讨论在上述情形下磁矢量位在电性参数发生突变的两种介质边界上的连续性。已知在时间域的电场和磁场切向方向保持连续，即

$$\begin{aligned} E_x^0 &= E_x^1 \\ H_x^0 &= H_x^1 \end{aligned} \quad (6-46)$$

由此出发可推导出拉氏域分量经双傅氏变换后的磁矢量位$\widehat{\widehat{\boldsymbol{A}}}$的连续性关系

$$\begin{aligned}&\widehat{\widehat{\boldsymbol{A}}}_i=\widehat{\widehat{\boldsymbol{A}}}_{i+1}\big|_{z=z_i},\ i=0,1,\cdots,n-1\\&\frac{\widehat{\widehat{\partial}}_i}{\partial z}=\left.\frac{\partial\widehat{\widehat{\boldsymbol{A}}}_{i+1}}{\partial z}\right|_{z=z_i},\ i=0,1,\cdots,n-1\end{aligned}\tag{6-47}$$

根据电磁场衰减特性，无穷远处磁矢量位应为 0，那么可以解出空气层和最下一层介质对应的磁矢量位表达式中的两个指数项的系数为 0。令

$$R=\frac{P_{\mathrm{m}}}{4\pi su_0}\tag{6-48}$$

空气层的通解可以修改为

$$\widehat{\widehat{\boldsymbol{A}}}_0(z)=d_0\mathrm{e}^{u_0z}+R\mathrm{e}^{-u_0|z|},\ z\leqslant z_0\tag{6-49}$$

同样的，在下半空间的通解可以修改为以下 n 个表达式

$$\begin{aligned}&\widehat{\widehat{\boldsymbol{A}}}_i(z)=c_i\mathrm{e}^{-u_iz}+d_i\mathrm{e}^{u_iz},\ z_0\leqslant z\leqslant z_{n-1},\ i=1,\cdots,n-1\\&\widehat{\widehat{\boldsymbol{A}}}_n(z)=c_n\mathrm{e}^{-u_nz},\ z\geqslant z_{n-1}\end{aligned}\tag{6-50}$$

对式(6-49)在地面 $z=z_0$ 处求导，有

$$\left.\frac{\partial\widehat{\widehat{\boldsymbol{A}}}_0(z)}{\partial z}\right|_{z=z_0}=d_0u_0\mathrm{e}^{u_0z_0}-Ru_0\mathrm{e}^{-u_0z_0}\tag{6-51}$$

对下半空间在分界面处求导，根据式(6-50)有

$$\begin{aligned}&\left.\frac{\partial\widehat{\widehat{\boldsymbol{A}}}_i(z)}{\partial z}\right|_{z=z_{i-1}}=-c_iu_i\mathrm{e}^{-u_iz_{i-1}}+d_iu_i\mathrm{e}^{u_iz_{i-1}},\ (i=1,\cdots,n)\\&\left.\frac{\partial\widehat{\widehat{\boldsymbol{A}}}_n(z)}{\partial z}\right|_{z=z_{n-1}}=-c_nu_n\mathrm{e}^{-u_nz_{n-1}}\end{aligned},\tag{6-52}$$

将式(6-49)和式(6-52)代入边界条件式(6-47)中可构建一个线性方程组

$$\begin{cases}R\mathrm{e}^{-u_0z_0}+d_0\mathrm{e}^{u_0z_0}=c_1\mathrm{e}^{-u_1z_0}+d_1\mathrm{e}^{u_1z_0}\\-Ru_0\mathrm{e}^{-u_0z_0}+d_0u_0\mathrm{e}^{u_0z_0}=-c_1u_1\mathrm{e}^{-u_1z_0}+d_1u_1\mathrm{e}^{u_1z_0}\\c_{i-1}\mathrm{e}^{-u_{i-1}z_{i-1}}+d_{i-1}\mathrm{e}^{u_{i-1}z_{i-1}}=c_i\mathrm{e}^{-u_iz_{i-1}}+d_i\mathrm{e}^{u_iz_{i-1}}\\-c_{i-1}u_{i-1}\mathrm{e}^{-u_{i-1}z_{i-1}}+d_{i-1}u_{i-1}\mathrm{e}^{u_{i-1}z_{i-1}}=-c_iu_i\mathrm{e}^{-u_iz_{i-1}}+d_iu_i\mathrm{e}^{u_iz_{i-1}}\\c_{n-1}\mathrm{e}^{-u_{n-1}z_{n-1}}+d_{n-1}\mathrm{e}^{u_{n-1}z_{n-1}}=c_n\mathrm{e}^{-u_nz_{n-1}}\\-c_{n-1}u_{n-1}\mathrm{e}^{-u_{n-1}z_{n-1}}+d_{n-1}u_{n-1}\mathrm{e}^{u_{n-1}z_{n-1}}=-c_nu_n\mathrm{e}^{-u_nz_{n-1}}\end{cases},\ i=2,\cdots,n-1\tag{6-53}$$

该方程组整齐且有规律，有 $2n$ 个方程，$2n$ 个待定系数，因此可解。对其移项整理并两两相除可得：

$$\begin{cases}\dfrac{R\mathrm{e}^{-u_0z_0}+d_0\mathrm{e}^{u_0z_0}}{R\mathrm{e}^{-u_0z_0}-d_0\mathrm{e}^{u_0z_0}}=\dfrac{u_0}{u_1}\left(\dfrac{c_1\mathrm{e}^{-u_1z_0}+d_1\mathrm{e}^{u_1z_0}}{c_1\mathrm{e}^{-u_1z_0}-d_1\mathrm{e}^{u_1z_0}}\right)\\ \dfrac{c_{i-1}\mathrm{e}^{-u_{i-1}z_{i-1}}+d_{i-1}\mathrm{e}^{u_{i-1}z_{i-1}}}{c_{i-1}\mathrm{e}^{-u_{i-1}z_{i-1}}-d_{i-1}\mathrm{e}^{u_{i-1}z_{i-1}}}=\dfrac{u_{i-1}}{u_i}\left(\dfrac{c_i\mathrm{e}^{-u_iz_{i-1}}+d_i\mathrm{e}^{u_iz_{i-1}}}{c_i\mathrm{e}^{-u_iz_{i-1}}-d_i\mathrm{e}^{u_iz_{i-1}}}\right),\ i=2,\ \cdots,\ n-1\\ \dfrac{c_{n-1}\mathrm{e}^{-u_{n-1}z_{n-1}}+d_{n-1}\mathrm{e}^{u_{n-1}z_{n-1}}}{c_{n-1}\mathrm{e}^{-u_{n-1}z_{n-1}}-d_{n-1}\mathrm{e}^{u_{n-1}z_{n-1}}}=\dfrac{u_{n-1}}{u_n}\end{cases}$$

(6-54)

将方程组右端第 i 等式右面记为$\dfrac{u_{i-1}}{u_i}R_i$，那么

$$\begin{cases}\dfrac{R\mathrm{e}^{-u_0z_0}+d_0\mathrm{e}^{u_0z_0}}{R\mathrm{e}^{-u_0z_0}-d_0\mathrm{e}^{u_0z_0}}=\dfrac{u_0}{u_1}R_1\\ \dfrac{c_{i-1}\mathrm{e}^{-u_{i-1}z_{i-1}}+d_{i-1}\mathrm{e}^{u_{i-1}z_{i-1}}}{c_{i-1}\mathrm{e}^{-u_{i-1}z_{i-1}}-d_{i-1}\mathrm{e}^{u_{i-1}z_{i-1}}}=\dfrac{u_{i-1}}{u_i}R_i\quad,\ i=2,\ \cdots,\ n-1\\ \dfrac{c_{n-1}\mathrm{e}^{-u_{n-1}z_{n-1}}+d_{n-1}\mathrm{e}^{u_{n-1}z_{n-1}}}{c_{n-1}\mathrm{e}^{-u_{n-1}z_{n-1}}-d_{n-1}\mathrm{e}^{u_{n-1}z_{n-1}}}=\dfrac{u_{n-1}}{u_n}R_n\end{cases} \tag{6-55}$$

结合第 $i+1$ 个方程和 R_i 的定义式可得到下面的方程组

$$\begin{cases}\dfrac{c_i\mathrm{e}^{-u_iz_i}+d_i\mathrm{e}^{u_iz_i}}{c_i\mathrm{e}^{-u_iz_i}-d_i\mathrm{e}^{u_iz_i}}=\dfrac{u_i}{u_{i+1}}R_{i+1}\\ R_i=\dfrac{c_i\mathrm{e}^{-u_iz_{i-1}}+d_i\mathrm{e}^{u_iz_{i-1}}}{c_i\mathrm{e}^{-u_iz_{i-1}}-d_i\mathrm{e}^{u_iz_{i-1}}}\end{cases} \tag{6-56}$$

若将 c_i 和 d_i 消去，就可用 R_{i+1}来表示 R_i，得到两者的递推关系，根据式(6-56)化简得

$$\begin{cases}\dfrac{c_i}{d_i}\left(\dfrac{u_i}{u_{i+1}}R_{i+1}\mathrm{e}^{-2u_iz_i}-\mathrm{e}^{-2u_iz_i}\right)=\dfrac{u_i}{u_{i+1}}R_{i+1}+1\\ \dfrac{c_i}{d_i}(R_i\mathrm{e}^{-2u_iz_{i-1}}-\mathrm{e}^{-2u_iz_{i-1}})=R_i+1\end{cases} \tag{6-57}$$

令

$$h_i=z_i-z_{i-1},\ i=1,\ \cdots n-1 \tag{6-58}$$

则从方程组(6-57)可解出

$$R_i=\frac{\dfrac{u_i}{u_{i+1}}R_{i+1}(1+\mathrm{e}^{-2u_ih_i})+(1-\mathrm{e}^{-2u_ih_i})}{\dfrac{u_i}{u_{i+1}}R_{i+1}(1-\mathrm{e}^{-2u_ih_i})+(1+\mathrm{e}^{-2u_ih_i})} \tag{6-59}$$

根据双曲正切函数的定义，上式可改写为

$$R_i = \frac{u_i R_{i+1} + u_{i+1}\tanh(u_i h_i)}{u_{i+1} + u_i R_{i+1}\tanh(u_i h_i)} \tag{6-60}$$

此外，从式(6-55)可以看出

$$R_n = 1 \tag{6-61}$$

由此便得出了层状大地求解矢量势的递推公式。求解方程组(6-55)中第一个方程的待定系数有

$$d_0 = \frac{u_0 R_1 - u_1}{u_0 R_1 + u_1} R\mathrm{e}^{-2u_0 z_0} \tag{6-62}$$

那么空气层的磁矢量势就为

$$\widehat{\widehat{\boldsymbol{A}}}_0(z) = R\left(\frac{u_0 R_1 - u_1}{u_0 R_1 + u_1}\mathrm{e}^{-2u_0 z_0 + u_0 z} + \mathrm{e}^{-u_0 |z|}\right) \tag{6-63}$$

式(6-63)的第二项指数项含有绝对值，这说明拉氏傅氏域下经双傅氏变换后的磁矢量位在 $z=0$ 处连续，但其导数不连续。王华军和肖明顺给出了均匀大地上地表铺设磁偶极子时拉氏傅氏域的磁矢量势解，与之对比，若递推函数 R_1 为 1，则两式相等，这说明以上推导过程具有理论上的正确性。

现在考虑空中矩形发射线圈情形。Ward 和 Hohmann 给出了从磁偶极子求解矩形线框电磁场解[203]的思路，即用 dR 代替 R

$$\mathrm{d}R = \frac{I}{4\pi s u_0}\mathrm{d}x'\mathrm{d}y' \tag{6-64}$$

从傅氏变换平移定理出发，可计算由(x', y')处磁偶极子激发的、经双傅氏变换的磁矢量势为

$$\widehat{\widehat{\boldsymbol{A}}}(x', y') = \widehat{\widehat{\boldsymbol{A}}}(0, 0)\mathrm{e}^{-i(k_x x' + k_y y')} \tag{6-65}$$

矩形线圈产生的磁矢量势，可理解为对矩形面积内磁偶极子激发的磁矢量势的面积积分

$$\widehat{\widehat{\boldsymbol{A}}}^R = \int_{-a}^{a}\int_{-b}^{b}\widehat{\widehat{\boldsymbol{A}}}(x', y')\mathrm{d}y'\mathrm{d}x' \tag{6-66}$$

式中，a、b 分别为矩形线圈 x、y 方向边长的一半[16]。根据式(6-63)，矩形发射线圈空气层双傅氏变换后磁矢量势表达式为

$$\widehat{\widehat{\boldsymbol{A}}}_0^R = \frac{I}{4\pi s u_0}\left(\frac{u_0 R_1 - u_1}{u_0 R_1 + u_1}\mathrm{e}^{-2u_0 z_0 + u_0 z} + \mathrm{e}^{-u_0|z|}\right)\int_{-a}^{a}\int_{-b}^{b}\mathrm{e}^{-i(k_x x' + k_y y')}\mathrm{d}y'\mathrm{d}x' \tag{6-67}$$

式中，上标 R 代表矩形线圈下的磁矢量势。上式磁矢量势表达式与积分变量无关，因此放在了积分外面。求解这个积分

$$\int_{-b}^{b}\mathrm{e}^{-ik_y y'}\mathrm{d}y' = \frac{2}{k_y}\sin(k_y b) \tag{6-68}$$

那么

$$\widehat{\widehat{\boldsymbol{A}}}_0^R = \frac{I}{\pi s u_0}\left(\frac{u_0R_1 - u_1}{u_0R_1 + u_1}\mathrm{e}^{-2u_0z_0 + u_0z} + \mathrm{e}^{-u_0|z|}\right)\frac{\sin(k_xa)\sin(k_yb)}{k_xk_y} \tag{6-69}$$

对式(6-69)作 x 方向的反傅氏变换，即可得到拉氏傅氏域的磁矢量势：

$$\widehat{A}_0^R = \frac{1}{\sqrt{2\pi}}\int_{-\infty}^{\infty}\widehat{\widehat{A}}_0^R\mathrm{e}^{ik_xx}\mathrm{d}k_x \tag{6-70}$$

化简得

$$\widehat{\boldsymbol{A}}_0^R = \sqrt{\frac{2}{\pi}}\frac{I\sin(k_yb)}{\pi s k_y}\int_0^{\infty}\left(\frac{u_0R_1 - u_1}{u_0R_1 + u_1}\mathrm{e}^{-2u_0z_0+u_0z} + \mathrm{e}^{-u_0|z|}\right)\frac{\sin(k_xa)\cos(k_xx)}{u_0k_x}\mathrm{d}k_x \tag{6-71}$$

由此可看出，拉氏傅氏域下磁矢量势是 x 和 z 的二元函数。从该磁矢量势可以推出电磁场各分量的解，其中，磁场垂直分量可写为

$$\widehat{H}_z = k^2\widehat{\boldsymbol{A}} + \frac{\partial^2\widehat{\boldsymbol{A}}}{\partial z^2} \tag{6-72}$$

那么当 $z<0$ 时

$$\widehat{H}_z = \sqrt{\frac{2}{\pi}}\frac{I\sin(k_yb)}{\pi s k_y}\int_0^{\infty}\left(\frac{u_0R_1 - u_1}{u_0R_1 + u_1}\mathrm{e}^{-2u_0z_0+u_0z} + \mathrm{e}^{u_0z}\right)\frac{k_x^2 + k_y^2}{u_0k_x}\sin(k_xa)\cos(k_xx)\mathrm{d}k_x \tag{6-73}$$

如果 $0<z<z_0$ 时

$$\widehat{H}_z = \sqrt{\frac{2}{\pi}}\frac{I\sin(k_yb)}{\pi s k_y}\int_0^{\infty}\left(\frac{u_0R_1 - u_1}{u_0R_1 + u_1}\mathrm{e}^{-2u_0z_0+u_0z} + \mathrm{e}^{-u_0z}\right)\frac{k_x^2 + k_y^2}{u_0k_x}\sin(k_xa)\cos(k_xx)\mathrm{d}k_x \tag{6-74}$$

在矩形线圈中心处有 $x=0$，$z=0$，其表达式为

$$\widehat{H}_z = \sqrt{\frac{2}{\pi}}\frac{I\sin(k_yb)}{\pi s k_y}\int_0^{\infty}\left(\frac{u_0R_1 - u_1}{u_0R_1 + u_1}\mathrm{e}^{-2u_0z_0} + 1\right)\frac{k_x^2 + k_y^2}{u_0k_x}\sin(k_xa)\mathrm{d}k_x \tag{6-75}$$

对其进行逆拉氏傅氏变换，即可得到时间域的垂直磁场分量

$$h_z = L^{-1}\{F^{-1}[\widehat{H}_z]\} \tag{6-76}$$

至此，背景垂直磁场的求解方法已经给出，根据异常场的定义，只需在异常垂直磁场上叠加背景场即可解得二次场。在有限元的右端向量求解中，还需计算走向分量的拉氏傅氏域电磁场 $\widehat{E}_y$ 和 $\widehat{H}_y$。肖明顺[171]给出均匀半空间矩形线圈位于地下时拉氏傅氏域分量表达式，那么空中的走向分量形式与空中矩形发射线圈时地下的走向分量应是等效的。在均匀大地情况下，两者的表达式分别为

$$\widehat{E}_y = -\sqrt{\frac{2}{\pi}}\frac{2\mu I\sin(k_yb)}{\pi k_y}\int_0^{\infty}\frac{\mathrm{e}^{(u_1-u_0)z_0-u_1z}}{(u_0 + u_1)}\sin(k_xa)\sin(k_xx)\mathrm{d}k_x \tag{6-77}$$

$$\widehat{H}_y = \mathrm{i}\sqrt{\frac{2}{\pi}}\frac{2I\sin(k_yb)}{\pi s}\int_0^{\infty}\frac{u_1\mathrm{e}^{(u_1-u_0)z_0-u_1z}}{(u_0 + u_1)k_x}\sin(k_xa)\cos(k_xx)\mathrm{d}k_x \tag{6-78}$$

注意到有限元求解中，右端向量的矩阵系数 b_1、b_2、b_3、b_4 里都含有 σ_s，那么只需要计算异常体节点（$\sigma_s \neq 0$）处的背景分量。若将背景模型设为层状介质，则需要分别求解每个电性层中对应的 $\widehat{E}_y^i$ 和 $\widehat{H}_y^i$。事实上，将背景模型选取为层状大地更有实际意义，Cox 等人在频率域航空电磁的三维反演中，使用的正演内核即是基于层状大地背景。如肖明顺所指出，适当的使用层状大地作为背景模型可使异常节点大幅减少，有效地提高有限元右端向量的计算效率[14, 171]。

6.4　逆拉氏傅氏变换的实现

在计算出拉氏傅氏域的异常垂直磁场和背景垂直磁场后，需要借助逆拉氏变换和逆傅氏变换才能得到时间域下的响应。下面给出双变换的数值滤波算法，并将其应用至背景场和异常场的计算中，在典型模型示例中分析双变换求解精度。

6.4.1　数值滤波法求解逆拉氏傅氏变换

逆拉氏变换的数值实现有多种办法，Knight 和 Raiche 在 1982 年提出用 Gaver-Stehfest 变换（简称 GS 变换）来实现瞬变电磁法模拟的拉氏域到时间域的转换[119]。之后有许多学者针对该方法进行了较为详细的研究，昌彦君等[123]、陈向斌等[204]比较了几种常用的时频转换方法的优缺点，指出 GS 变换适用于复杂地电模型计算，是一种值得引起重视的算法；昌彦君等[122]基于拉氏变换的延迟定理得到 GS 变换的快速算法，提高了计算效率；罗延钟等[28]和李永兴等[137]将 GS 变换应用于磁偶极子源的航空瞬变电磁法一维正反演中，得到了符合精度标准的结果。熊彬[17]针对 2.5D 瞬变电磁模拟中 GS 算法的精度做了分析，指 GS 变换具有计算量小，纯实数运算等优点，但由于权系数本身的正负震荡性过于强烈，且随着其个数增大而急剧增大，系数个数的选取对求解精度影响很大，因此对权系数的个数要谨慎选择，一般认为 12 个系数对于瞬变电磁模拟计算的精度较高。

GS 变换的一般表达式为

$$f(t) = L^{-1}[F(s)] \approx \frac{\ln 2}{t}\sum_{m=1}^{N} F\left(\frac{\ln 2}{t}m\right)V_m \tag{6-79}$$

式中，t 为时间域自变量，s 为拉氏域变量，N 为系数个数，V_m 为 GS 变换系数

$$V_m = (-1)^{m+\frac{n}{2}} \sum_{i=\mathrm{INT}\left(\frac{m+1}{2}\right)}^{\min\left(m+\frac{n}{2}\right)} \frac{i^{\frac{n}{2}}(2i)!}{\left(\frac{n}{2}-i\right)!\,i!\,(i-1)!\,(m-i)!\,(2i-m)!} \tag{6-80}$$

式中，INT 为取整函数，min 为极小值函数[28]。

为了验证 GS 变换在航空瞬变电磁法有限元模拟里的适用性，首先应该对最

简单情况下的数值精度作评价。Nabighian 和 Kaufman 给出了均匀半空间下圆回线的频率域垂直磁场分量 H_z 的表达式

$$H_z(\omega) = -\frac{I}{k^2 a^3}[3-(3+3\mathrm{i}ka-k^2a^2)\mathrm{e}^{-\mathrm{i}ka}] \tag{6-81}$$

式中 ω 为频率，k 为波数，a 为圆形回线半径，I 为电流幅值[192, 195]。将频率替换为拉氏域变量，并利用已知公式

$$\begin{aligned} \alpha &= \sqrt{\mu\sigma}a \\ \mathrm{i}ka &= \alpha\sqrt{s} \\ k^2a^2 &= -\alpha^2 s \end{aligned} \tag{6-82}$$

可将式(6-81)转换至拉氏域

$$H_z(s) = \frac{I}{\alpha^2 sa}[3-(3+3\alpha\sqrt{s}+\alpha^2 s)\mathrm{e}^{-\alpha\sqrt{s}}] \tag{6-83}$$

式中

$$k^2 = \mathrm{i}\omega\sigma\mu = -s\sigma\mu \tag{6-84}$$

对应的时间域表达式为[195]

$$h_z = \frac{I}{2a}\left[\frac{3}{\sqrt{\pi}\theta a}\mathrm{e}^{-\theta^2a^2} + \left(1-\frac{3}{2\theta^2a^2}\right)\mathrm{erf}(\theta a)\right] \tag{6-85}$$

式中，erf 为误差函数，且系数

$$\theta = \sqrt{\frac{\mu\sigma}{4t}} \tag{6-86}$$

Nabighian 同时给出了阶跃响应下时频转换关系

$$f(t) = L^{-1}\left[\frac{F(s)}{s}\right] \tag{6-87}$$

利用 GS 变换以数值计算的形式可将式(6-87)实现，如图 6-6 所示，其中大地电阻率 $\rho = 100\ \Omega \cdot \mathrm{m}$，发射线圈半径 $a = 50$ m，电流强度 $I = 1$ A，GS 变换的权系数取 12 个。可以看到，在时间 $10^{-7} \sim 10^{-1}$s 内，时间域解和逆拉氏变换解非常吻合，尤其是在 $10^{-6} \sim 10^{-2}$s 内相对误差最大为 0.01%。而在 0.01 s 以后，逆拉氏变换解与解析解的拟合情况逐渐恶化，相对误差在总体上呈正负交替震荡急剧增大，而在局部时间范围内时大时小，且个别时间点上的计算结果为负值。

图 6-7 给出使用不同的 GS 变换权系数个数 n 时 h_z 数值解与解析解的相对误差分布，图中字母标记 $A \sim G$ 分别表示 $n = 10 \sim 22$ 时的相对误差数值，相对误差大于 1% 的部分时段已经截去(通常超出此阈值后会剧烈震荡)。可以看到，在图的右侧标记"A"出现发散的较多，而标记"G"在 $10^{-5} \sim 10^{-4}$s 内出现发散较多；n 较小时震荡幅度比 n 较大时要大一些，但相对误差控制在 1% 范围内的时段比较长。换言之，n 越大，发散时间越早，而收敛区的震荡越小，如 $n = 12$ 时震荡明

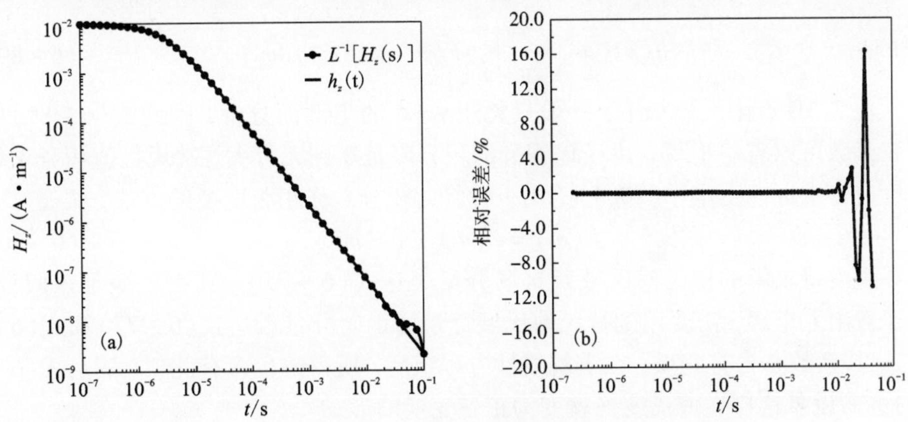

图 6-6　均匀半空间 h_z 与解析解衰减曲线(a)及相对误差(b)

显比 $n=10$ 时要小。该特征表明使用 $n=12$ 的 GS 变换比较合适，这一点与前人结论相符。虽然在有限元模拟中 GS 变换的函数内核发生改变，但均匀大地解对 GS 变换系数个数的选择依旧有重要的指导意义。

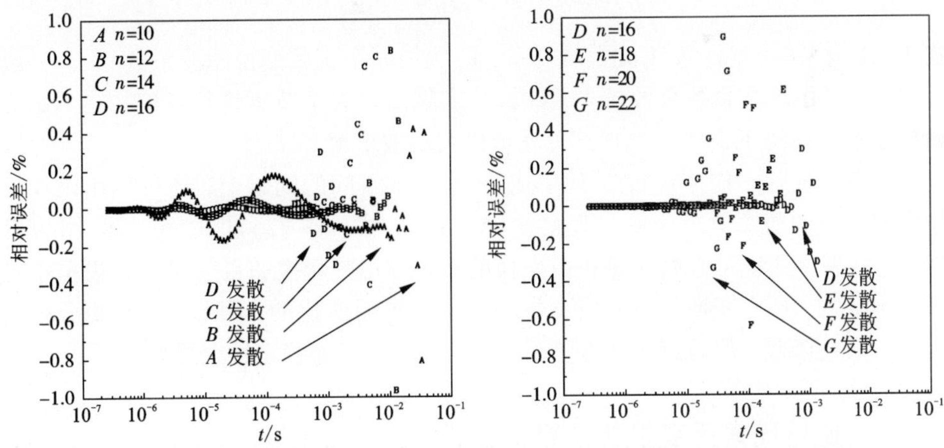

图 6-7　不同 GS 变换系数个数求解均匀半空间 H_z 与解析解相对误差分布

使用 GS 变换可以将拉氏傅氏域电磁分量转至傅氏域，因此还需作逆傅氏变换才能转至时间域，得到最终的解[16]。根据式(6-14)逆傅氏变换可以写为

$$f(y) = F^{-1}[F(m)] = \frac{1}{\sqrt{2\pi}}\int_{-\infty}^{+\infty} F(m)\mathrm{e}^{-\mathrm{i}my}\mathrm{d}m \tag{6-88}$$

式中，m 为波数域自变量，多元函数 f 的自变量只列出了与变换有关的 y。根据待

求解量的对称性，上式可改写为

$$f(y)=\sqrt{\frac{2}{\pi}}\int_{0}^{+\infty}F(m)\cos(my)\mathrm{d}m \tag{6-89}$$

在2.5D有限元模拟中，一般只关注 $y=0$ 的主剖面分量，因此式(6－89)中余弦函数可以省略不写。由于该积分的积分限是0到无穷大，常规数值积分求解精度有待求证。王华军(2004)给出一种将此积分看作正弦变换的方法，假设

$$F(m)=\widetilde{F}(m)\cdot\sin(mb) \tag{6-90}$$

观察待求解的拉氏傅氏域背景场分量表达式(6－75)，其系数满足该假设。对于有限元求解，需要用到拉氏傅氏域背景场走向分量表达式(6－77)和式(6－78)，其系数亦含有此项，在求解线性方程组后，所得解也含有此项，满足式(6－90)的假设。这样逆傅氏变换就变为正弦变换的形式

$$f(b)=\sqrt{\frac{2}{\pi}}\int_{0}^{+\infty}\widetilde{F}(m)\sin(mb)\mathrm{d}m=\sqrt{\frac{2}{\pi}}F_{\mathrm{sine}}[\widetilde{F}(m)] \tag{6-91}$$

式中，b 为方形线圈 y 方向半边长。求解该变换的方法很多，王华军(2004)基于汉克尔变换理论导出一种精度较高的250点数值滤波方法，并详细分析了该方法的计算精度，其表达式为

$$f(r)=\int_{0}^{\infty}F(m)\sin(mr)\mathrm{d}m=\sqrt{\frac{\pi}{2}}\frac{1}{r}\sum_{i=1}^{n}F\left(\frac{1}{r}\mathrm{e}^{(i-N)\Delta}\right)\cdot V_{n} \tag{6-92}$$

式中，Δ 为采样间隔，m 为波数域变量，V_n 为第 n 个正弦变换滤波系数[126]。一般情况下，使用滤波系数个数越多，计算精度越高。为了节省计算耗时，在不影响精度要求的前提下也可以选择部分系数进行滤波求解。

正弦变换除了应用在将2.5D问题转至三维空间的问题上，还可以用以求解拉氏傅氏域的相关电磁分量。观察式(6－75)，式(6－77)和式(6－78)可以发现，这些表达式也可以看作是正弦变换的形式。正弦变换的自变量 b 在模拟中是固定不变的，预先变换的自变量 x 是随待求位置而变化的，因此，虽然积分核内也含有余弦函数，但若以正弦变换形式来求解，其误差稳定性会更好。

6.4.2 逆拉氏傅氏变换算法精度分析

利用上述GS变换和正弦变换，可将拉氏傅氏域下的背景场和异常场转到时间域。由于这两个变换都采用数值滤波的方法，每次变换所产生的误差会产生叠加，使得误差变得更大。为了使误差降到最低，在变换内核的求解中要有尽可能高的精度[42]。因此，对于双变换算法，要逐层讨论求解精度，即首先保证拉氏傅氏域场量的精度，其次讨论经逆傅氏变换之后到拉氏域场量的精度，再讨论经逆拉氏变换之后得到的时间域场量的精度。

如果观测时间在$10^{-7}\sim10^{-1}$s内，那么使用GS变换的拉氏域变量的时间为$10^{-2}\sim10^{7}$s。图6-8中给出的示例说明在此范围内相对误差一般小于2%，最大也不超过10%，且误差比较稳定，仅在10^{7}s附近区域误差变化有所增大，这说明用正弦变换结果作为GS变换的函数内核是可行的。在此基础上，将拉氏域垂直磁场分量H_z转至时间域h_z，并与对应的圆回线解析解对比，如图6-9所示。

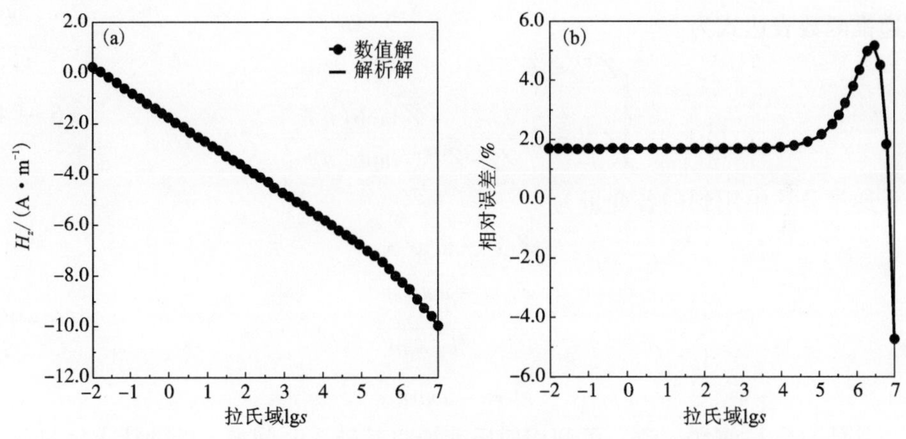

图6-8　拉氏域垂直磁场数值解与解析解对比(a)及相对误差(b)

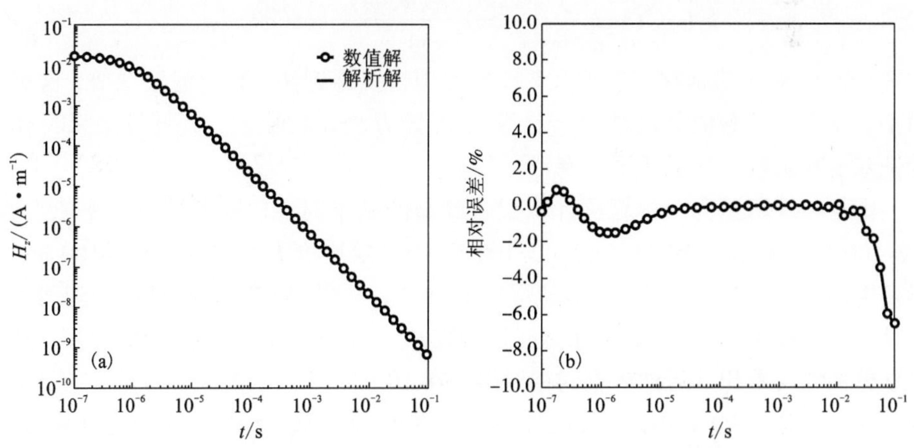

图6-9　时间域垂直磁场数值解与解析解对比(a)及相对误差(b)

从上图可以看到，将GS变换嵌套于正弦变换得到的数值解可靠性很高，与解析解比较其相对误差表现稳定，一般在2%以内，且最大不超过7%。

下面进一步讨论层状介质下解的精度。基于上述分析，这里直接给出时间域响应的精度分析。层状介质下求解时间域垂直磁场一般不能通过解析的方法得到，通常是利用数值算法求解频率域响应，并进行时频转换得到时间域的解。已知求解常规圆回线频率域响应的表达式为

$$H_z(a,\ \omega)\ =\ Ia\int_0^\infty \frac{Z^{(1)}m}{Z^{(1)}\ +Z_0}J_1(ma)\mathrm{d}m \tag{6-93}$$

式中积分为汉克尔变换形式，可利用快速汉克尔变换算法求解[69, 70]；带上标的递推函数表达式为

$$\begin{cases} Z^{(n)}=Z_n \\ Z^{(i)}=Z_i\dfrac{Z^{(i+1)}+Z_i\tanh(u_ih_i)}{Z_i+Z^{(i+1)}\tanh(u_ih_i)} \end{cases} \tag{6-94}$$

递推公式中用到的各变量为

$$\begin{aligned} Z_i &= -\mathrm{i}\omega\mu/u_i \\ Z_0 &= -\mathrm{i}\omega\mu/m \\ u_i &= \sqrt{k_i^2+m^2} \\ k_i^2 &= -\mathrm{i}\omega\mu\sigma_i \end{aligned} \tag{6-95}$$

其他参数与前文一致。可利用傅氏变换将其转入时间域，借助待求解量的对称性，可进一步转化为

$$h_z(a,\ t)\ =\ \frac{2}{\pi}\int_0^\infty \frac{Im[H_z(a,\ \omega)]}{\omega}\cos(\omega t)\mathrm{d}\omega \tag{6-96}$$

式中，Im 为求虚部函数。求解余弦变换可用折线逼近法、数值滤波法等，这里采用王华军介绍的数值滤波法进行计算[16]。该方法比较成熟，其计算结果可作为验证双变换求解方法的重要参考[205, 206]。

图 6 - 10 所示为两种算法计算层状模型的结果对比，模型层电阻率依次为：$\rho_1=100\ \Omega\cdot\mathrm{m}$、$\rho_2=10\ \Omega\cdot\mathrm{m}$、$\rho_3=100\ \Omega\cdot\mathrm{m}$；层厚度 $h_1=50$ m、$h_2=100$ m，方形发射线圈半边长 $a=25$ m，电流强度 $I=1$ A。从磁场衰减曲线可以看到两种算法计算的曲线重合在一起，中期有明显的凸起异常，表征了中间为低阻层；从相对误差曲线可看出，两种算法的相对误差在 $10^{-7}\sim10^{-2}$s，时间范围稳定在 3% 以内，最大处也在 9% 以内，误差分布形态与图 6 - 9 一致，精度完全满足计算要求。

下面分析对拉氏傅氏域异常场进行双变换的精度。异常场的求解是建立在 2D 复杂模型基础上的，没有解析解可供比较。为了求证求解算法的可行性，可构建伪层状模型与其他非有限元数值解进行对比。假设背景模型是均匀半空间，根据异常场的定义，可用解得的层状大地解减去均匀半空间解来得到异常场的解。对比该解与有限元解，即可对拉氏傅氏域异常场有限元求解精度作出评价。

对于异常场有限元算法的双变换求解，首先要保证拉氏傅氏域求解的正确

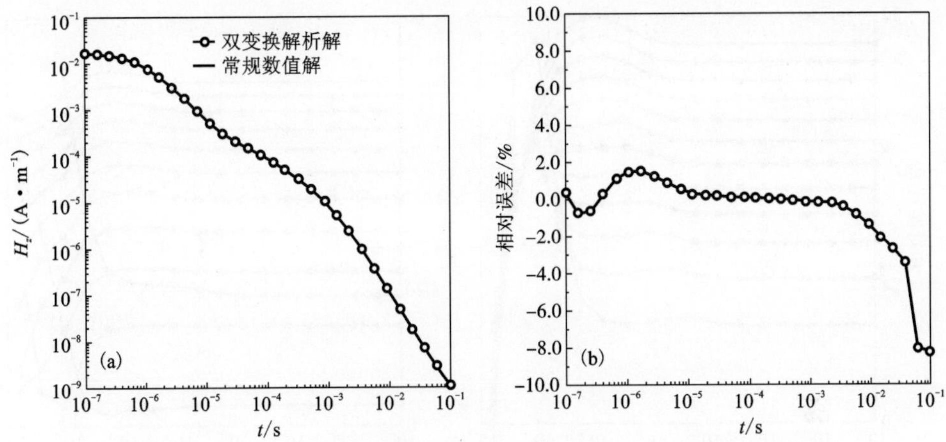

图 6－10　层状大地 H_z 数值解与解析解衰减曲线(a)以及相对误差(b)

性。根据式(6－75)，我们可以得到一维层状介质异常场的拉氏傅氏域数值解，这是对异常场有限元计算的正确性和精度进行分析的主要参考数据。假设层状介质参数为：层电阻率 $\rho_1 = 100\ \Omega\cdot\mathrm{m}$、$\rho_2 = 10\ \Omega\cdot\mathrm{m}$、$\rho_3 = 100\ \Omega\cdot\mathrm{m}$；层厚度 $h_1 = 50\ \mathrm{m}$、$h_2 = 100\ \mathrm{m}$，方形发射线圈半边长 $a = 25\ \mathrm{m}$，电流强度 $I = 1\ \mathrm{A}$，时间点 $t = 0.1\ \mathrm{ms}$。以此模型构建有限单元法网格，作为试验，分别设计规模为 20×20(个)的网格与 53×37(个)的网格。将拉氏傅氏域的垂直磁场分量求解出后，再分别与一维的拉氏傅氏域解进行对比，得到对应每个傅氏域波数 m 与拉氏域波数 s 上的相对误差，以 m 为自变量绘制坐标图，如图 6－11 所示。

从图 6－11 的相对误差曲线可以看到，经精细网格求解的拉氏傅氏域解相对误差控制在 12% 以内。固定 s 不变，则相对误差随着 m 的增大变化比较平缓，只是在 m 大于 0.001 之后开始有较大的变化；在 m 小于 0.001 的范围内，固定 m 不变，则相对误差随着 s 的增大而平稳增大；在 m 大于 0.001 时，相对误差变化较为复杂。当使用粗糙网格计算拉氏傅氏域解时，整体的相对误差明显大了许多，且误差分布特性呈现出波动部分不断扩大的趋势。这也说明：利用有限元求解拉氏傅氏域解的精度与网格设计关系很大。一般意义上，越精细的网格解的精度越高，同时也要兼顾场的分布特性。只有适当的选择网格结构，才能得到精度较高的解。

用有限元计算得到拉氏傅氏域场量之后，经双变换可得到时间域的场。如图 6－12 所示，取二维模型为“伪层状大地”，地电参数为：层电阻率：$\rho_1 = 100\ \Omega\cdot\mathrm{m}$、$\rho_2 = 10\ \Omega\cdot\mathrm{m}$、$\rho_3 = 100\ \Omega\cdot\mathrm{m}$；层厚度 $h_1 = 100\ \mathrm{m}$、$h_2 = 50\ \mathrm{m}$，方形发

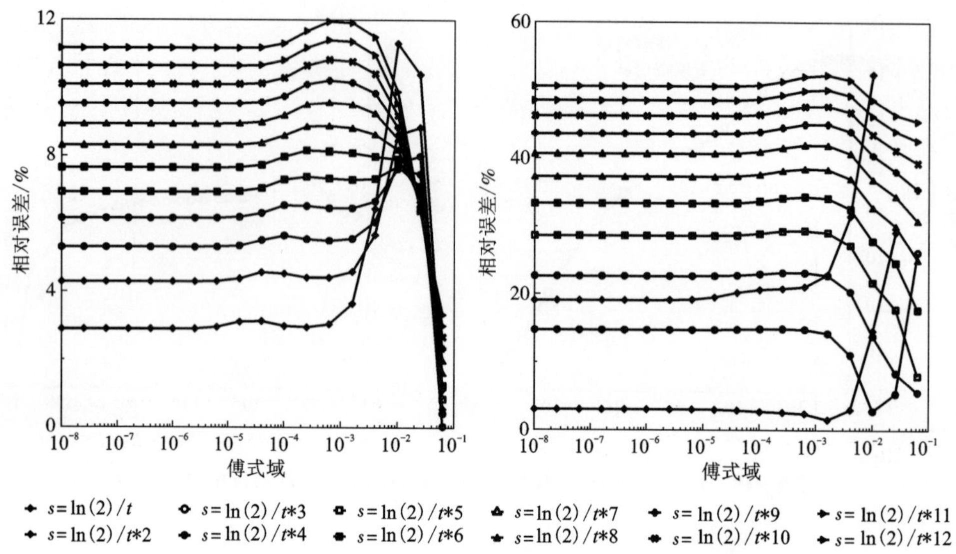

图 6-11 精细网格(左)及粗糙网格(右)有限元解与一维解相对误差

射线圈半边长 $a=25$ m，电流强度 $I=1$ A。取相同的模型利用一维数值方法计算得到参照结果与之进行对比，可知异常场形态与一维数值解拟合较好，基本满足

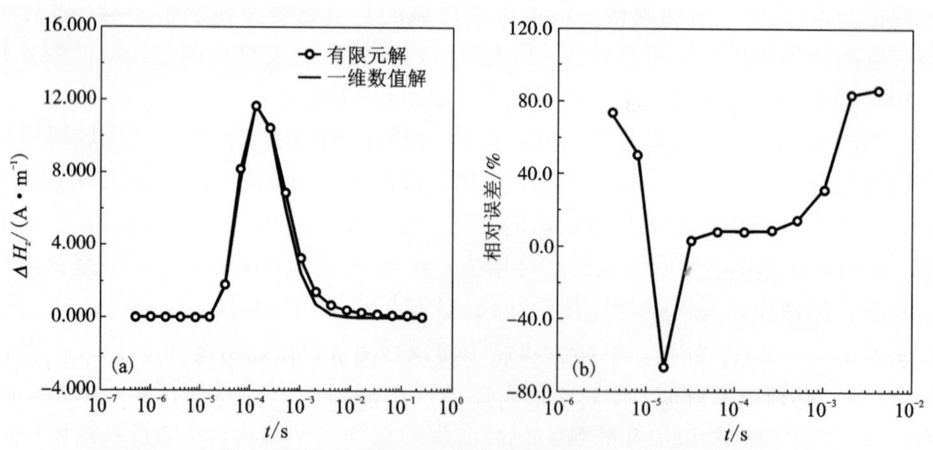

图 6-12 精细网格(a)及粗糙网格(b)有限元解与一维数值解相对误差

要求；对比异常场与一维数值解的相对误差，在 $10^{-4}\sim10^{-3}$ s 内误差一般小于 10%，但在小于 10^{-4} s 和大于 10^{-3} s 的时间段相对误差急剧上升，为方便观察，截去了大于 90% 的部分时间点上的相对误差曲线。分析异常场曲线可发现：在早期和晚期时间点上数值很小，基本在 10^{-7} 以下；而背景场在早期数值较大，晚期数

值较小。若将两者叠加在一起，则异常场在早期的偏差对最终结果影响不大，而晚期的偏差则会造成较大的影响。图 6－13 为在相同层状大地模型下，线圈激发的二次感应场有限元模拟结果以及与一维数值解的对比。可以看到，在早期时间点上，有限元解和一维数值解拟合很好，异常场的偏差几乎没有带来任何影响；在晚期，有限元解与一维数值解数值上不完全一致，相对误差也变得很大。尽管如此，从衰减曲线整体上来看，有限元解仍表现出较好的适用性，且一维数值解也不是完全绝对的参考标准。

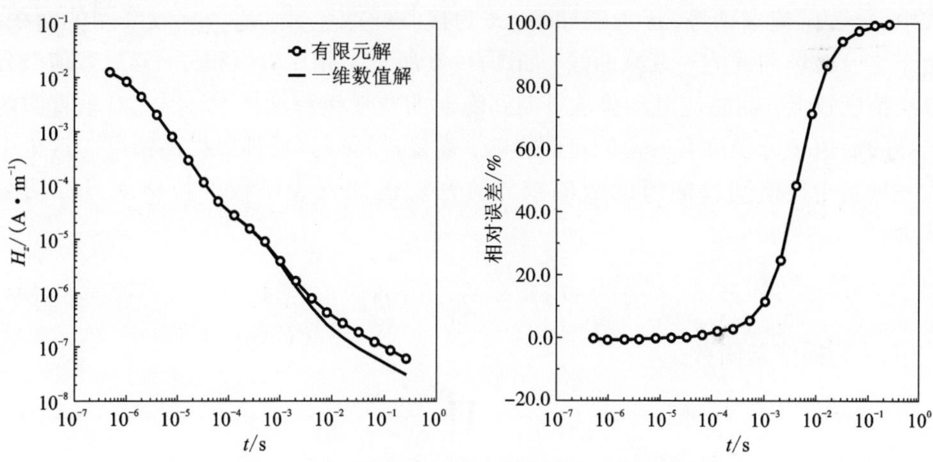

图 6－13　层状大地 H_z 有限元解与数值解对比

综上所述，通过数值方法求解拉氏傅氏域背景场，再利用数值滤波法进行双变换，将其转到时间域，所得结果比较理想，相对误差表现稳定，符合数值计算的要求；利用有限元方法求解异常场，在利用双变换将其转到时间域，所得结果精度低于背景场，这是由于异常场求解中嵌套了较多的数值计算过程，而每一步都会产生一定误差，这是一个误差叠加的过程。因此，在利用该算法进行正演计算的时候，必须追本溯源，深层次地对误差产生的地方进行探讨分析，逐层降低误差，才能保证最终求解精度符合要求。

6.5　感应电动势求解算法

时间域电磁法通常的观测参数为感应电动势。在上文中通过有限元方法经逆拉氏变换和逆傅氏变换得到时间域的垂直磁场响应，下面将讨论如何将该响应转变为感应电动势。

6.5.1 改进的数值求导算法

在经双变换解得时间域磁场异常之后，将背景场与异常场叠加可得二次感应磁场响应：

$$h_z(t) = h_{zb}(t) + h_{zs}(t) \tag{6-97}$$

在航空瞬变电磁法实际测量中，通常测量的是感应电动势，可通过磁场对时间的导数来进行求解：

$$\varepsilon(t) = -nR_x\mu \frac{\partial h(t)}{\partial t} \tag{6-98}$$

式中，ε 为感应电动势，μ 为磁导率，n 为接收线圈匝数，R_x 为接收线圈的面积。由于感应磁场曲线为一衰减曲线，如图6-6所示。相比数值积分，常规数值微分方法精度较低，而感应电动势从早期到晚期的数量级跨度极大，因此对垂直磁场求导的数值微分精度有一定的负面影响，需要进行一些处理以提高精度。这里引入一种基于拉格朗日插值的数值求导方法。已知列表函数的拉格朗日插值公式为：

$$y(x) = \sum_{i=1}^{n} l_i(x) y_i \tag{6-99}$$

式中，l 为插值基函数：

$$l_i(x) = \prod_{\substack{j=1 \\ j\neq 1}}^{n} \frac{x - x_j}{x_i - x_j} \tag{6-100}$$

对于 n 点的列表函数 y 而言，拉格朗日插值是 $n-1$ 次的多项式插值。对基函数求导，则得到对应节点的导数公式：

$$y'(x) = \sum_{i=1}^{n} \frac{\sum\limits_{\substack{j=1 \\ j\neq i}}^{n} \left[\prod\limits_{\substack{k=1 \\ k\neq 1 \\ k\neq j}}^{n} (x - x_k) \right]}{\prod\limits_{\substack{j=1 \\ j\neq i}}^{n} (x_i - x_j)} y_i \tag{6-101}$$

这里需要说明的是，该求导公式只对插值节点处的求导精度较高，因而适用于对于时间点单独求解的时间域电磁法。此外，求导形函数的分子为 $n-2$ 项，分母为 $n-1$ 项，如果插值步长太小，则误差会剧烈增大。对数区间求导，可采用对数变换：

$$\frac{\mathrm{d}y}{\mathrm{d}x} = \frac{y}{x} \frac{\mathrm{d}(\lg y)}{\mathrm{d}(\lg x)} \tag{6-102}$$

相应的单对数变换公式为

$$\frac{\mathrm{d}y}{\mathrm{d}x}=\frac{1}{x\ln 10}\frac{\mathrm{d}y}{\mathrm{d}(\lg x)} \tag{6-103}$$

在求导中，只需将自变量及对应函数转为对数，之后利用式(6－101)求导，再代入式(6－102)或式(6－103)进行相应的变换即可。由于该方法是建立在拉格朗日插值的基础上，为了避免高阶插值带来的龙格现象，一般采用 3 点或 5 点的求导公式即可得到符合精度要求的解。下面对均匀半空间下圆回线激发的瞬变电磁场进行模拟验证。Nabighian 给出了时间域垂直磁场表达式如式(6－85)所示，对应的求导表达式为

$$\frac{\partial h_z}{\partial t}=-\frac{I}{\mu_0\sigma a^3}\left[3\mathrm{erf}(\theta a)-\frac{2}{\sqrt{\pi}}\theta a(3+2\theta^2a^2)\mathrm{e}^{-\theta^2a^2}\right] \tag{6-104}$$

式中符号意义与前文相同[51]。

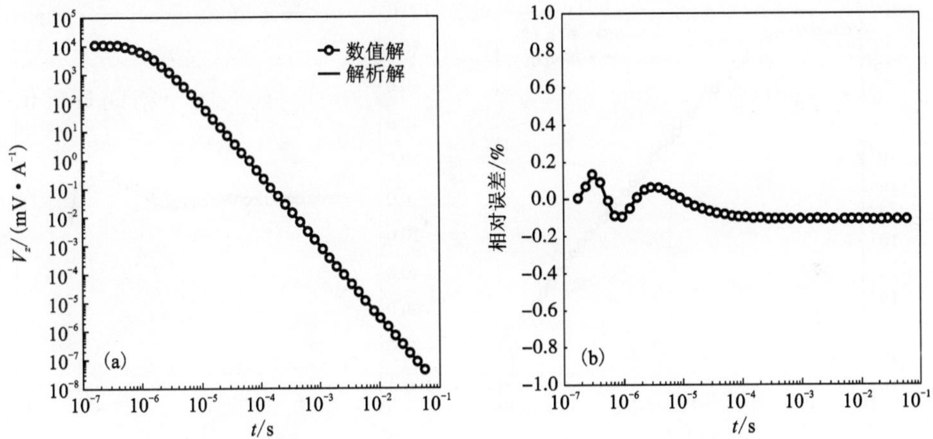

图 6－14　感应电动势数值解与解析解对比(a)及相对误差(b)

利用五点单对数求导算法从垂直磁场分量得到感应电动势如图 6－14 所示，其中横线表示相应的解析解，两者在求解时域范围内相对误差小于 0.4%。因此，基于拉格朗日插值的数值求导法是一种高精度的算法，非常适用于时间域电磁法衰减曲线的求导。

6.5.2　直接求解感应电动势

虽然利用上述方法求解感应电动势精度很高，但仍有一个瑕疵：必须解得 N 个时间点的磁场才能求 1 个时间点的感应电动势。如果 N 太大，造成的计算资源的浪费也较大，算法实现也有一定的间接性。罗延钟(2003)直接求解了拉氏域的感应电动势，再经逆拉氏变换即可直接求得感应电动势[28, 195]。其算法可以用公

式表述为

$$\varepsilon(t) = -nR_x\mu\frac{\partial h(t)}{\partial t} = -nR_x\mu L^{-1}[sH] \tag{6-105}$$

式中各参数与前文一致。图 6-15 中带圆圈标记的感应电动势衰减曲线为利用式(6-105)所计算的结果，不带标记的曲线为相应的解析解。可以看到，该求导方法在大部分时域内的求解相对误差不超过20%，因而具有良好的适用性。与前一种方法相比，相对误差整体较大，在早期与晚期的误差过大。数值实验的结果表明：发射线圈较大时，早期的求解不稳定，晚期的求解效果较好；反之，早期的求解稳定性好，误差也较小，而晚期的求解偏差较大。由此看出，该方法虽然有一定的局限性，但在研究时域内仍然可用，不失为一种值得探讨的求解感应电动势的简便方法。

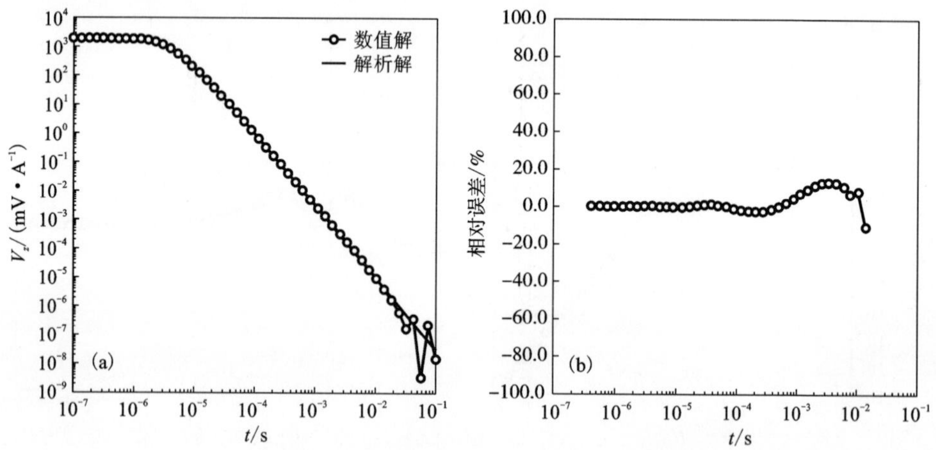

图 6-15　感应电动势逆拉氏变换解与解析解对比(a)及相对误差(b)

综上所述，本书介绍的两种求解感应电动势的方法各有优缺点：前一种方法精度高，但有计算资源浪费现象；后一种方法计算精度低，但可绕过电磁场量直接求取感应电动势。本书倾向于先求解磁场再求解感应电动势，一方面数据精度较高，另一方面可获得大量的电磁场信息，方便理论研究。

6.5.3　求解精度分析

用有限元模型构建伪层状大地模型，其地电参数为：层电阻率 $\rho_1 = 100\ \Omega\cdot\mathrm{m}$、$\rho_2 = 10\ \Omega\cdot\mathrm{m}$、$\rho_3 = 100\ \Omega\cdot\mathrm{m}$；层厚度 $h_1 = 100$ m、$h_2 = 50$ m，方形发射线圈半边长 $a = 25$ m，电流强度 $I = 1$ A。模拟结果如图 6-16(a)所示，在早期和中期感应电动势曲线重合在一起，而在晚期吻合情况差于早期和中期。这是因

为在磁场的有限元求解以及双变换中已经在晚期产生了一定的误差，因此求导结果也不可避免地出现了误差。分析其相对误差曲线，在 10^{-2}s 之后的时间点处，感应电动势的误差较大，在早期和中期的误差则低于 10%。总体而言，有限元求解感应电动势的误差满足了基本需求。

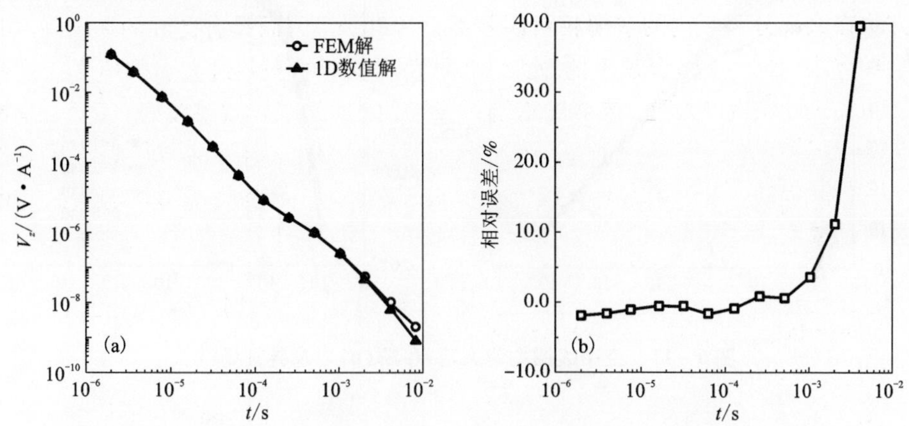

图 6-16　有限元法和一维数值法求解感应电动势(a)及相对误差(b)

6.6　一维 ATEM 响应基本特征

在验证常规时间域电磁法响应之后，下面在层状模型基础上，分别讨论以空中线圈激发的垂直磁场分量 h_z 与相应的感应电动势响应的异常特征，为二维复杂介质模拟提供基本参考。

6.6.1　垂直磁场响应特征

首先讨论最基本的地电模型——均匀大地的磁场响应特征。如图 6-17 所示，均匀半空间电阻率 $\rho = 100\ \Omega \cdot \mathrm{m}$，方形线圈在给定高度下的时间域垂直磁场分量，所取装置参数与上文相同，图中带有不同标记的曲线分别为高度 $h = 10$ m、20 m、30 m 和 80 m 时的响应衰减曲线。可以看到，随着海拔高程的抬高，早期的磁场响应幅值逐渐下降，这是由于高度的抬升拉大了测点与导电体的距离[74]；若从等效模型的角度考虑，空中至地面的介质是绝缘的，或者说是高阻，因此早期体现出下凹的高阻特征。随着高度的抬升，高阻厚度加大，因而下凹特征越发明显。

图 6-17(b)为发射线圈在不同高度与地面线圈激发的垂直磁场分量的偏差。若将线圈置于同一位置，根据等效模型概念，该量也可称之为异常场，该曲线与

异常场有限元求解结果是一致的。

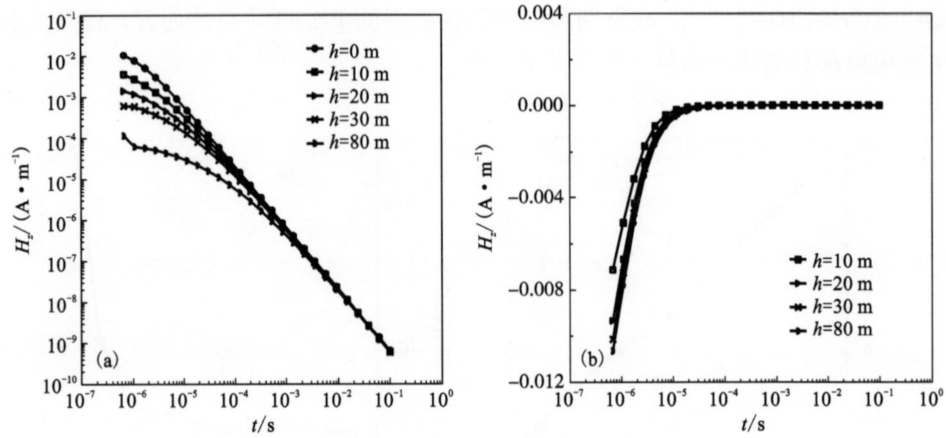

图 6-17　空中线圈均匀大地 H_z 解(a)以及异常场(b)

图 6-18 给出了在典型模型上的一维模拟结果，模型参数与图 6-10 一致，只是将线圈置于空中。结合图 6-17 和图 6-18 进行综合分析可得：随着线圈高度的增加，H_z 在早期和中期幅值呈下降趋势，衰减逐渐变慢，晚期则没有明显影响；当底层中存在低阻层时衰减曲线会有明显上凸异常；同理，若有高阻层则呈现下凹异常。

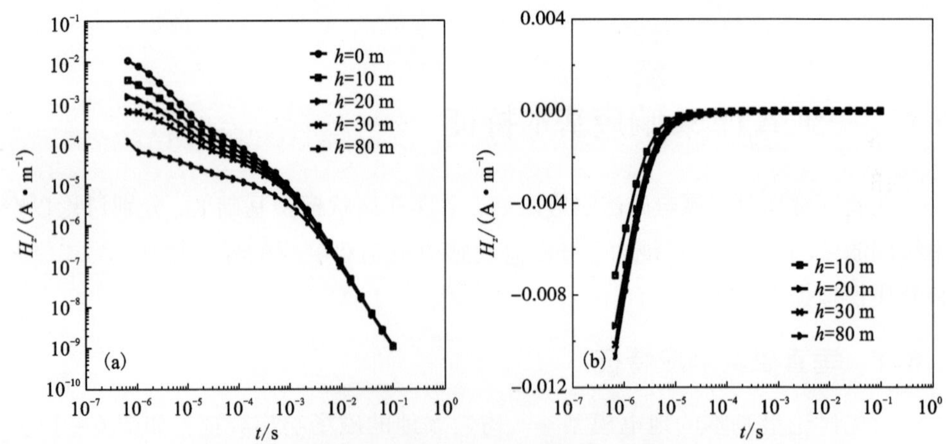

图 6-18　空中线圈层状大地 H_z 解(a)以及异常场(b)

6.6.2　感应电动势响应特征

根据上文所述方法，可以通过垂直磁场来求解感应电动势。图 6-19(a)为

均匀大地电阻率 $\rho = 100\ \Omega \cdot \mathrm{m}$ 时取与图6－17相同的发射线圈所得到的感应电动势衰减曲线。图中的衰减曲线与图6－17中磁场曲线非常类似，但表征的物理意义是不一样的。在早期的同一时间点上，感应电动势的衰减幅值随着高度的升高而降低，这说明磁场的衰减速率降低，印证了磁场衰减曲线在早期比较平缓的特点。在晚期，感应电动势不随着高度的升高而变化，而是基本一致，这意味着晚期的磁场衰减速率基本相同，这一点在磁场衰减曲线上也得到了体现。

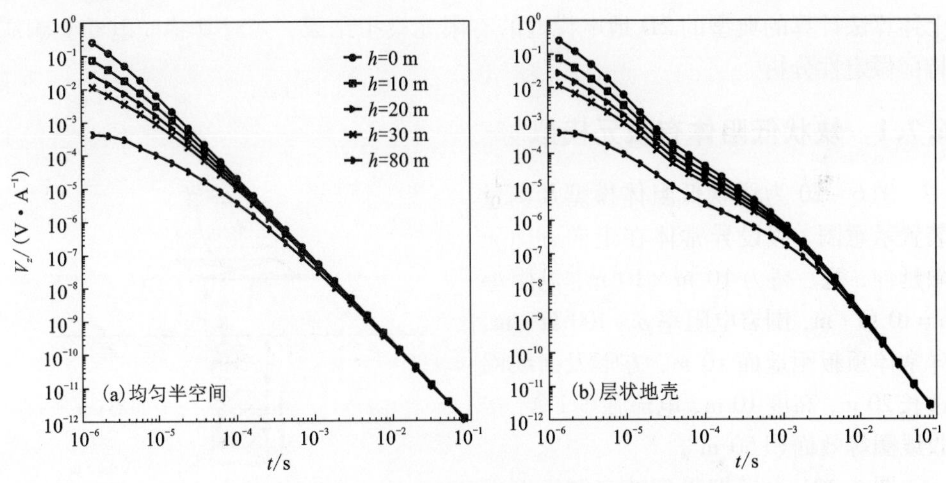

图6－19　线圈处于不同高度时的感应电动势

图6－19(b)为层状大地模型的感应电动势模拟结果，模型参数仍与图6－10保持一致。对于在高阻中间夹有低阻层的模型，在中期的感应电动势与磁场一样，呈现一个上拱异常，这说明磁场衰减速率有所减缓。对高度较高的线圈所激发的感应电动势，其上拱异常形态小于地面及低空异常。在晚期，层状介质的感应电动势与均匀大地情形差异不大。

综合磁场与感应电动势的衰减特性分析，可得到航空瞬变响应的基本特征：

(1)磁场与感应电动势都随延迟时间增大而衰减；当遇到低阻体时，磁场衰减速率与电动势衰减速率都降低。

(2)随着线圈高度的增大，磁场与感应电动势在早期下降明显，晚期则影响不大。且近地表高度对衰减曲线的影响比高空要大。

(3)随着线圈高度的增大，低阻体在衰减曲线上体现出来的上拱异常逐渐减弱。

此外，低阻层所体现出来的上拱异常所处的时间也是值得研究的问题。通过观察图6－16与图6－19两种低阻层处于不同埋深的瞬变响应可发现，上拱异常与低阻层的埋深以及其他一些重要地电信息有关。因此，对航空瞬变电磁法的响应特征还有待更为深入的研究。

6.7 2.5D ATEM 有限元模拟响应特征

航空瞬变电磁法 2.5D 异常场有限元正演计算的原理、算法选取及精度验证、实现流程等问题已经在上一章中经过了详细分析和论证。下面将展示一系列使用上述算法计算的典型的 2D 地电模型的有限元模拟结果，并对其感应电动势响应特征做定性分析。

6.7.1 块状低阻体有限元模拟

图 6-20 为块状低阻体模型及测量装置示意图，假设异常体在走向方向无限延伸，宽、高为 10 m×10 m，电阻率 $\rho=10\ \Omega\cdot\text{m}$，围岩电阻率 $\rho=100\ \Omega\cdot\text{m}$，异常体顶板距地面 10 m，方形发射线圈边长 20 m，高度 10 m，电流强度 1 A，接收线圈等效面积 50 m^2。

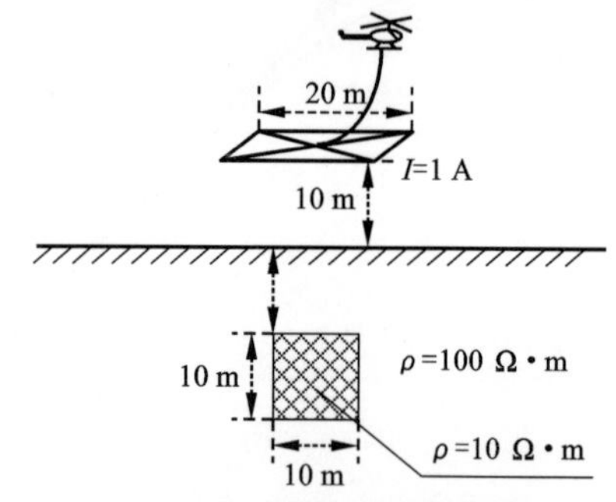

图 6-20 模型及装置示意图

图 6-21 为模拟得到的多测道剖面图。从图中可以看到，最明显的异常表现在晚期道坐标 0 点及其附近的上凸部分，即低阻体所在位置。随着延迟时间的增大，感应电动势在每个测点上的幅值呈对数逐渐衰减，这与一维均匀大地上的理论响应相符合。在异常体的正上方，线圈中心接收到的感应电动势受到低阻影响，衰减较之于其他测点有所延缓，这一点与牛之琏等的物理模拟结果一致[75, 76, 77]。异常体的影响对早期时间道的数据影响远不如对晚期的影响强烈。为了进一步分析块状异常体的异常表现特征，将同样的装置放置于地面，观察其响应特征，如图 6-22 所示。

可以看到，将线圈置于地面时，早期时间道上瞬变响应形态与线圈置于空中时的形态保持一致，但幅值整体向上平移了一个数量级，随着延迟时间的增大，上移幅度逐渐变小，早期时间道也有一些小规模的上凸异常反映，且部分时间道的上凸顶端微有下凹，呈现出微弱的双峰异常；晚期时间道上异常体所在位置的上凸异常更为明显。此外还注意到：上凸异常的横向规模是一致的。虽然两者在发射线圈的垂向距离上只相距 10 m，但异常表征已经有明显差别。因此对空中线圈与地面线圈的响应特征进行分析是很有必要的。

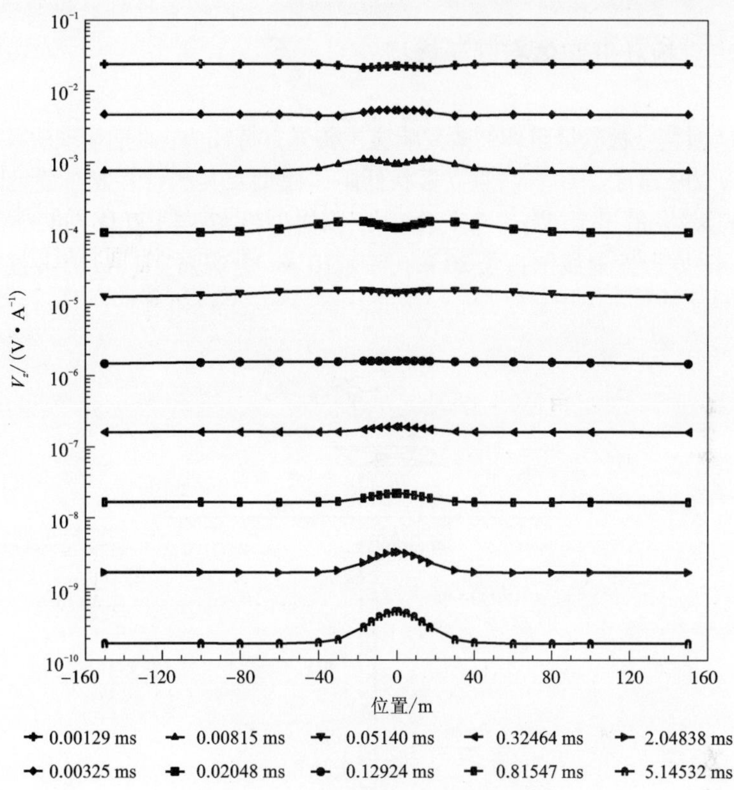

图6-21 有限元模拟多测道剖面图

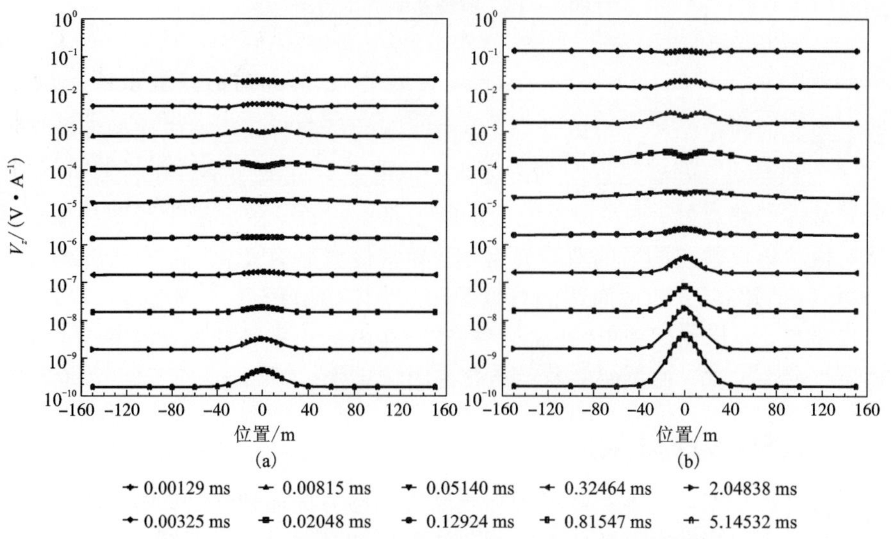

图6-22 空中线圈(a)与地面线圈(b)响应多测道剖面图

6.7.2 直立板状低阻体有限元模拟

一般认为直立板状低阻体的瞬变响应主要异常特征为：早期呈现块状体上凸异常；晚期为双峰异常[41, 43, 77]。直立板状低阻体模型及其测量装置布置见图 6－23，规模为 4 m×40 m，电阻率 ρ＝0. 1 Ω·m，围岩电阻率 ρ＝100 Ω·m，异常体顶板距地面 6 m，方形发射线圈边长 20 m，高度 10 m，电流强度 1 A，接收线圈等效面积 50 m^2。

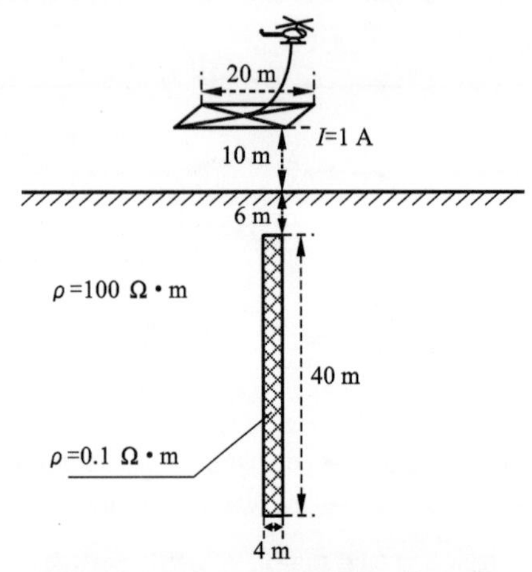

图 6－23 模型及装置示意图

图 6－24 中，(a)图为空中线圈位于高度 10 m 处的模拟结果，(b)图为将线圈置于地面的模拟结果。可以看到：空中线圈的早期时间道响应比地面装置的幅值小一个数量级，随着延迟时间的增大，幅值差异逐渐缩小。在晚期时间道上，远离异常体的测点处，两种测量响应的幅值基本保持一致。空中线圈和地面线圈均能对板状体反映出明显的双峰异常，且异常位置略有变化，空中线圈的异常靠上(整体幅值较高)，而地面线圈异常靠下(整体幅值较低)。板状体双峰异常的下凹规律为：在早期体现出“块状体异常”，在中期出现板状体双峰异常，在晚期双峰异常有所减弱，但仍能突显出块状低阻体异常。

6.7.3 2.5D ATEM 响应特征

通过分析上述两种典型模型的航空瞬变响应及地面瞬变响应曲线，可以发现异常特性是极具规律性的。本节在同一地电模型的基础上，分析发射线圈的高度变化对瞬变响应的影响及敏感程度。

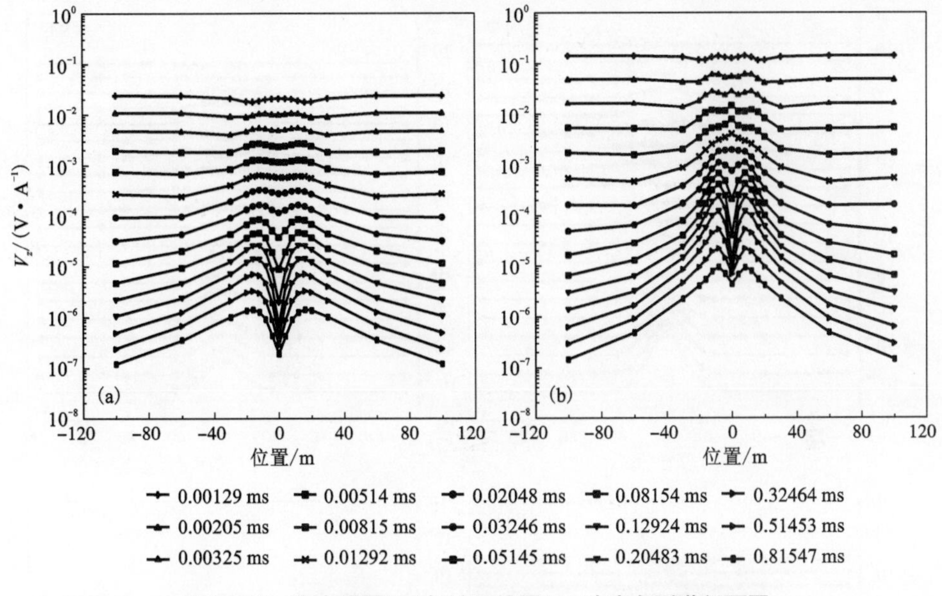

图 6-24 空中线圈(a)与地面线圈(b)响应多测道剖面图

6.7.3.1 线圈高度对响应的影响

为便于比较分析，模型参数与图 6-20 所示低阻体模型相同，只改变发射线圈高度，分别置于地面($h=0$ m)和空中($h=6$ m、10 m、30 m)位置，计算其瞬变响应，如图 6-25 所示。可以看到，瞬时响应在不同线圈高度下的规律非常明显：随着高度的增高，早期时间道的幅值呈下降趋势，晚期时间道的幅值则下降不明显；晚期的上凸异常慢慢减弱，当高度为 30 m 时上凸异常已经变得很微弱。为了便于比较，在发射线圈高度为 2 m、4 m、6 m、8 m 和 10 m 位置上，时间点为 0.00815 ms、0.08154 ms、0.81547 和 8.15478 ms 的测道响应绘制在一起如图 6-26 所示。

观察图 6-26 的晚期时间道可以发现，随着高度的增大，上凸异常的削弱速率是递减的，即从地面抬高至 10 m 所削减的幅度要大于从 10 m 抬升至 30 m 时削减的幅度。这表明：近地表的异常变化较大，而高空中异常变化较小，但异常也会大幅削弱。若要在高空中得到足够的异常，地下异常体的规模要比较大，否则无法达到探测效果。近地表虽然对异常探测更为敏感，但高度的影响也不可忽视。综合考虑这两点因素，那么航空瞬变电磁法在足够高的高度下对大规模的地电异常进行探测更为合适。

6.7.3.2 异常体横向延伸规模对响应的影响

从图 6-22 可以看到，同样规模的异常体的航空瞬变响应和地面瞬变响应在

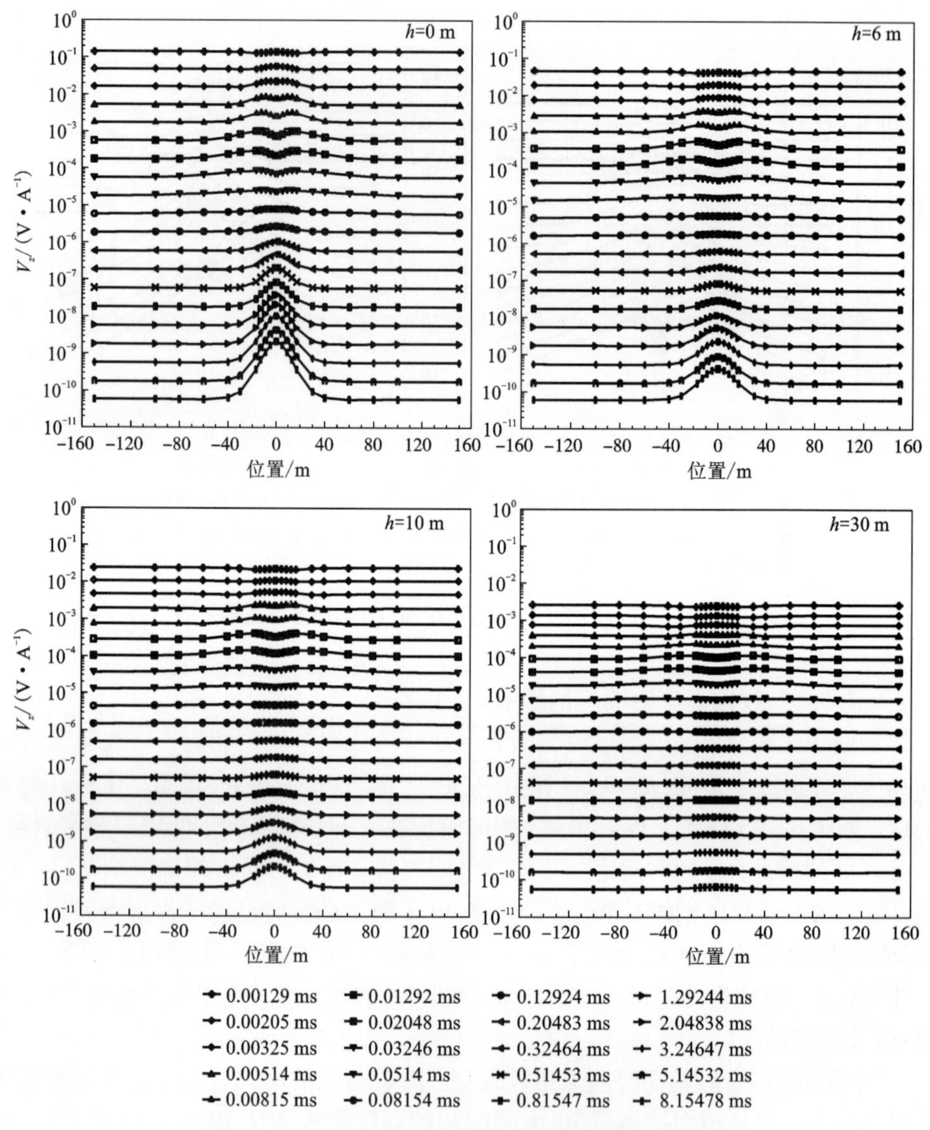

图 6-25 发射线圈在不同高度上的多时间道剖面图

横向延伸上的表现能力是大致相当的。瞬变响应对异常体横向规模的敏感度可作定性分析如下。在图 6-20 给出的模型基础上改变异常体的横向延伸，分别为 4 m、10 m、20 m、30 m 和 70 m，所得航空瞬变异常如图 6-27 所示，并分别将时间为 0.00815 ms、0.08154 ms、0.81547 和 8.15478 ms 的测道集成在一起，如图 6-28所示，其中，图 6-28(a)为航空瞬变异常，图 6-28(b)为地面瞬变异常。

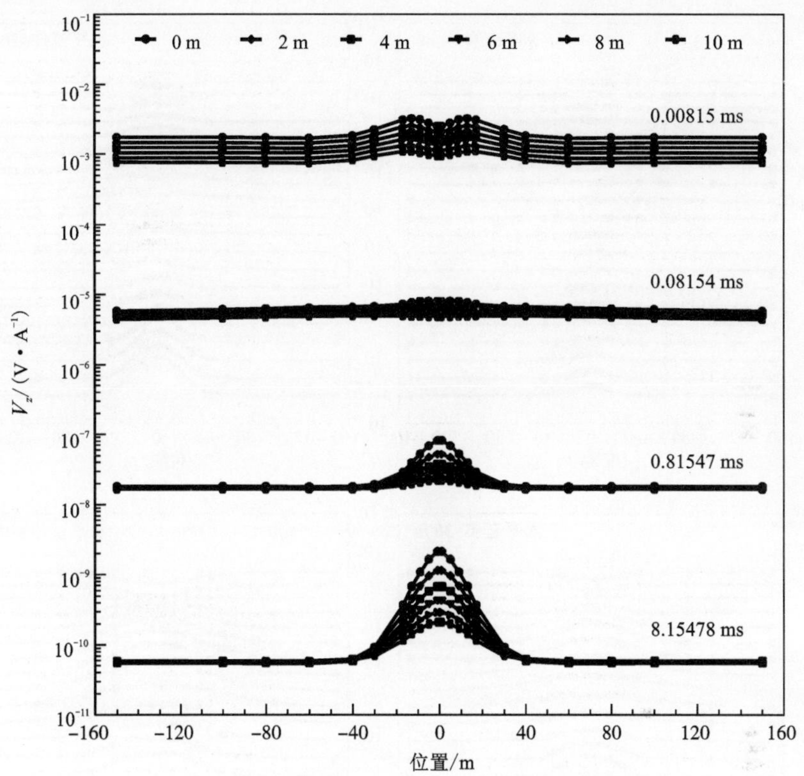

图 6－26　发射线圈在不同高度上瞬变响应

图 6－27 所示的横向延伸不同的异常体瞬变响应均在晚期产生了上凸异常。当异常体横向延伸为 4 m 时，上凸异常的横向规模和幅值都比较小[图 6－27(a)]；加大异常体横向延伸到 20 m，可看到上凸异常的横向规模相应变宽，大约为异常体规模的 3～4 倍[图 6－27(b)]。随着横向延伸继续增大，上凸异常的横向规模也不断增大，表征了异常体的横向大小；上凸异常在幅值上增速变缓，图 6－27(c)(d)的幅值差异比上两幅图要小。图 6－28 对空中线圈 $h=10$ m 的异常和地面异常进行了对比，可以看到，地面异常在不同的时间道上都大于航空异常，对于规模较小的异常体，地面装置依旧显示出较好的探测能力。对于具有一定规模的异常体，航空异常虽然比地面异常要小，但敏感程度并不亚于地面。对于异常体横向延伸的反映，晚期时间道响应含有更为丰富的信息。

6.7.4　复杂模型有限元模拟

图 6－29 为倾斜板状低阻体模型及其测量装置示意图，异常体电阻率 $\rho=$

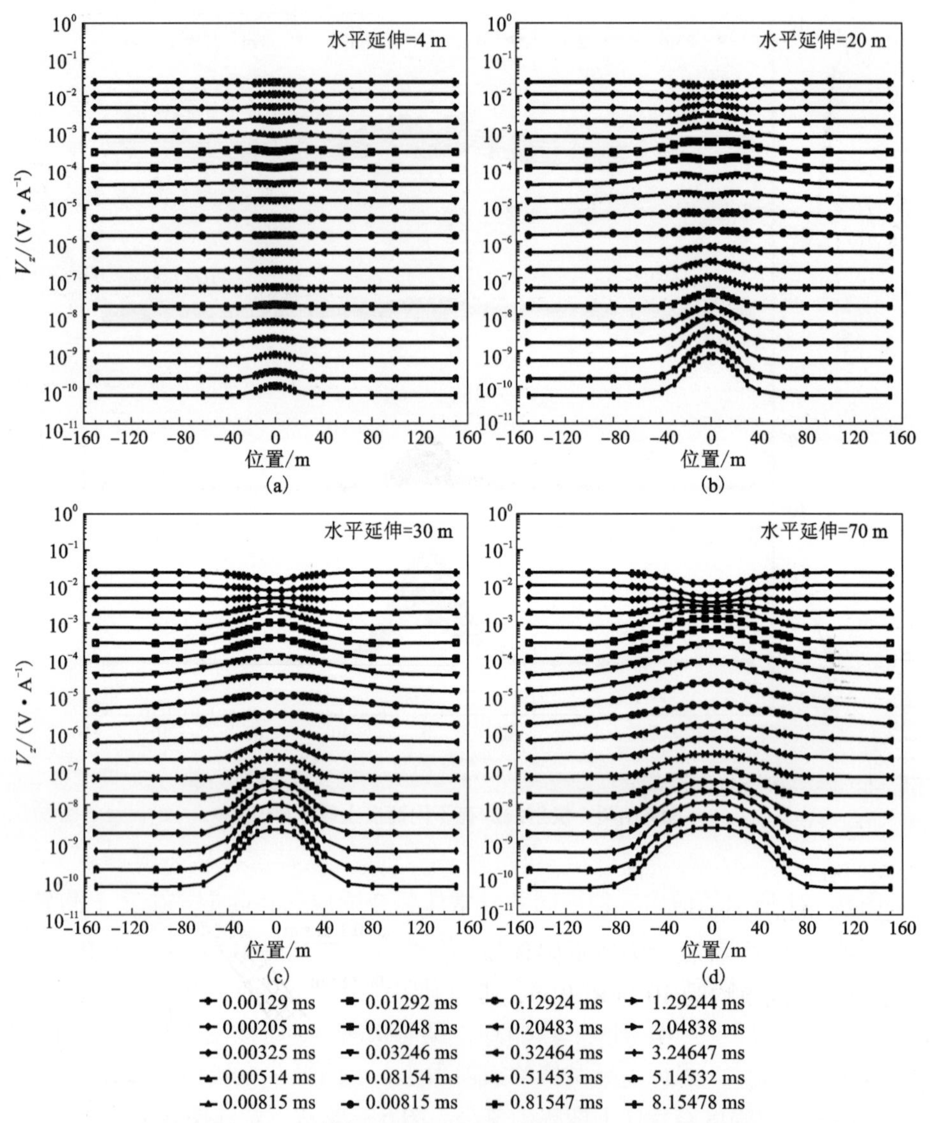

图 6-27　不同横向规模的异常体引起的航空瞬变响应对比

0.1 Ω·m，围岩电阻率 $\rho=100$ Ω·m，上顶板距地面 6 m，垂直方向延伸 27 m，水平方向偏移 18 m，矩形发射线圈的边长 20 m，高度 10 m，电流强度 1 A，接收线圈等效面积 50 m^2。

从图 6-30 可以看到，两种装置对倾斜板状低阻体的反映非常敏感。在空中发射线圈激励下，早期时间道和中期时间道在整体上将异常体的右倾的走向反映

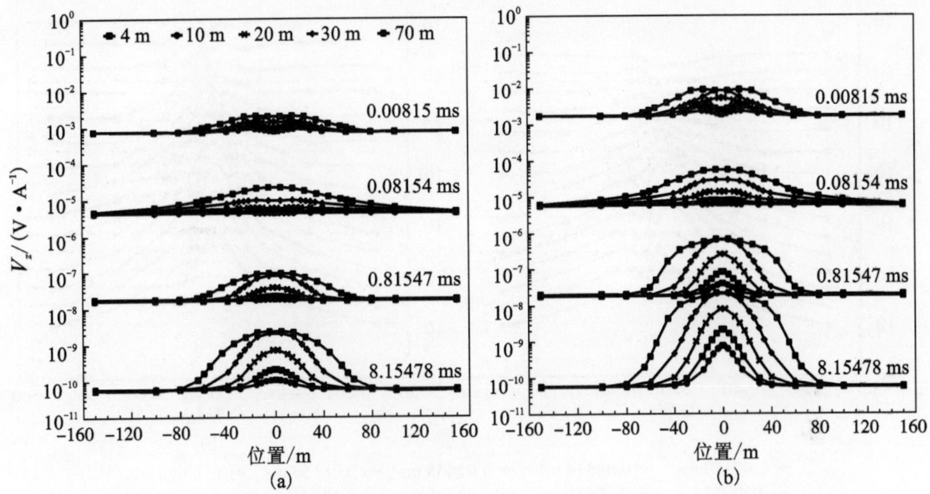

图 6 – 28　不同横向规模的异常体引起的航空(a)与地面(b)瞬变响应对比

了出来，晚期时间道则反映出左侧高于右侧的双峰异常。在地面发射线圈激励下，早期时间道和中期时间道在整体上体现出来的右倾异常更为明显，晚期时间道的双峰异常落差也更大。与之前的模拟结果相同，空中线圈响应在早期时间道的幅值仍然比地面线圈的响应要低。

图 6 – 31 中所展示为双低阻体模型，异常体规模均为 10 m × 10 m，其电阻率均为 $\rho = 10\ \Omega \cdot m$，围岩电阻率 $\rho = 100\ \Omega \cdot m$，上顶板距地面 10 m，两低阻体相距 300 m，方形发射线圈边长 20 m，电流强度 1 A，飞行高度 10 m，接收线圈等效面积 50 m^2。

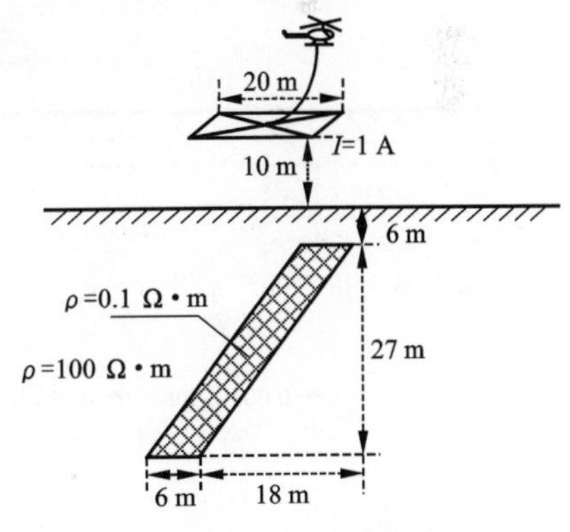

图 6 – 29　倾斜板状低阻体模型及观测装置示意图

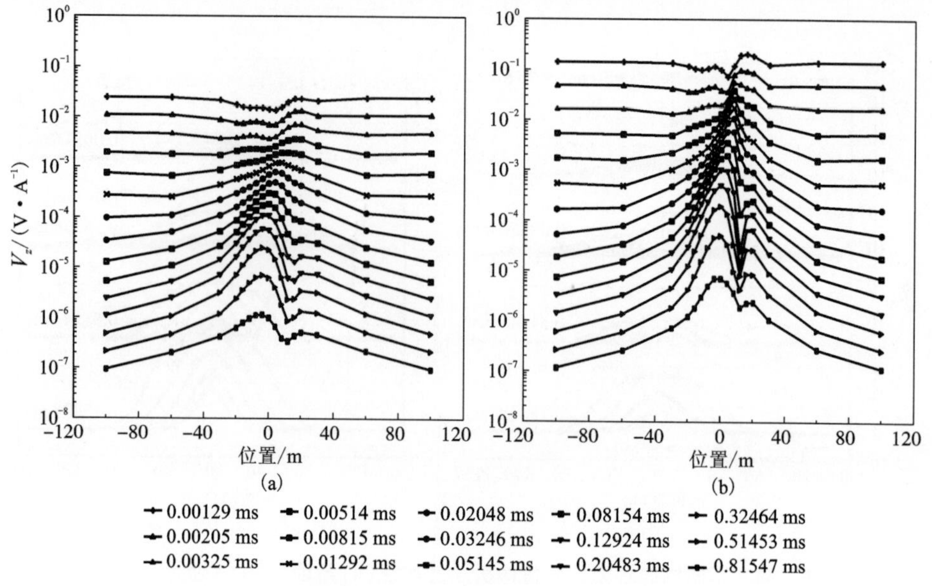

图 6-30　空中线圈(a)与地面线圈(b)响应多测道剖面图

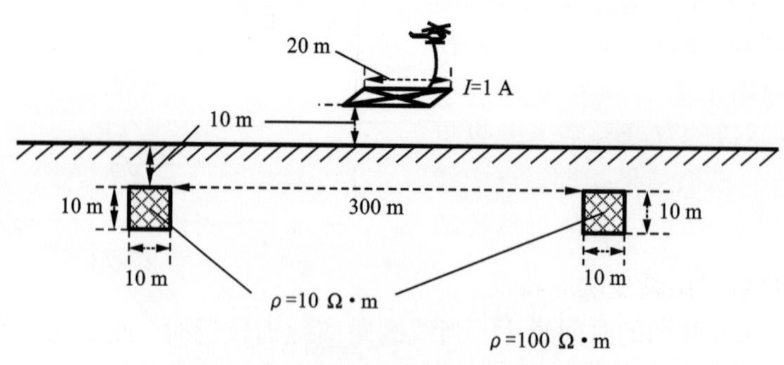

图 6-31　双低阻体模型及装置示意图

图 6-32 为模拟得到的多测道剖面图。可以看到，晚期时间道在两个异常体的正上方分别出现上凸异常，体现出双低阻特征。这个结论与已有的数值模拟结果以及物理模拟结果相符合。

基于前文所描述的 2.5D 异常场有限元算法，对最具代表性的块状体模型、直立板状体模型等在空中线圈激发下的瞬变响应进行了模拟，针对响应特性对部分模型参数与响应的敏感度作了分析，并评价了每种模型获得的异常响应的特性。现总结如下：

(1)对空中发射线圈激励下的瞬变响应来说，早期时间道的幅值要低于地面

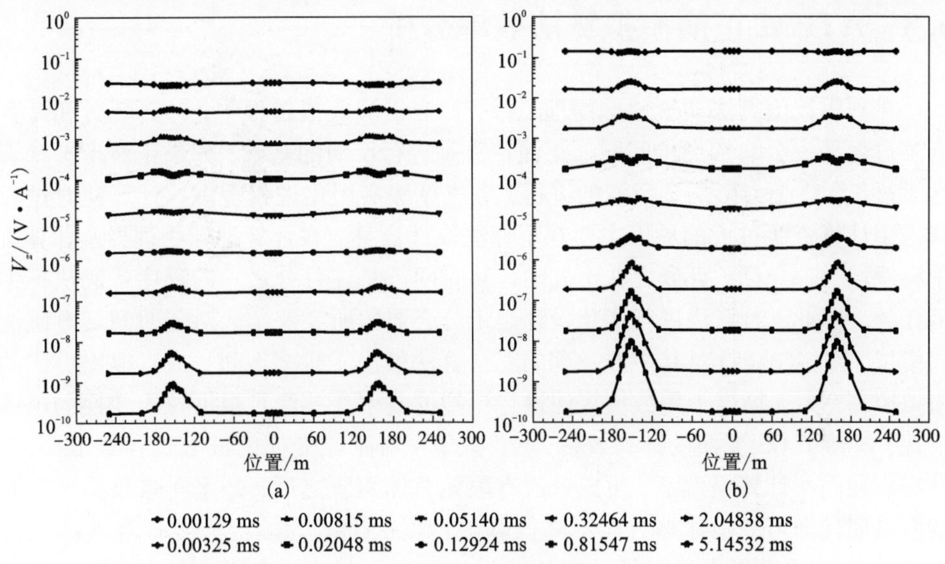

图 6-32　空中线圈(a)与地面线圈(b)响应多测道剖面图

线圈的幅值，这点与一维模拟结果一致。

(2)在中期和晚期的时间道上，由于局部异常体的存在，感应电动势响应的最大值出现在异常体正上方。仔细分析每种模型的异常特性，发现其规律较为复杂，这与模型参数及装置类型等多种因素密切相关，不能简单判断。这一点也正说明 2.5D 模拟相较于一维模拟具有强烈优势，因为若要对这些异常特性进行分析和判定，一维模拟是无能为力的，建立在一维模拟基础上的任何解释方法都无法从本质上代替二维瞬变响应特征。

(3)在中期和晚期的时间道上，当线圈距离地面较近时，改变高度会造成感应电动势响应的较大变化，即在近地表时，线圈高度对异常的敏感度较大。当线圈距离地面较远时，改变高度对感应电动势的影响较小，但异常表征没有近地表时表现明显。综合这两点因素考虑，航空瞬变电磁法适合在一定高度上对较大规模的低阻异常进行探测。

(4)不论是航空瞬变电磁法还是常规瞬变电磁法，对异常体横向延伸的反映都较为明显，且异常幅值与异常体横向延伸成正比关系。

(5)对复杂模型进行航空瞬变电磁模拟，其结果可以定性地反映出模型的走向，倾角等参量，对更为复杂的模型进行模拟还有待进一步讨论。

6.8 ATEM 正演模拟算法效率分析

在利用数值算法实现地球物理二维、三维正演模拟过程中，计算耗时和计算资源过大是一个非常突出问题。正演计算是进行反演的基础，如果正演模拟计算耗时过长，势必会影响到反演的进行，造成算法实用化进程缓慢。计算耗时过长和占用计算资源过大的原因主要在于算法设计自身。在计算地球物理界及计算机学科领域有一句话：百分之九十九的计算时间都是在百分之一的程序代码执行中消耗的。因此，对算法进行优化设计是十分必要的研究课题。对于时间域电磁法的模拟，许多学者针对其中涉及到的冗余算法做出了很多改进，或者提出更优的模拟原理，大大提高了用数值算法进行模拟的效率。昌彦君根据拉氏变换的延迟定理，改善了 GS 变换的计算效率[122]。王华军对正弦变换的波数选择做了探讨，并指出在同一计算模型下，生成一次有限元总体矩阵之后，每个测点只需进行右端向量回代即可完成求解，在不降低算法精度的同时大幅提升了计算效率[126]。熊彬等[60]给出基于电场磁场分离的时间域有限元算法，该算法形成的有限元总体矩阵规模只有常规大小的四分之一，大幅削减了计算资源的占用，同时缩短了计算时间。Cox 等人在做频率域航空电磁法模拟时，利用积分方程法进行正演，并将层状介质作为背景模型，解决了在异常体较多时计算时间的呈倍数上升问题，提高了计算效率[14]。

以上学者在实现时间域电磁模拟时使用了更为高效的算法，使计算效率得到很大提升，削减了不必要的计算耗时。然而，在现有数值计算技术前提下，进行较为复杂的电磁模拟，或者使用规模较为庞大的模型仍然占用了很多计算资源，尤其是三维模拟，计算耗时往往达不到实用标准。随着近年来通用高性能计算技术的迅猛发展和普及，国内外学者将并行计算技术引入到计算地球物理中，依托先进的计算设备将数值算法的效率提高到一个新的高度。利用并行计算技术可以在大型高性能计算平台上实现大规模的模拟算法，也可以在通用计算机上使较为小型的程序运算得更快，具有很高的灵活性。因此，将并行计算引入到航空瞬变电磁法正演模拟中来，能够显著提高计算效率，是件很有意义的工作。

6.8.1 ATEM 正演模拟算法优化设计

航空瞬变电磁法 2.5D 异常场有限元模拟的算法原理已经在第 2 章中进行了详细的阐述。并用 Fortran 语言实现了算法程序，在 CPU 为 Intel Xeon E5520 2.27GHz 的计算机平台进行实验，以伪层状大地模型为例对算法计算耗时进行分析。设计模型网格规模为 20×19(个)，异常体规模为 20 m×3 m，运行时间点为 20，测点个数为 10。通过分析，模拟程序各模块的耗时差异很大：模型与装置文件的读取以及数据输出、求解感应电动势等过程的计算耗时可以忽略不计，背景垂直磁场计算 10 s 内即可完成，异常场的计算耗时较长，其耗时比重占到了整个运行时间的99%以上。在异常场求解中，最耗时的两个模块分别是线性方程组的求解和背景走向分量的求解，利用 Fortran 提供的计时器可获得异常场求解中各个程序模块的耗时情况，如表6-1 所示。对于异常场算法，背景场的求解耗时与异常场所占网格数直接相关，而求解线性方程组的快慢取决于网格规模的大小。异常场中各模块的计时总和略大于异常场单独计时，这与计时器放置的逻辑位置、计时精度及 CPU 状态等因素相关，但对计时结果影响不大。异常场计算总耗时高达将近 3 个小时，这说明该算法效率低下，远不能达到实用要求。

表 6-1　ATEM 异常场计算各模块耗时统计

程序模块	计算耗时/s	比重/%
总体矩阵集成	451.0416	4.439660
背景走向分量	5281.250	51.98401
解线性方程组	4386.500	43.18672
合计	10159.37	100.0000

为了使冗余的算法变得高效，在前人工作的基础上，本书对算法做了一系列的改进。上述计算耗时实验使用的计算模式是单点测量，而对于同一个模型网格，对于每一个拉氏傅氏域波数而言，在不同测点上集成总体矩阵的形式是保持一致的，因此，在对应波数下集成总体矩阵是重复性计算，可只求解一次总体矩阵，所有测点的拉氏傅氏域场值用右端向量回代的方式计算出来，其流程如图 6-33所示。

此外，通过分析第 2 章给出的异常场有限元算法流程可发现，2.5D 有限元的总体集成矩阵规模不算太大，与三维模拟相比，求解规模和计算资源的占用并不是突出矛盾。耗时问题主要是外层嵌套双变换的处理过于缓慢。如果双变换内核是较为简单的函数，如背景场的求解，则只需几秒就可以得到结果，若为有限元过程，则耗时就扩大很多倍。王华军[16] 提出了适当选取傅氏域波数以减少计算耗时的有效方法，即根据拉氏傅氏域异常场的变化规律，在 $10^{-7} \sim 10^{1}s$ 内按对数等间隔选取若干波数，在这些波数上进行有限元计算，其他波数的内核函数则跳过有限元计算，使用精准插值方法求取。Wilson 和 Cox 等人[13] 在航空电磁法的 2.5D 和 3D 模拟中也采取了选择波数的办法，一般选择 20～30 个波数可得到比较适宜的精度和速度。

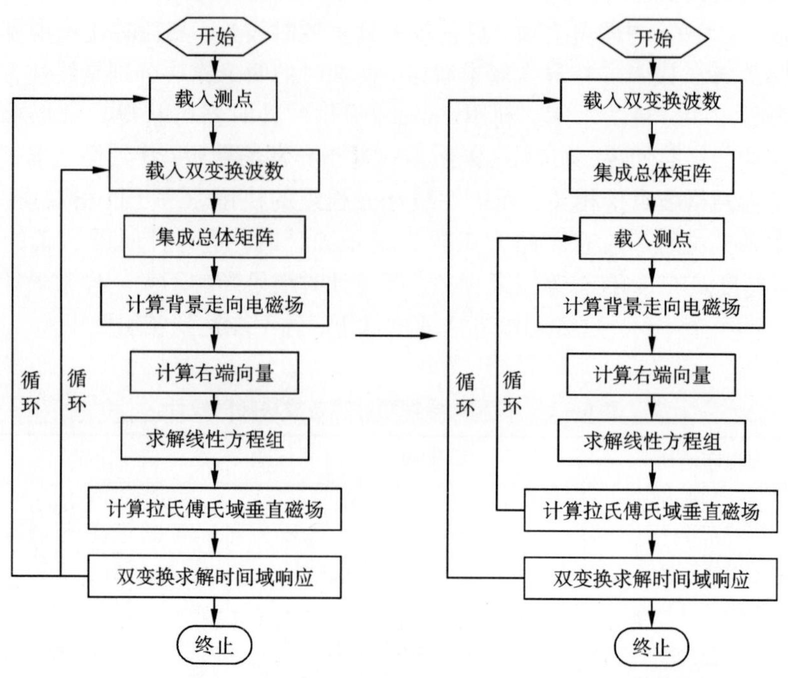

图 6－33　多测点有限元求解算法流程

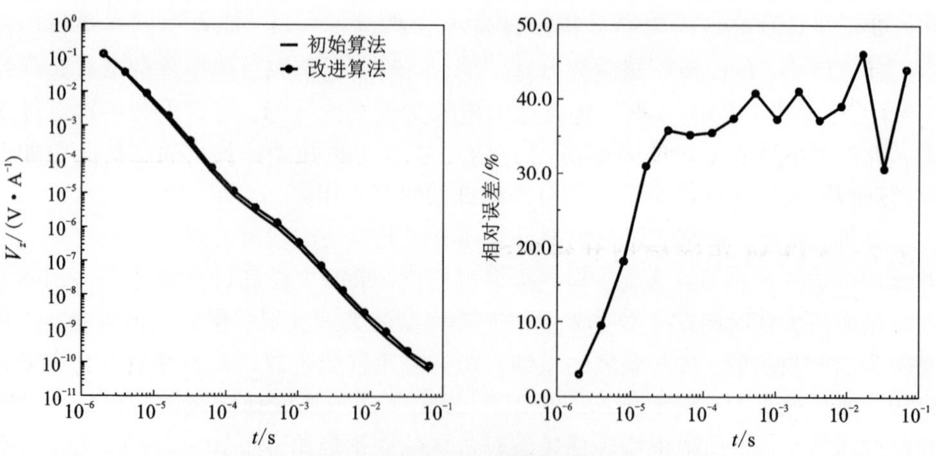

图 6－34　正弦变换改进算法可行性分析

图 6－34 给出两种算法的精度比较，采用层状模型，地电参数为：层电阻率 $\rho_1=100\ \Omega\cdot\text{m}$、$\rho_2=10\ \Omega\cdot\text{m}$、$\rho_3=100\ \Omega\cdot\text{m}$；层厚度 $h_1=100$ m、$h_2=50$ m，方形发射线圈半边长 $a=25$ m，电流强度 $I=1$ A，分别采用一般正弦变换与选取波

数的正弦变换法进行计算，两者相对误差在较大的时间范围内均小于 50%，一般分布于 10% ~40%。虽然相对误差较大，但两者形态拟合度很好。将算法用上述两种方法改进之后的耗时统计如表 6 – 2 所示。

表 6 – 2　改进算法后 ATEM 异常场计算各模块耗时统计

算法模块	计算耗时/s	比重/%
总体矩阵集成	6.514405	0.495049
背景走向分量	690.7041	52.48865
解线性方程组	615.3482	46.76213
合计	1315.911	100.0000

从上表可以看出，总体集成矩阵耗时比重由原来的约 4%（表 6 – 1）降到了 0.4%，背景走向分量和解线性方程组的耗时约各占一半比重，异常场的总运行时间已经降到了约 1316 s，基本达到一般计算的速度要求，速度提高了近 8 倍。

在对算法进行优化的过程中，有一点值得补充说明的是：算法设计应按照软件工程的基本原则来进行，即首先保证可读性，其次考虑效率；要充分考虑高级语言的特性，避免不必要的重复运算和数组的跳转式内存使用，减少没有必要的循环和程序跳转。遵守这些设计原则有利于使算法执行更为高效，程序更为优化，可读性更高，程序移植和版本更新管理更为便捷。

综上所述，在满足精度要求的前提下，使用更优化的算法可以提高计算效率，减少不必要的运行耗时。对算法的研究是没有止境的，一个更优的算法应该不仅能提高求解效率，而且还能提高求解精度。如何进一步提高航空瞬变电磁正演模拟的精度和速度仍是一项富有挑战性的研究工作。

6.8.2　ATEM 正演模拟并行算法

目前，通用的并行编程标准主要有消息传递库标准（如 MPI、PVM）、编译执导标准（如 OpenMP）等。这里以 MPI + Fortran 作为基本并行开发环境，实现将航空瞬变电磁法 2.5D 有限元模拟的并行化。对串行程序进行并行设计要遵循一般的并行优化原则，否则将可能事与愿违，反而使效率变得更低下。一般来讲，要首先深入分析程序模块的耗时比重，将计算量最大的部分作为并行分析对象。分析该并行对象的数据依赖性，尽量选择数据依赖较少的部分，否则数据通信将占用大量运行时间。确定并行方案时，首先考虑粗粒度，再考虑细粒度，要充分考虑到并行任务调度所消耗的运行时间。

分析程序算法流程可以发现，如果不考虑求导运算，对每个时间点的求解是相互独立的。鉴于求导运算本身的运算耗时可以忽略不计，而主要的运行时间消耗在异常场有限元的计算上，因此可以以粗粒度的方式进行并行设计，这样进程间的通信度很小，不会因为进程通信开销而降低效率，并行负载比较均衡。此外，在有限元计算中，耗时最高的部分在于解线性方程组和求解背景走向电磁场，可以对这两部分分别做细粒度的并行。求解正弦变换与 GS 变换的过程亦可以考虑并行化。图 6 - 35 为并行计算的流程示意图。

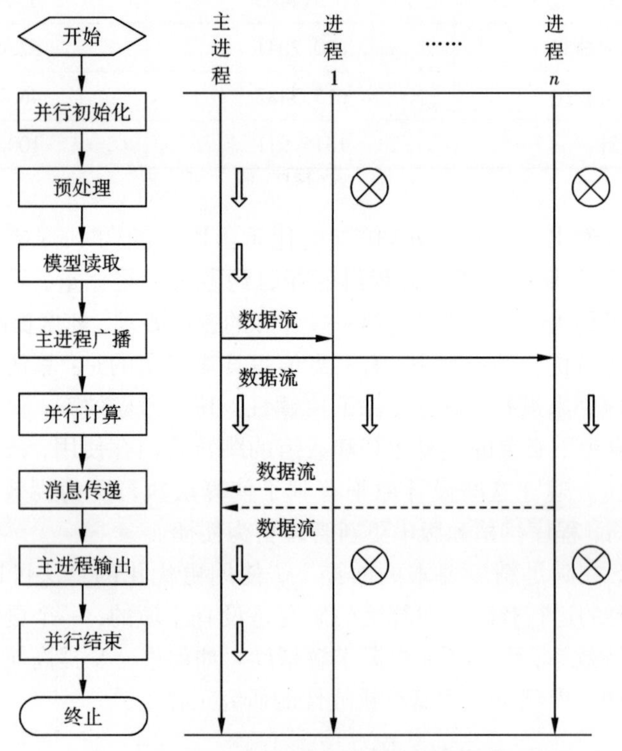

图 6 - 35　并行算法执行流程示意图

如图中所示，程序设计采用主 - 从并行模式。初始化并行环境后，数据的读取和输出工作由主进程完成。鉴于并行粒度较大，数据独立性较高，使用主进程广播的方式来进行消息传递。在数据的传回过程中，仍然用传统的发送 - 接收模式来实现进程通信，首先由主进程等待接收，之后各个子进程开始发送，以避免造成锁死现象。关于程序耗时的衡量标准，可使用 MPI 定义的双精度实数型的计时函数 MPI_WTIME，以替代串行程序计时使用的 Fortran 自带的计时器。由于每个进程执行时间不相等，在计时器计时前使用同步函数，这样就得到程序运行的最大耗时。图 6 - 36 为在 WindowsXP 下用 MPICH2 运行 Fortran 编译的并行程序示意图。

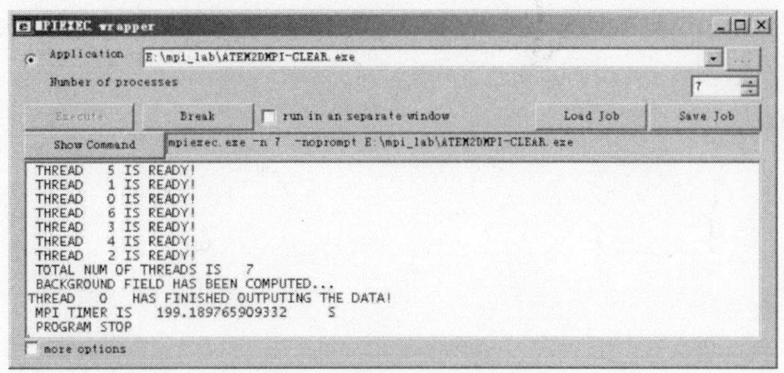

图 6－36　并行程序执行示意图

如图 6－36 所示，使用 7 个进程同时进行计算，运行耗时为 199.1897 s，与上一节的实验结果相比，加速比达到 6.6，并行效率高达 0.94①。分别利用 CPU 型号为 Intel E5520 2.27GHz（8 核）和 Intel Q9500 2.83GHz（4 核）的计算机进行计算，运行耗时如表 6－3 所示。

表 6－3　不同平台上并行计算耗时统计（单位为 s）

进程数	E5520 2.27GHz	Q9500 2.83GHz
1	1316.857	1338.608
2	693.6512	701.7318
3	440.2012	449.8328
4	378.6972	384.5579
5	331.2951	381.9017
6	265.3213	384.0884
7	199.1897	336.9175

从表 6－3 可以看出，随着进程数的增多，运行时间越来越少，且运行时间与计算机硬件直接挂钩。对于 4 核 CPU，在进程数达到 4 之后运行时间不再缩短，因此进程数的选择并不是越多越好，要充分考虑到硬件计算能力的强弱。

① 按照通常的定义，加速比＝串行运行时间/并行运行时间；并行效率＝加速比/参与运算的核个数。

综上所述，航空瞬变电磁法的2.5D有限元正演模拟利用MPI并行化可以有效缩短运行时间，提高程序执行效率，且可移植性强，硬件依赖性低，具有很高的实用性。本书所介绍的并行算法还很粗糙，提升计算效率仍有很大潜力，值得进一步深入挖掘。

第 7 章　时间域航空电磁法 2.5D 非线性共轭梯度反演

航空电磁法(AEM)分为频率域航空电磁(AFEM)和时间域航空电磁或航空瞬变电磁(ATEM)两种，其中频率域方法发展较早，研究成果相对较多[95-96, 207]。但 AFEM 效率较低、探测深度较小，而 ATEM 探测效率较高，能够获取较多的地质信息。早在 20 世纪六七十年代，地球物理学家 Wait(1969)[208]、Nabighian(1970)[209]、Ghosh(1972)[210]、Fraser(1972)[211]、Singh(1973)[212]等人均研究了时间域电磁法(TEM)电磁场的传播特征。但由于 TEM 探测方法的理论相对复杂，在二维和三维的反演方面研究进展缓慢，主要工作集中在二维、三维正演模拟[16, 213, 60, 214, 65, 67, 15, 69]和一维反演与定性解释方面[29, 30, 32, 97]。然而地下真实情况往往是二维和三维结构，一维 ATEM 的反演和解释不能满足实际工作需要，因此有必要继续研究高维 ATEM 的反演问题。

三维时间域电磁正反演最大的障碍是内存和时间消耗巨大，目前仍然处于理论研究阶段[18, 215-217]，而 2.5D ATEM 正反演相对于三维而言，对计算资源和时间的消耗要小许多，也是最有可能实现突破的。截至目前，对于航空瞬变电磁法 2D、2.5D 的反演研究相对较少，Farquharson(1995) 提出了频率域中基于伴随场的灵敏度矩阵的计算方法[218]，为高维电磁法反演中灵敏度矩阵的求解提供了理论依据。熊彬等[17](2004)利用原始场和辅助场之间的点乘和面积积分求得电磁响应值对地下空间电导率的偏导数矩阵，但其反演算法仍在研究中。Wilson(2006)[13]实现了基于阻尼特征参数法的频率域 2.5D 航空电磁数据反演；Guillemoteau (2012)[219]利用玻恩近似和经验判断的方法进行快速 2D 航空瞬变电磁法的反演研究。余小东(2014)[68]分别使用阻尼特征参数反演法与阻尼最小二乘反演法实现了 2.5D 航空瞬变电磁反演算法，并对比研究了两种方法的反演结果。

非线性共轭梯度法(Non-linear Conjugate Gradient，NLCG)，具有不必对最优化问题进行线性化、在反演时间和内存的耗费上相对较低等特点，非常适合解决高维电磁反演问题。自 Newman 等(2000)[220]提出采用非线性共轭梯度方法解决电磁反演问题以来，该方法已经应用在大地电磁法、可控源电磁法的反演解释中[221-224, 213]。本书将非线性共轭梯度方法应用到 2.5D 时间域航空电磁反演中。在正演过程中，对于基于拉氏傅氏域中异常电磁场满足的微分方程，我们利用有限单元法进行求解，再通过拉氏傅氏双变换转化到时间域的响应。灵敏度矩阵通过伴随方程法进行求解，通过对理论模型响应叠加噪音后合成的数据进行反演，验证了时间域航空电磁 2.5D 非线性共轭梯度反演的有效性，并讨论了噪声及不同初始模型对反演结果的影响。

7.1 灵敏度矩阵

灵敏度是电磁响应对模型参数的一阶导数，对于梯度类的最优化反演算法有着相当重要的作用。在电磁反演中，灵敏度的计算通常是最耗时的过程，因为该过程通常涉及到一定次数的正演计算。灵敏度的计算方法大致可以分为三类 (McGillivray and Oldenburg, 1990)[225]：扰动法(或直接差分法)、灵敏度方程法和伴随方程法(Adjoint Equation method, AE)。与扰动法不同，后两种方法所需正演次数不依赖于模型参数的个数，因而特别适用于 2D/3D 的电磁数据反演。灵敏度方程法和伴随方程法都可以被归类为伴随方法(Martin, 2009)[226]。AE 法求解灵敏度使用了互易原理以及接收位置的 Green 函数，目前已被广泛用于电磁数据的反演算法中，如频率域数据反演[225, 227-230, 220, 221, 223]以及时间域数据的灵敏度的讨论[231, 232, 215]。最近，Pankratov 和 Kuvshinov(2010)[233]针对频率域 AE 法求解灵敏度的一般框架的实现进行了讨论，其框架不受装置和数据类型的限制，值得学习。本书拟采用伴随方程法求解垂直磁场的灵敏度，该方法有时候也称为伴随 Green 函数法。

根据上述一些文献，本章首先对频率域的 AE 法求解灵敏度过程进行了理论推导，并就 2.5D 情形下的灵敏度求解公式给出了详细推导。然后，根据 Hördt (1998)[231]的方法将频率域的灵敏度转换到时间域，并给出了相关数值结果，以分析灵敏度值的空间、时间变化。

7.1.1 偏导数的一般理论分析

首先，从频率域中的 Maxwell 方程组微分形式出发，为了保持方程组的对称性，保留数学上引入的磁流密度 $M_s(r)$，并假设源与电磁场的时间变化规律为 $e^{i\omega t}$，空间磁导率为常数，忽略位移电流的影响，Maxwell 方程组可以写为：

$$\nabla\times E(r) = -i\omega B(r) + M_s(r) \tag{7-1}$$

$$\nabla\times B(r) = \mu_0[\sigma(r)E(r) + J_s(r)] \tag{7-2}$$

式中，$J_s(r)$是电流密度，E 和 B 是电场与磁场感应强度矢量，假设上述方程组成

立的空间区域为 V, V 的表面边界为 S, 则在 S 上场的边界条件一般形式可以写为 (McGillivray 等, 1994)[227]:

$$\alpha(n \times U) + \beta(n \times n \times \mathrm{curl}\ U) = Q \tag{7-3}$$

式中, U 可以是 E 或 B, n 是界面 S 上外法向的单位矢量; α、β 为系数(常量), Q 为边界上的面电流或面磁流密度。边界条件的这种形式可以适用于切向电场、磁场, 或他们的比值。电磁场对电导率参数的偏导数就是求解方程式(7-1)和式(7-2)中 $E(r_0)$ 和 $B(r_0)$ 对电导率函数 $\sigma(r_0)$ 的一阶导数, 此处, r_0 表示观测点位置。

现在假设, 电导率出现一扰动 $\delta\sigma$, 该扰动必然导致场 E 和 B 的扰动, 扰动值为 δE 和 δB, 将 $\sigma+\delta\sigma$, $E+\delta E$ 以及 $B+\delta B$ 替换到方程式(7-1)和式(7-2)中, 并忽略二阶微分项 $\delta\sigma\delta E$, 减去关于 E 和 B 的方程组, 得到:

$$\nabla \times \delta E = -\mathrm{i}\omega\delta B \tag{7-4}$$

$$\nabla \times \delta B = \mu_0(\sigma \cdot \delta E + \delta\sigma \cdot E) \tag{7-5}$$

另一方面, 由于式(7-3)中的 Q 并没有扰动, 式(7-4)和式(7-5)里的扰动场满足的是如下边界条件(均匀边界条件):

$$\alpha(n \times \delta U) + \beta(n \times n \times \mathrm{curl}\ \delta U) = 0 \tag{7-6}$$

分析扰动前后的 Maxwell 方程组, 可以看到, 对于因 $\delta\sigma$ 的出现而导致的 δE 和 δB 求解, 相当于求解另一个电源密度为 $\delta\sigma E$, 磁源为 0, 边界上无源的均匀边界条件下的 Maxwell 方程组。

我们假设存在这样的电、磁场, Green 函数满足以下方程

$$\nabla \times E_G(r) = -\mathrm{i}\omega B_G(r) + \mu_0 n_b \delta(r-r_0) \tag{7-7}$$

$$\nabla \times B_G(r) = \mu_0[\sigma E_G(r) + n_a\delta(r-r_0)] \tag{7-8}$$

和边界条件:

$$\alpha(n \times \delta U_G) + \beta(n \times n \times \mathrm{curl}\ \delta U_G) = 0 \tag{7-9}$$

式中, n_a 和 n_b 是单位方向矢量; 从物理意义上分析, 上述 Green 函数是 r_0 处的点电源和磁源叠加后的电磁响应, 这种电磁响应被 McGillivray 等(1994)[227] 称为"辅助场(Auxiliary field)", 在 Farquharson (1995, 1996)[218, 228] 中, 这种电磁场又被称为"伴随场"(Adjoint field), 因此, 本书在后续内容中也沿用了伴随场这个名称。

对于方程式(7-4)和式(7-5), 式(7-7)和式(7-8), 利用矢量恒等式

$$\mathrm{div}(E \times B) = B \cdot (\mathrm{curl}\ E) - E \cdot (\mathrm{curl}\ B) \tag{7-10}$$

进行推导, 可以得到

$$\frac{1}{\mu_0}\nabla \cdot (E_G \times \delta B - \delta E \times B_G) = \delta E \cdot n_a \cdot \delta(r-r_0) + \delta B \cdot n_b \cdot \delta(r-r_0) - \delta\sigma E_G E \tag{7-11}$$

对(7－11)式两端采取区域 V 内的体积积分，并利用散度定理(divergence theorem)，进一步得到下述等式：

$$\frac{1}{\mu_0}\int_S (E_G \times \delta B - \delta E \times B_G)\cdot n \cdot \mathrm{d}S = \delta E(r_0)\cdot n_a + \delta B(r_0)\cdot n_b - \int_V \delta\sigma E_G(r)\cdot E(r)\mathrm{d}V \tag{7-12}$$

McGillivray 等(1994)[227]证明，在式(7－6)和式(7－9)所表示的边界条件下，方程式(7－12)左端项为0。而右端的前两项刚好是场值的变化量，假设我们关心的数据响应 d 是 E 或 B 的某个分量，则有

$$\delta d = \delta E(r_0)\cdot n_a + \delta B(r_0)\cdot n_b \tag{7-13}$$

因此

$$\delta d = \int_V \delta\sigma(r)\cdot E_G(r)\cdot E(r)dV = \int_V \delta\sigma(r)\cdot e(r)\mathrm{d}V \tag{7-14}$$

$$e(r) = E_G(r)\cdot E(r) \tag{7-15}$$

式中，$e(r)$相当于 d 对电导率的灵敏度空间分布函数，其函数的形态取决于 E 和 E_G 的分布形态。Rodi(1989)[234]指出，在 2D 和 3D 介质情况下，E_G 在 r_0 处是奇异的，因此，$e(r)$也将在 r_0 处呈现奇异性，若要计算 r_0 处的电场值，则必须采取相应的方法消除奇异性。有关偏导数计算一般理论更详细的讨论，可以参考 Pankratov 和 Kuvshinov(2010)[233]和 Rodi 和 Mackie(2012)[235]的论著。

7.1.2 三维 TEM 问题中的偏导数理论分析

在 3D 瞬变电磁(TEM)问题中，Laplace 域的变换处理比 Fourier 变换处理更为方便，时间域的 Maxwell 方程组微分形式可以经过 Laplace 变换，得到 s 域的方程组。这里采用的 Laplace 和逆 Laplace 变换对分别是：

$$\begin{cases} F(s) = L\{f(t)\} = \int_0^{+\infty} f(t)\mathrm{e}^{-st}dt \\ f(t) = L^{-1}\{F(s)\} = \dfrac{1}{2\pi i}\int_0^{+\infty} F(s)\mathrm{e}^{-st}\mathrm{d}s \end{cases} \tag{7-16}$$

考虑位移电流时的时间域 Maxwell 方程组微分形式为：

$$\begin{cases} \mathrm{curl}\ h(t) = \sigma e(t) + \varepsilon\dfrac{\partial e(t)}{\partial t} + J_e(t) \\ \mathrm{curl}\ e(t) = -\mu_0\dfrac{\partial h(t)}{\partial t} + J_m(t) \end{cases} \tag{7-17}$$

变换后，s 域中，空间区域 V 内的 Maxwell 方程组写为

$$\begin{cases} \text{curl}\ \boldsymbol{H} = (\varepsilon s + \sigma)\boldsymbol{E} + \boldsymbol{J}_e \\ \text{curl}\ \boldsymbol{E} = -\mu_0 s \boldsymbol{H} + \boldsymbol{J}_m \end{cases} \tag{7-18}$$

式中，小 s 表示 Laplace 变量，$\boldsymbol{H}$ 是磁场强度矢量，ε 是介电系数并假定为 V 内的常量。假设变换后 s 上的边界条件仍写为式(7-3)。

对于时间域中，具有理想阶跃波形的磁性源 J_m，可以数学表示为(方向矢量未写出)：

$$\begin{cases} \boldsymbol{J}_m(t) = \mu_0 n S_0 I_0 f(t) \cdot \delta(r_0) \\ I = I_0 f(t) = \begin{cases} 0;\ t \leqslant 0 \\ I_0;\ t > 0 \end{cases} \end{cases} \tag{7-19}$$

经 Laplace 变换后为

$$\boldsymbol{J}_m(s) = \frac{\mu_0 n S_0 I_0 \delta(r_0)}{s} = \frac{\mu_0 P_m \delta(r_0)}{s} \tag{7-20}$$

式中，n 为线圈扎数，S_0 是线圈面积，I_0 为稳恒电流强度，$\delta(r)$ 是 Dirac delta 函数；只考虑单位磁偶源时，可令 $P_m = 1$。

基于地球物理电磁场与电介质模型存在的映射关系：

$$U = F(m) \tag{7-21}$$

由于电导率 σ 为空间位置变量 r 的函数(x, y, z 为直角坐标系坐标变量)：

$$\sigma = \sigma(r) = \sigma(x, y, z) \tag{7-22}$$

当介质物理参数 m 仅限于电导率参数，并只考虑固定网格尺寸的离散模型时，网格离散后电导率可表示为网格内均匀电导率参数 σ_j(每个网格内恒值)的线性组合：

$$\sigma(r) = \sum_{j}^{N} \sigma_j \varphi_j(r) \tag{7-23}$$

$\varphi_j(r)$ 为适当的基函数。于是

$$U = f(\sigma_1, \sigma_2, \cdots, \sigma_N) \tag{7-24}$$

将式(7-23)代入方程组(7-18)，并对某一电导率参数 $\sigma_j (j = 1, 2, \cdots, N)$ 求偏导，得到含偏导数的方程组：

$$\begin{cases} \text{curl}\ \dfrac{\partial \boldsymbol{H}}{\partial \sigma_j} = (\varepsilon s + \sigma)\dfrac{\partial \boldsymbol{E}}{\partial \sigma_j} + \boldsymbol{E}\ \dfrac{\partial[\varepsilon s + \sigma(r)]}{\partial \sigma_j} = (\varepsilon s + \sigma) \cdot \dfrac{\partial \boldsymbol{E}}{\partial \sigma_j} + \boldsymbol{E} \cdot \varphi_j(r) \\ \text{curl}\ \dfrac{\partial \boldsymbol{E}}{\partial \sigma_j} = -\mu s\ \dfrac{\partial \boldsymbol{H}}{\partial \sigma_j} \end{cases} \tag{7-25}$$

式中，场量 $\boldsymbol{E}$ 和 $\boldsymbol{H}$ 对系数 σ_j 的偏导数，实际上就是场量对介质电导率的灵敏度，

它们同时满足均匀边界条件(Farquharson, 1995)[218]:

$$\alpha\left(n\times\frac{\partial U}{\partial\sigma_j}\right)+\beta\left(n\times n\times\text{curl}\ \frac{\partial U}{\partial\sigma_j}\right)=0 \tag{7-26}$$

为了求得偏导数，需要求解式(7－25)和式(7－26)结合起来的一个边界值。基于此，我们可以引入另一个具有相同模型参数、相同边界条件的边界值(McGillivray 等, 1994)[227]:

$$\begin{cases}\text{curl}\ \boldsymbol{H}^+=(\varepsilon s+\sigma)\boldsymbol{E}^++\boldsymbol{J}_e^+\\ \text{curl}\ \boldsymbol{E}^+=-\mu sH^++\boldsymbol{J}_m^+\\ \alpha^+(n\times U^+)+\beta^+(n\times n\times\text{curl}\ U^+)=0\end{cases} \tag{7-27}$$

$\boldsymbol{E}^+$，$\boldsymbol{H}^+$，$\boldsymbol{J}_m^+$，$\boldsymbol{J}_e^+$ 分别为(引入的)伴随(Adjoint)电场、磁场、磁性源密度和电性源密度矢量。进一步观察如下四个方程:

$$\begin{cases}\text{curl}\ \boldsymbol{H}^+=(\varepsilon s+\sigma)\boldsymbol{E}^++\boldsymbol{J}_e^+\\ \text{curl}\ \boldsymbol{E}^+=-\mu s\boldsymbol{H}^++\boldsymbol{J}_m^+\\ \text{curl}\ \dfrac{\partial\boldsymbol{H}}{\partial\sigma_j}=(\varepsilon s+\sigma)\cdot\dfrac{\partial\boldsymbol{E}}{\partial\sigma_j}+\boldsymbol{E}\cdot\varphi_j(r)\\ \text{curl}\ \dfrac{\partial\boldsymbol{E}}{\partial\sigma_j}=-\mu s\dfrac{\partial\boldsymbol{H}}{\partial\sigma_j}\end{cases} \tag{7-28}$$

利用数学矢量恒等式：$\text{div}(A\times B)=B\cdot(\text{curl}\ A)-A\cdot(\text{curl}\ B)$

可以推导出

$$\begin{cases}\text{div}\left(\boldsymbol{E}^+\times\dfrac{\partial\boldsymbol{H}}{\partial\sigma_j}\right)=\dfrac{\partial\boldsymbol{H}}{\partial\sigma_j}\cdot(\text{curl}\ \boldsymbol{E}^+)-\boldsymbol{E}^+\cdot\left(\text{curl}\ \dfrac{\partial\boldsymbol{H}}{\partial\sigma_j}\right)\\ \text{div}\left(\dfrac{\partial\boldsymbol{E}}{\partial\sigma_j}\times\boldsymbol{H}^+\right)=\boldsymbol{H}^+\cdot\left(\text{curl}\ \dfrac{\partial\boldsymbol{E}}{\partial\sigma_j}\right)-\dfrac{\partial\boldsymbol{E}}{\partial\sigma_j}\cdot(\text{curl}\ \boldsymbol{H}^+)\end{cases} \tag{7-29}$$

进而导出如下等式

$$\text{div}\left(E^+\times\frac{\partial\boldsymbol{H}}{\partial\sigma_j}-\frac{\partial\boldsymbol{E}}{\partial\sigma_j}\times\boldsymbol{H}^+\right)=\boldsymbol{J}_m^+\cdot\frac{\partial\boldsymbol{H}}{\partial\sigma_j}+\boldsymbol{J}_e^+\cdot\frac{\partial\boldsymbol{E}}{\partial\sigma_j}-\varphi_j(r)\cdot\boldsymbol{E}\cdot\boldsymbol{E}^+ \tag{7-30}$$

基于等式(7－30)，运用散度定理(divergence theorem)，将该等式两端在计算区域 V 内进行积分得到:

$$\int_V\text{div}\left(\boldsymbol{E}^+\times\frac{\partial\boldsymbol{H}}{\partial\sigma_j}-\frac{\partial\boldsymbol{E}}{\partial\sigma_j}\times\boldsymbol{H}^+\right)\text{d}V=\int_V\left(J_m^+\frac{\partial\boldsymbol{H}}{\partial\sigma_j}+J_e^+\frac{\partial\boldsymbol{E}}{\partial\sigma_j}-\varphi_j(r)\cdot\boldsymbol{E}\cdot\boldsymbol{E}^+\right)\text{d}V \tag{7-31}$$

$$\Leftrightarrow\int_S\left(\boldsymbol{E}^+\times\frac{\partial\boldsymbol{H}}{\partial\sigma_j}-\frac{\partial\boldsymbol{E}}{\partial\sigma_j}\times\boldsymbol{H}^+\right)\cdot n\text{d}S=\int_V\left(J_m^+\frac{\partial\boldsymbol{H}}{\partial\sigma_j}+J_e^+\frac{\partial\boldsymbol{E}}{\partial\sigma_j}-\varphi_j(r)\cdot\boldsymbol{E}\cdot\boldsymbol{E}^+\right)\text{d}V \tag{7-32}$$

当有限边界(或截断边界) S 上无源，且两个边值问题的边界条件一致时，可以证明上式左端面积分为 0(McGillivray 等，1994)[227]。至此，可以得到原来的场量 $\boldsymbol{E}$，$\boldsymbol{H}$ 与引入的伴随场量 $\boldsymbol{E}^+$，$\boldsymbol{H}^+$ 间的积分等式

$$\int_V\left(\boldsymbol{J}_m^+ \cdot \frac{\partial \boldsymbol{H}}{\partial \sigma_j} + \boldsymbol{J}_e^+ \cdot \frac{\partial \boldsymbol{E}}{\partial \sigma_j} - \varphi_j(r) \cdot \boldsymbol{E} \cdot \boldsymbol{E}^+\right)\mathrm{d}V = 0 \tag{7-33}$$

$$\Leftrightarrow \int_V\left(\boldsymbol{J}_m^+ \cdot \frac{\partial \boldsymbol{H}}{\partial \sigma_j} + \boldsymbol{J}_e^+ \cdot \frac{\partial \boldsymbol{E}}{\partial \sigma_j}\right)\mathrm{d}V = \int_D \varphi_j(r) \cdot \boldsymbol{E} \cdot \boldsymbol{E}^+ \,\mathrm{d}V \tag{7-34}$$

利用式(7－34)表示的积分等式，通过施加特定的伴随源 $\boldsymbol{J}_m^+$ 和 $\boldsymbol{J}_e^+$，解两次边值问题，就可以得到相应的场量对电导率的偏导数。

例如，如要计算观测点 r_0 处的垂直磁场分量对某一网格电导率参数 σ_j 的偏导数，可以令

$$\begin{cases} \boldsymbol{J}_m^+ = \delta(r - r_0) \cdot \boldsymbol{n}_z \\ \boldsymbol{J}_e^+ = 0 \end{cases} \tag{7-35}$$

式中，$\boldsymbol{n}_z$ 是垂直方向(直角坐标系下)的单位矢量，$\delta(r - r_0)$ 为 Dirac 函数，这样，式(7－34)可以简化为

$$\left.\frac{\partial \boldsymbol{H}_z}{\partial \sigma_j}\right|_{r = r_0} = \int_V \varphi_j(r) \cdot \boldsymbol{E} \cdot \boldsymbol{E}^+ \,\mathrm{d}V \tag{7-36}$$

此时，式(7－36)中的 $\boldsymbol{E}$ 为在原来的实际人工源施加下，计算区域 V 内的电场值空间分布函数；而 $\boldsymbol{E}^+$ 为伴随的单位磁偶源激发的伴随电场函数。通过在 $\varphi_j(r)$ 不为零的网格单元内进行体积积分，得到第 j 个单元内磁场垂直分量对电导率 σ_j 的偏导数。

此方法的关键在于，若要求得某个测点 r_0 处，某方向的场分量对电导率的偏导数，在正演响应已经计算的情形下，只需计算测点 r_0 处相应的单位磁偶源或电偶源下的全空间电场值，再进行方程(7－36)右端的体积积分计算，即可得出测点数据的偏导数。因为体积分的被积函数中 $\varphi_j(r)$ 只在第 j 个网格内不为 0，所以每一个灵敏度矩阵的元素只需在相应的单元内进行积分即可。设测点数为 N_d，每个测点观测的时间道数为 N_t，则反演中每次迭代时，所有观测数据的灵敏度求解计算量只需 $N_d \times N_t \times 2$ 次正演，也就是等于观测数据量的 2 倍。

7.1.3　2.5D TEM 问题中偏导数求解方法分析

对于 2.5D TEM 问题，由于电导率介质模型有一个走向方向(设为 y 方向)，该走向方向上的电导率假定为恒定不变，也就是 $\varphi_j(x, y, z) = \varphi_j(x, z)$。因此，2.5D问题中的离散网格在三维空间来看，每个网格单元相当于在走向 y 方向上是无穷延伸的。式(7－36)中的体积分展开为

$$\left.\frac{\partial \boldsymbol{H}_z}{\partial \sigma_j}\right|_{r=r_0} = \frac{\partial f}{\partial \sigma_j} = \int_{-\infty}^{+\infty}\int_A \varphi_j(r)\cdot \boldsymbol{E}(r)\cdot \boldsymbol{E}^{+}(r)\mathrm{d}A\mathrm{d}y \tag{7-37}$$

式中，A 是二维网格 j 的面积，$r=r(x, y, z)$。

为了实现空间上的降维，减少变量规模，用一维 y 方向的 Fourier 变换对 Maxwell 方程组变换后，可以得到 k_y 域下的二维介质模型，即 2.5D 边值问题。设采用的 Fourier 和逆 Fourier 变换对为如下形式

$$\begin{cases} F(k_y) = F\{f(y)\} = \dfrac{1}{\sqrt{2\pi}}\displaystyle\int_{-\infty}^{+\infty} f(y)\mathrm{e}^{-\mathrm{i}k_y y}\mathrm{d}y \\ f(y) = F^{-1}\{F(k_y)\} = \dfrac{1}{\sqrt{2\pi}}\displaystyle\int_{-\infty}^{+\infty} F(k_y)\mathrm{e}^{\mathrm{i}k_y y}dk_y \end{cases} \tag{7-38}$$

此时我们是先用数值方法解出 $E(x, k_y, z)$ 和 $E^{+}(x, k_y, z)$ 之后，通过相应的一维逆 Fourier 变换得到特定剖面 y 上（相对于场源来说，也就是 y 方向上特定偏移距上）的场值。由于本书主要探讨的测量装置为中心回线源——测点置于回线的几何中心，源中心与测点一致（参见正演讨论部分），为简化起见，假设真实源和伴随源的中心在空间上的 y 坐标都等于 0，反变换的形式为

$$\begin{cases} E(r) = E(x, y, z) = \dfrac{1}{\sqrt{2\pi}}\displaystyle\int_{-\infty}^{+\infty} E(x, k_y, z)\mathrm{e}^{\mathrm{i}k_y y}\mathrm{d}k_y \\ E^{+}(r) = E^{+}(x, y, z) = \dfrac{1}{\sqrt{2\pi}}\displaystyle\int_{-\infty}^{+\infty} E^{+}(x, k_y', z)\mathrm{e}^{\mathrm{i}k_y' y}\mathrm{d}k_y' \end{cases} \tag{7-39}$$

将方程式(7-39)代入式(7-37)中，三重体积积分写为：

$$\begin{cases} \dfrac{\partial f}{\partial \sigma_j} = \dfrac{1}{2\pi}\displaystyle\int_{-\infty}^{+\infty}\int_{-\infty}^{+\infty}\int_{-\infty}^{+\infty} A(k_y, k_y')\cdot \mathrm{e}^{\mathrm{i}(k_y+k_y')y}\mathrm{d}k_y\mathrm{d}k_y'\mathrm{d}y \\ A(k_y, k_y') = \displaystyle\int_A \varphi_j(r)\cdot E(x, k_y, z)\cdot E^{+}(x, k_y', z)\mathrm{d}x\mathrm{d}z \end{cases} \tag{7-40}$$

此时，$\varphi_j(r)=\varphi_j(x, z)$。

利用 Dirac Delta 函数的 Fourier 积分定义等式：

$$\frac{1}{\sqrt{2\pi}}\int_{-\infty}^{+\infty} \mathrm{e}^{-\mathrm{i}k_y y}\mathrm{d}y = \sqrt{2\pi}\cdot\delta(k_y) \tag{7-41}$$

以及

$$\frac{1}{\sqrt{2\pi}}\int_{-\infty}^{+\infty} \mathrm{e}^{\mathrm{i}k_y y}\mathrm{d}y = \sqrt{2\pi}\cdot\delta(k_y) \tag{7-42}$$

将方程式(7-42)代入到方程式(7-40)中的积分项，计算得到

$$\frac{\partial f}{\partial \sigma_j} = \int_{-\infty}^{+\infty}\int_{-\infty}^{+\infty} A(k_y, k_y')\cdot\delta(k_y + k_y')\mathrm{d}k_y\mathrm{d}k_y' \tag{7-43}$$

再利用 Dirac Delta 函数的积分性质

$$\int_{-\infty}^{+\infty} f(m) \cdot \delta(m - m_0) \mathrm{d}m = f(m_0) \tag{7-44}$$

积分式(7－43)可以简化为

$$\begin{cases} \dfrac{\partial f}{\partial \sigma_j} = \displaystyle\int_{-\infty}^{+\infty} \int_A \varphi_j(r) \cdot E(x, k_y, z) \cdot E^+(x, -k_y, z) \mathrm{d}x\mathrm{d}z\mathrm{d}k_y \\ .\text{or. } \dfrac{\partial f}{\partial \sigma_j} = \displaystyle\int_{-\infty}^{+\infty} A(k_y, -k_y) \mathrm{d}k_y = \int_{-\infty}^{+\infty} A(-k'_y, k'_y) \mathrm{d}k'_y \end{cases} \tag{7-45}$$

当 $A(k_{y,-ky})$ 为 k_y 的偶函数时，可以进一步简化为 0 到正无穷区间的积分：

$$\left\{ \frac{\partial f}{\partial \sigma_j} = 2\int_0^{+\infty} A(k_y, -k_y) \mathrm{d}k_y = 2\int_0^{+\infty} A(-k'_y, k'_y) dk'_y; \ (if\ A\ is\ Even) \right. \tag{7-46}$$

上式就是空间域中走向方向 $y=0$ 处，场量 f 对电导率的偏导数计算式。

主要的计算步骤为：

(1)计算 $k_y - s$ 域中 $\boldsymbol{E}(s, k_y, x, z)$ 和 $\boldsymbol{E}^+(s, k'_y, x, z)$，这里 $k'_y = -k_y$；

(2)逆 Laplace 变换，得到 $k_y - t$ 域中的节点上电场值之积 $\boldsymbol{E}(t, k_y, x, z) \cdot \boldsymbol{E}^+(t, k'_y, x, z)$；

(3)对所有的网格单元，计算方程式(7－45)中的面积分(详见附录)；

(4)对所有的灵敏度矩阵元素，计算方程式(7－46)中的无穷积分。

7.1.4　数值结果讨论

7.1.4.1　电场计算精度

由上一节的理论分析得知，在计算垂直磁场的空间灵敏度分布时，需要计算伴随电场和实际电场的值。与大回线源的垂直磁场计算一样，1D 模型的空间任一点的电场值计算并没有简便的解析计算式。然而，在单位垂直磁偶源情形下，水平地表上的电场可以简化为如下的解析计算式(Nabighian，1988)[139]：

$$e_\varphi = \frac{m}{2\pi\sigma r^4}\left[3\mathrm{erf}(\theta r) - \frac{2}{\sqrt{\pi}}\theta r(3 + 2\theta^2 r^2)\mathrm{e}^{-\theta^2 r^2}\right] \tag{7-47}$$

式中，m 为单位磁矩，r 为偏移距(米)，$\mathrm{erf}(\theta r)$ 为误差函数，σ 是半空间电导率(S/m)，μ_0 仍为自由空间的磁导率，参数 θ 为

$$\theta = \left(\frac{\mu_0 \sigma}{4t}\right)^{1/2} \tag{7-48}$$

M－S 域中的 E_y 计算式为：

$$E_y(x, k_y, z) = -\frac{\mu_0 m}{2\pi}\sqrt{\frac{2}{\pi}}\int_0^{+\infty} \frac{k_x}{\lambda_0 + \lambda_1} \mathrm{e}^{(\lambda_1 - \lambda_0)h - \lambda_1 z} \sin(x k_x) \mathrm{d}k_x \tag{7-49}$$

利用方程式(7-47)可以考察时间域电场计算的数值精度。在 $y=0$ 的截面上，式(7-47)与直角坐标系下 y 方向的电场等价。图 7-1 给出了用前述双变换计算地表上不同偏移距上的电场 Ey 随时间变化的负阶跃响应曲线。从该图中结果可以看到，在目前的算法设计上，0.1~1.0 s 的晚期电场的误差较大，在 0.01 s 后相对误差明显增长，说明在接近 1 s 时的较晚期 TEM 数值精度仍然有待提高。另一方面，虽然使用了相同的双变换系数，但不同位置上的计算误差也表现出了不

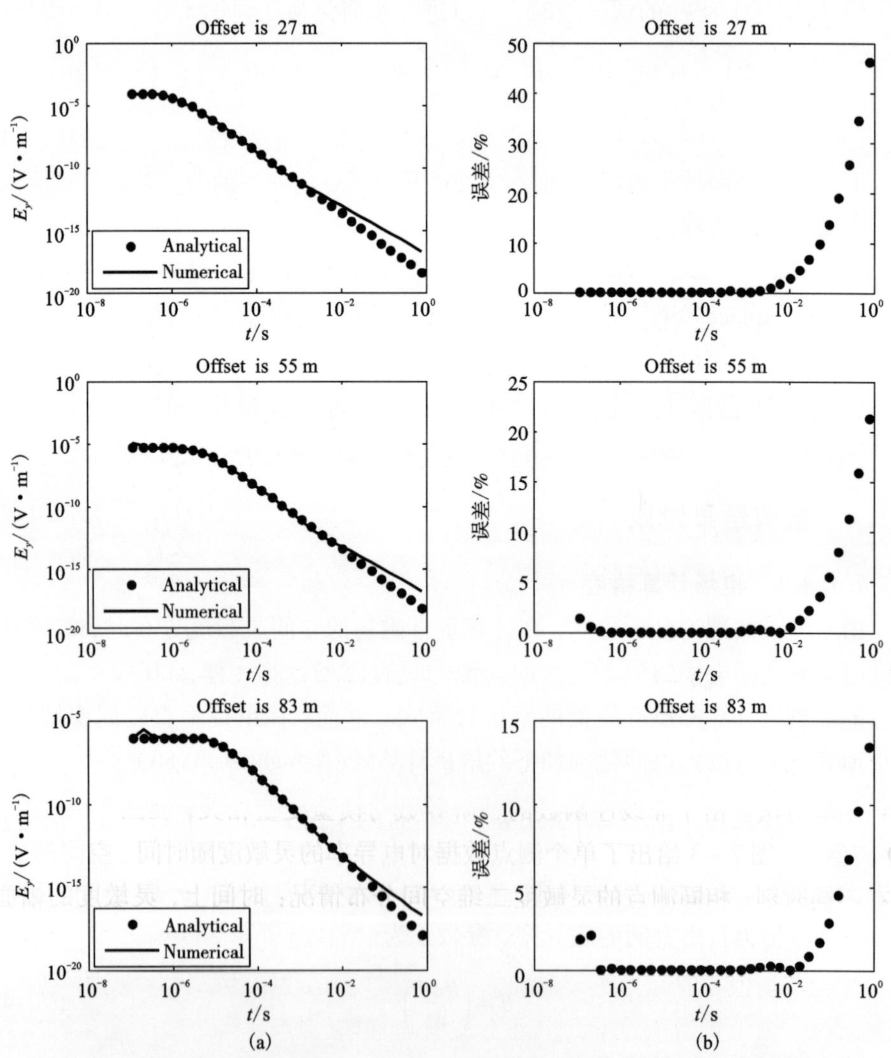

图 7-1　不同水平偏移距上，电场 E_y 分量的时间变化(a)及相对误差(b)

(GS 变换系数个数为 10，正余弦变换系数采用的是 201 点系数)

一致的结果。在靠近源的计算点上，晚期时间段的相对误差有明显的增加趋势，反过来，在收发距增大时，晚期相对误差则得到了压制，这一点同样值得注意。

7.1.4.2　灵敏度的分布规律

考虑局部的低阻异常模型的灵敏度矩阵分布，模型参数设计为：异常体大小 54 m×100 m，发射线圈和接收线圈边长均为 5 m，发射电流 1 A，与图 6－6 正演计算时相同，不同的地方在于异常体垂向延伸为 100 m，埋深设为 100 m。异常电导率为 1 S/m，围岩的电导率为 0.01 S/m，地下介质的剖分效果如图 7－2 所示。

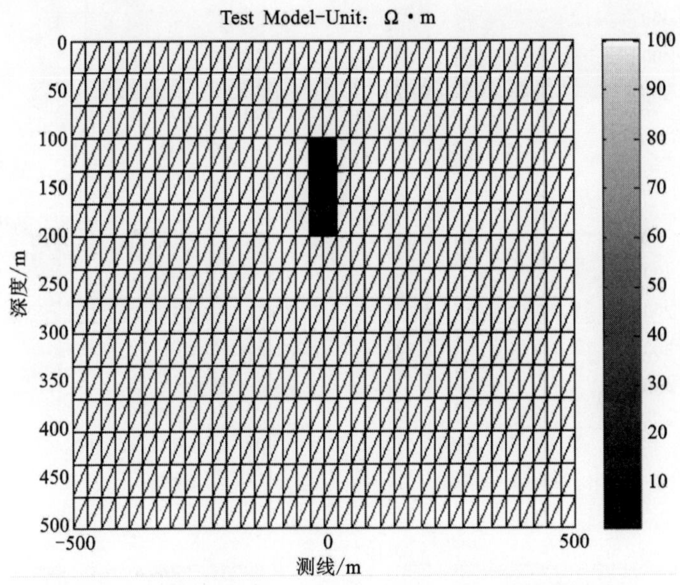

图 7－2　测试模型：低阻异常体（黑色区域）的网格剖分

利用图 7－2 所示的模型进行灵敏度的计算测试，灵敏度的计算方法为前述的伴随场方法。由于非线性函数的一阶导数与模型变量相关，在图 7－2 所示的 2D 模型下，图 7－3 给出了单个测点数据对电导率的灵敏度随时间、空间的变化，即在不同时刻、相同测点的灵敏度二维空间分布情况：时间上，灵敏度的幅值从早期（t_1）到晚期（t_6）不断衰减（见图中的灰标值），幅值相差达到了 2 个数量级，这种变化与场值在时间上的衰减类似；空间上，灵敏度幅值则从测点附近向四周迅速衰减。为了更清楚地看到空间上的变化规律，图 7－4 中给出了灵敏度幅值的对数分布，其值是对图 7－3 中灵敏度的绝对值取自然对数后的结果，从图中可以清楚地看到各个时间点上灵敏度在距离上的衰减情况：在早期（$t_1 \sim t_2$），灵敏度在浅部到深部的衰减较快，而在较晚期时间点（$t_4 \sim t_6$），灵敏度在浅部到深部的空间衰减速率相对变慢，在浅部(200 m 内)已没有较明显的“轮廓线”，这表明，晚期时间点的灵敏度对深部介质更敏感，能更好地反映深部地下信息。上述规律与本书绪论中提到的 AEM 系统的 footprint 有类似的特征，即源附近的电磁介质往往比远离源的介质更能影响到电磁响应。

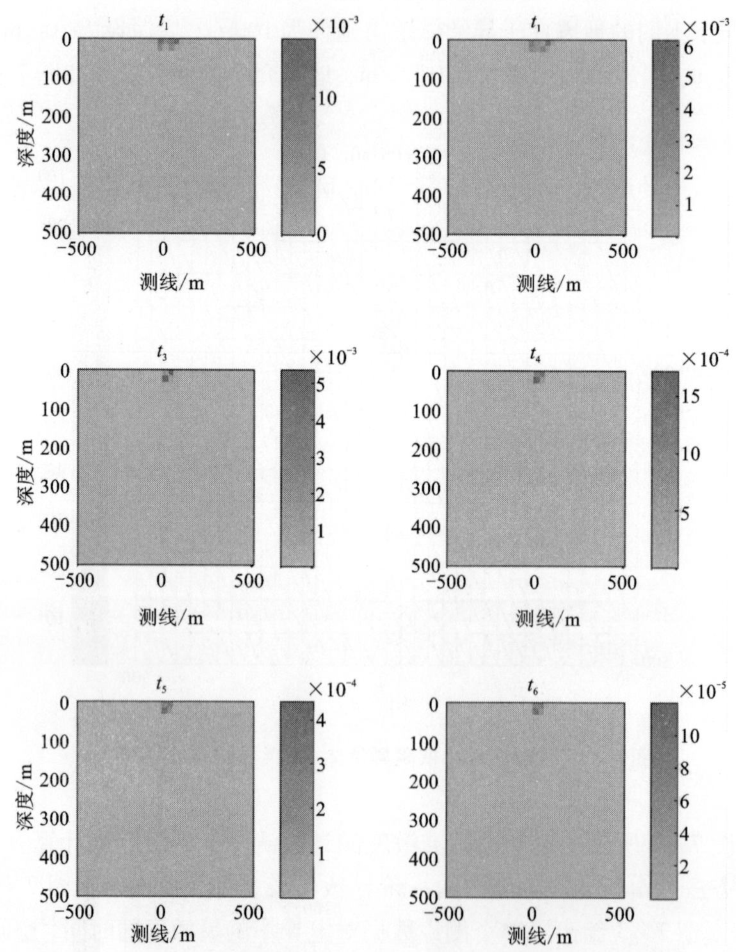

图 7-3 异常体正上方(offset=0)垂直磁场的灵敏度(绝对值)空间、时间变化

(t_1=0.01 ms，t_2=0.09 ms，t_3=0.89 ms，t_4=8.41 ms，t_5=79.4 ms，t_6=750 ms)

时间域的上述灵敏度特征与频率域中的电磁数据灵敏度有着一定的类似之处。在空间分布上，灵敏度的值从源处往外迅速衰减。频率域中，介质的电导率一定时，测点处灵敏度的衰减速率随频率的变化而变化，频率越高，空间上衰减越快. Farquharson[218] 和肖晓[236] 在讨论灵敏度的变化规律后，认为可以通过相应的变化规律对灵敏度进行近似计算，前者在对比均匀半空间模型和 1D 层状、2D 异常体的灵敏度分布的基础上，提出可以用半空间或 1D 层状模型的灵敏度来近似代替 2D 情形的灵敏度，在保证一定的计算精度时可以加快计算速度；后者则基于频率域灵敏度在空间上迅速衰减的特性，提出只计算趋肤深度范围内的灵敏度元素，以达到节约计算时间的目的。在图 7－5 中，作者给出了单个测点的均匀半空间模型下的时间域灵敏度分布。对比图 7－4 和图 7－5 的灵敏度变化，观察均匀半空间和 2D 模型的灵敏度在空间、时间上的变化，可以看到，无论是空间分布形态，还是各个时间点上的幅值都非常接近，由于 1D 的正演计算速度比 2D 正演计算速度快得多，因此，用 1D 模型近似计算 2D 模型的灵敏度是一种可行的实现快速反演策略。

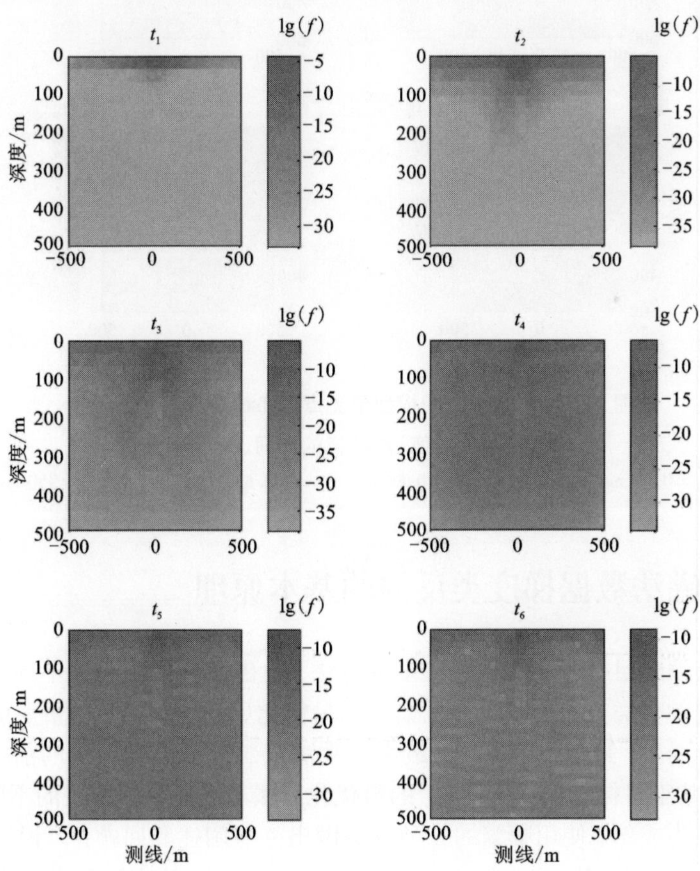

图 7－4　异常体正上方(offset＝0)垂直磁场的灵敏度(绝对值)对数值的空间、时间变化

(t_1＝0.01 ms，t_2＝0.09 ms，t_3＝0.89 ms，t_4＝8.41 ms，t_5＝79.4 ms，t_6＝750 ms)

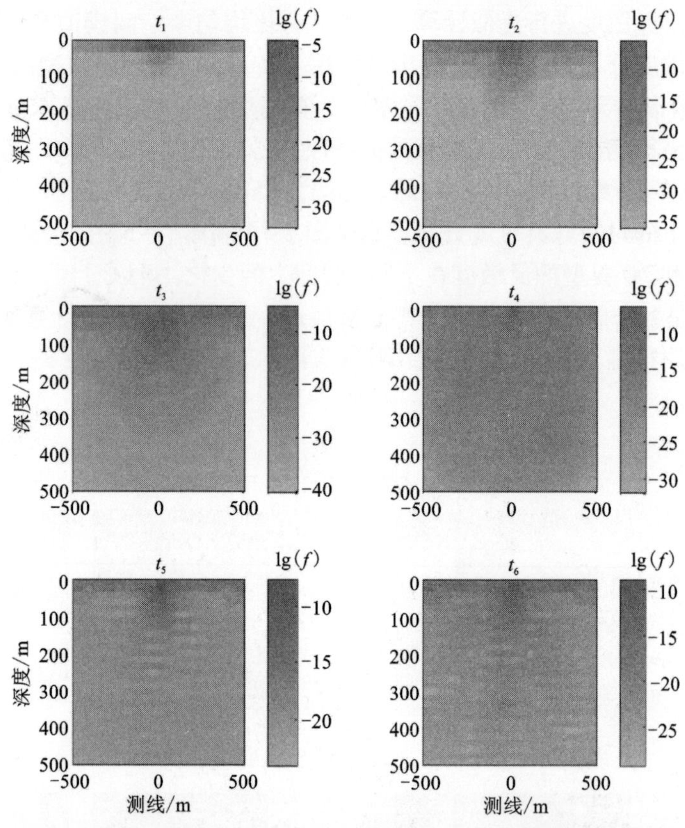

图 7-5　均匀半空间模型单测点(offset=0)垂直磁场的灵敏度(绝对值)对数值的空间、时间变化

(t_1=0.01 ms, t_2=0.09 ms, t_3=0.89 ms, t_4=8.41 ms, t_5=79.4 ms, t_6=750 ms)

7.2　电磁法数据梯度类反演的基本原理

正如反演时目标函数的构建有多种方法，电磁反演方法根据不同的标准，也有许多不同的分类方法。基于梯度信息的最优化反演是其中一种重要的方法。在构造的目标函数，或误差泛函，为最小二乘法或二范数结构方法的前提下，本书主要依据“基于目标函数梯度信息”的最优化方法与上述两种方法的不同之处，对目前发展较为成熟、使用频繁的三类方法做出一些阐述和回顾，以说明本书选择的非线性共轭梯度(Non-linear Conjugate Gradient, NLCG)方法在处理电磁数据反演上的优势与不足。本节首先阐述了最小二乘解的选择原因、模型泛函项的选择方法，然后详细说明了三种最优化算法以及他们之间的异同，重点阐述了 NLCG 算法实现中迭代步长的选取方法。

7.2.1 最小二乘解

最小二乘解，或最小平方解，作为一种过定问题(over-determined)的数据拟合方法目前仍是许多地球物理反演问题的有效解决方法。为了分析该方法的有效性，首先分析反演问题本身的一些特征：良态(well-posed)与病态(ill-posed)特点。

根据 Hadamard(1902)[237]对良态问题的定义，无论是正演问题，还是反演问题，定义其为良态需要满足 3 个条件：(1)该问题必须有解，即至少有一个解存在；(2)存在的解唯一；(3)存在的解对变量的扰动变化表现稳定。如果上述任一条件不满足，则称该问题为病态。对于地球物理反演问题，可以用数学式简单地表示为：

$$\boldsymbol{d}=\boldsymbol{F}(\boldsymbol{m})+\boldsymbol{e} \tag{7-50}$$

这里

$$\boldsymbol{d}=(d_1\quad d_2\quad \cdots\quad d_N)^{\mathrm{T}} \tag{7-51}$$

$$\boldsymbol{e}=(e_1\quad e_2\quad \cdots\quad e_N)^{\mathrm{T}} \tag{7-52}$$

式中，$\boldsymbol{d}$、$\boldsymbol{e}$ 分别为观测数据向量和数据误差向量，两者构成 N 维大小的数据空间。上标 T 表示转置。M 维的模型空间则表示为

$$\boldsymbol{m}=(m_1\quad m_2\quad \cdots\quad m_M)^{\mathrm{T}} \tag{7-53}$$

式(7-50)中的 $\boldsymbol{F}$ 通常称之为正演映射或正演函数，因为它将模型空间变换到数据空间：

$$\boldsymbol{F}(\boldsymbol{m})=[F_1(\boldsymbol{m})\quad F_2(\boldsymbol{m})\quad \cdots\quad F_N(\boldsymbol{m})]^{\mathrm{T}} \tag{7-54}$$

$\boldsymbol{F}$ 可以是 $\boldsymbol{m}$ 的线性函数，如重力响应，也可以是非线性的，如电磁响应。

反演所要解决的就是在 $\boldsymbol{d}$ 和 $\boldsymbol{e}$ 已知的情形下，找到一个合适的解 $\boldsymbol{m}*$，使方程式(7-50)成立。也就是

$$\boldsymbol{m}^*=\boldsymbol{F}^{-1}(\boldsymbol{d}) \tag{7-55}$$

事实上，上述良态问题的定义标准很难在有限维大小的反演问题中得到保证。例如，在 $\boldsymbol{F}$ 为线性的情形下，式(7-54)可以用矩阵求逆形式表示为：

$$\boldsymbol{F}^{-1}(\boldsymbol{d})=\boldsymbol{A}^{-1}\boldsymbol{d} \tag{7-56}$$

反演问题存在唯一解意味着 $\boldsymbol{A}^{-1}$ 存在，而该条件只可能在模型空间与数据空间具有相同维度时($M=N$)成立。实际上，由于地球物理观测数据(N)常常是有限的，并且在 2D 和 3D 情形下，N 远远小于模型变量(M)，因而唯一解是无法获得的，只能寻找某种意义下的拟合解。

寻找某种模型使 $\boldsymbol{F}(\boldsymbol{m})$ 与 $\boldsymbol{d}$ 尽可能的拟合，在数学上可以定义为极小化某个目标函数，也就是罚函数(Penalty function)，使得 $\boldsymbol{F}(\boldsymbol{m})$ 与 $\boldsymbol{d}$ 之间的偏差 $\boldsymbol{F}(\boldsymbol{m})-\boldsymbol{d}$ 极小化，这种目标函数通常也被称为数据不拟合函数(data misfit function)，当采用最小二乘法或 L_2 范数来构建目标函数 $\boldsymbol{\Phi}$ 时，其表达式可以写为：

$$\boldsymbol{\Phi}(\boldsymbol{m}) = [\boldsymbol{d} - F(\boldsymbol{m})]^{\mathrm{T}} W [\boldsymbol{d} - \boldsymbol{F}(\boldsymbol{m})] \tag{7-57}$$

式中，矩阵 W 通常选择为正定矩阵(positive definite matrix)，作用是对偏差[residual $= \boldsymbol{F}(\boldsymbol{m}) - \boldsymbol{d}$]加权。

使用上述最小二乘拟合的原因在于，当观测数据的误差可以视为随机变量时，这种方法可以从概率分析角度得出合理的解释(Rodi and Mackie, 2012)[235]。定义误差向量的联合概率密度函数为 $f_e(e_1, e_2, \cdots, e_N)$ 或 $f_e(e)$，根据方程式(7-50)可以得到数据 $\boldsymbol{d}$ 的概率密度函数(依赖于 $\boldsymbol{m}$)：

$$\boldsymbol{f}_d(\boldsymbol{d}; \boldsymbol{m}) = \boldsymbol{f}_e[\boldsymbol{d} - \boldsymbol{F}(\boldsymbol{m})] \tag{7-58}$$

当观测值 $\boldsymbol{d}$ 不变时，$\boldsymbol{f}_d(\boldsymbol{d}; \boldsymbol{m})$ 可被视为模型空间 $\boldsymbol{m}$ 的函数，该函数称之为可能性函数(likelihood function)。根据最大可能性估计(maximum likelihood estimation)方法，我们可以试图在模型空间找出某个 $\boldsymbol{m}$，使得概率密度 $\boldsymbol{f}_d(\boldsymbol{d}; \boldsymbol{m})$ 最大时所对应的 $\boldsymbol{m}$ 被认为是最好的解，即

$$\boldsymbol{f}_d(\boldsymbol{d}; \boldsymbol{m}^*) = \max_m \boldsymbol{f}_d(\boldsymbol{d}; \boldsymbol{m}) \tag{7-59}$$

当 $\boldsymbol{m} = \boldsymbol{m}*$ 时，我们就认为在所有可能的解当中，此时得到的解使得观测值 $\boldsymbol{d}$ 看起来最像是随机采样得到的。

更进一步可以考虑数据误差为正态分布(也就是 Gaussian 分布)的随机变量时，最小二乘估计作为最大可能性估计解的有效性。此时，概率密度 $f_e(e)$ 可以用它的一阶矩(期望)和二阶矩(方差)来表示，定义第 i 个数据误差的均值为 ε_i，第 i 个和第 j 个数据误差的协方差为 σ_{ij}，即

$$E[\boldsymbol{e}_i] = \boldsymbol{\varepsilon}_i \tag{7-60}$$

$$\mathrm{Cov}[\boldsymbol{e}_i, \boldsymbol{e}_j] = \boldsymbol{\sigma}_{ij} \tag{7-61}$$

期望 E 和协方差 Cov 的定义为

$$E[e_i] = \int e_i f_e(e_1, e_2, \cdots, e_N) de_1 de_2 \cdots de_N \tag{7-62}$$

$$\mathrm{Cov}[e_i, e_j] = E\{(e_i - E[e_i])(e_j - E[e_j])\} \tag{7-63}$$

方程式(7-62)和式(7-63)写为矢量和矩阵的形式为

$$E[\boldsymbol{e}] = \varepsilon \tag{7-64}$$

$$Var[\boldsymbol{e}] = \sum \tag{7-65}$$

上式中，方差矩阵 Σ 已被假定为正定的(因此，也是可逆的)，至此，误差矢量的概率密度函数可以表示为

$$\boldsymbol{f}_e(\boldsymbol{e}) = \frac{1}{(2\pi)^{N/2}(\det \sum)^{1/2}} \exp\left\{-\frac{1}{2}(\boldsymbol{e} - \boldsymbol{\varepsilon})^{\mathrm{T}} \sum{}^{-1} (\boldsymbol{e} - \boldsymbol{\varepsilon})\right\} \tag{7-66}$$

在方程式(7-66)中，det 表示矩阵的行列式的值，从该方程出发，如果有

$$\varepsilon = 0, \ \sum{}^{-1} = W \tag{7-67}$$

那么

$$\boldsymbol{f}_d(\boldsymbol{d}; \boldsymbol{m}) = \boldsymbol{f}_e(\boldsymbol{e}) = \frac{(\det W)^{1/2}}{(2\pi)^{N/2}} \exp\left\{-\frac{1}{2}\boldsymbol{\Phi}(\boldsymbol{m}; \boldsymbol{d})\right\} \tag{7-68}$$

这里，$\Phi(m; d)$是方程式(7-57)里所定义的目标泛函。据方程式(7-68)可以很容易地看到，在前述的数据误差具有 Gaussian 型的随机分布特征并满足式(7-67)时，极小化 $\Phi(m; d)$就相当于最大化可能性函数 f_d，此时，最小二乘解可以作为可能性函数的无偏估计。

尽管在实际中，采集到的数据可能并不具备 Gaussian 型随机误差，这时，最小二乘解并不是无偏估计，然而，由于这种估计方法往往使得地球物理反演在一定程度上简单化了，所以，该方法仍然得到了广泛的使用。

7.2.2　目标函数的构建

在使用最小二乘估计构建数据的目标函数时，为了改善地球物理反演中解不唯一的病态性($M > N$)，往往需要给目标函数加上某种约束，如 Tikhonov 正则化、样条光滑等，这时，我们得到了称之为阻尼最小二乘估计(damped least squares estimation)的解。模型空间 m 的阻尼最小二乘估计问题可以定义为加上以下模型约束的最小二乘优化问题：

$$\boldsymbol{\Omega}(\boldsymbol{m}) \leqslant \mu \tag{7-69}$$

式中，$\mu > 0$，$\boldsymbol{\Omega}$ 是 $\boldsymbol{m}$ 的非负函数，在 Tikhonov 正则化理论里被称为稳定泛函(stabilizing functional)，该泛函的作用是压制我们不需要的一些解，比如一些解空间里振荡的 $\boldsymbol{m}$，或根据其他资料(如地质、钻井)已经确定不存在的一些解等。通过 Lagrange 乘子 λ 的引入，可以将不等式(7-69)表示的约束项整合到目标函数式(7-57)中，从而构成了最小化以下目标函数的无约束最优化问题：

$$\boldsymbol{\Psi}(\boldsymbol{m}) = \boldsymbol{\Phi}(\boldsymbol{m}) + \lambda \cdot \boldsymbol{\Omega}(\boldsymbol{m}) \tag{7-70}$$

这里，$\lambda > 0$，其取值范围由不等式(7-69)中的μ 决定，λ 也常常被称之为正则化参数或正则化因子(后续内容中沿用该名称，而不是 Lagrange 乘子，尽管他们在目标函数里的含义是一样的)。显然，在方程式(7-70)所定义的目标泛函中，正则化因子 λ 的引入可以平衡 $\boldsymbol{\Phi}(\boldsymbol{m})$和 $\boldsymbol{\Omega}(\boldsymbol{m})$的权重：当 $\boldsymbol{\Phi}(\boldsymbol{m}) > \lambda\boldsymbol{\Omega}(\boldsymbol{m})$时，数据偏差的极小化占优势；而当 $\boldsymbol{\Phi}(\boldsymbol{m}) < \lambda\boldsymbol{\Omega}(\boldsymbol{m})$时，模型约束项的极小化占优势。

当实测数据的误差水平可以预先估计时，一种有效选取 λ 因子的方法是用不同的 λ 值进行试错迭代，使得数据的拟合差降到误差水平以内，此时得到的 λ 值就作为该次模型迭代时正则化因子的最优值。

7.2.3　稳定泛函 - 模型函数的选择

在地球物理反演中，模型的稳定泛函的一种常用构建方法是选择为未知模型 m 的空间粗糙度(spatial roughness)函数，其作用是在极小化目标函数式(7-70)时，将某种意义上最光滑的模型解作为待反演问题的最优解。这种反演思想即为 Occam 剃刀原则，即选择匹配观测数据最少的结构模型。由此发展的一类反演方法称为 Occam 反演[179]，Occam 反演的另一个特点是在每次迭代更新模型 m_l 后，使用一维搜索确定此时的最佳正则化因子 $\boldsymbol{\lambda}_{l,k}$，从而保证数据目标函数项 $\boldsymbol{\Phi}(m)$ 的充分递减。

空间粗糙度通常是以模型函数 $m(r)$ 的空间导数形式定义，此处的标量 m 表示模型参数（如电导率）为空间位置的连续函数。稳定泛函的连续形式可以定义为：

$$\boldsymbol{\Omega}(\boldsymbol{m}) = \int_V |Lm|^2 \mathrm{d}V \tag{7-71}$$

式中，V 是模型函数的定义域，L 表示微分算子，$|\cdots|$ 表示绝对值。

在 1D 情形中，设 $m(z)$ 的定义域为 $0 \leqslant z \leqslant a$，微分算子 L 选择为一阶导数 $L = \mathrm{d}/\mathrm{d}z$，则有

$$\boldsymbol{\Omega}(\boldsymbol{m}) = \int_0^a \left(\frac{\mathrm{d}m}{\mathrm{d}z}\right)^2 \mathrm{d}z \tag{7-72}$$

通常称这种模型约束为最光滑模型（smoothest model），微分算子也可以选择为二阶导数 $L = \mathrm{d}^2/\mathrm{d}z^2$，这时，模型泛函可以写为：

$$\boldsymbol{\Omega}(\boldsymbol{m}) = \int_0^a \left(\frac{\mathrm{d}^2 m}{\mathrm{d}z^2}\right)^2 \mathrm{d}z \tag{7-73}$$

二阶导数的模型约束则被称为最平坦模型（flattest model）。在 2D 和 3D 情形下，上述两种微分算子则可以分别用梯度算子和拉普拉斯算子（Laplacian operator）表示：

$$\boldsymbol{\Omega}(\boldsymbol{m}) = \int_V |\nabla m|^2 \mathrm{d}V = \int_V \nabla m \cdot \nabla m \mathrm{d}V \tag{7-74}$$

以及

$$\boldsymbol{\Omega}(\boldsymbol{m}) = \int_V |\nabla^2 m|^2 \mathrm{d}V = \int_V \nabla^2 m \cdot \nabla^2 m \mathrm{d}V \tag{7-75}$$

方程式(7-74)和式(7-75)表示的稳定泛函还可以写为

$$\Omega(m) = \int_V mKm \mathrm{d}V \tag{7-76}$$

这里的 K 代表适当的微分算子。例如，针对方程式(7-72)表示的最光滑约束，将方程右端项进行分部积分展开：

$$\int_0^a \left(\frac{\mathrm{d}\boldsymbol{m}}{\mathrm{d}z}\right)^2 \mathrm{d}z = \int_0^a \frac{\mathrm{d}\boldsymbol{m}}{\mathrm{d}z} \cdot \frac{\mathrm{d}\boldsymbol{m}}{\mathrm{d}z} \mathrm{d}z = \boldsymbol{m} \frac{\mathrm{d}\boldsymbol{m}}{\mathrm{d}z}\bigg|_{z=a} - \boldsymbol{m} \frac{\mathrm{d}\boldsymbol{m}}{\mathrm{d}z}\bigg|_{z=0} - \int_0^a \boldsymbol{m} \cdot \frac{\mathrm{d}^2 \boldsymbol{m}}{\mathrm{d}z^2} \mathrm{d}z \tag{7-77}$$

当模型函数 $m(z)$ 满足 Dirichlet 边界条件：$m(z) = 0$，或 Neumann 边界条件：$\frac{\mathrm{d}\boldsymbol{m}}{\mathrm{d}z} = 0$ 时，式(7-77)右端的前两项为零，于是：

$$\boldsymbol{\Omega}(\boldsymbol{m}) = -\int_0^a \boldsymbol{m} \cdot \frac{\mathrm{d}^2 \boldsymbol{m}}{\mathrm{d}z^2} \mathrm{d}z \tag{7-78}$$

这里，$K = -\mathrm{d}^2/\mathrm{d}z^2$。对于最平坦约束，同样可以推导出 $K = -\mathrm{d}^4/\mathrm{d}z^4$（假设边

界上$\frac{\mathrm{d}\boldsymbol{m}}{\mathrm{d}z}=0$，$\frac{\mathrm{d}^3\boldsymbol{m}}{\mathrm{d}z^3}=0$）。

以上讨论的是连续函数 $\boldsymbol{m}(r)$ 的积分形式，实际中我们往往处理的是有限维度的离散模型函数，因此，需要对方程式(7－78)进行网格离散，化为近似求和形式。设 $\boldsymbol{m}(r)$ 空间离散的大小如方程式(7－53)所示，在 1D 情形，可以假设 $\boldsymbol{m}(z)$ 在 $z=[0,a]$ 上分段均匀，于是矢量 $\boldsymbol{m}$ 的第 j 个元素可以被采样为：$m_j=m(z_j)$。利用简单的一阶向后差分，可以将$\frac{\mathrm{d}\boldsymbol{m}}{\mathrm{d}z}$表示为：

$$\frac{\mathrm{d}\boldsymbol{m}}{\mathrm{d}z}=\frac{m_{j+1}-m_j}{z_{j+1}-z_j}=\frac{m_{j+1}-m_j}{h_j} \tag{7-79}$$

$j=1,2,\cdots,M-1$；h_j 为 m_j 所在的层厚。方程式(7－72)可以近似为：

$$\int_0^a\left(\frac{\mathrm{d}\boldsymbol{m}}{\mathrm{d}z}\right)^2\mathrm{d}z\approx\sum_{j=1}^{M-1}\left(\frac{m_{j+1}-m_j}{z_{j+1}-z_j}\right)^2(z_{j+1}-z_j)=\sum_{j=1}^{M-1}\frac{(m_{j+1}-m_j)^2}{h_j} \tag{7-80}$$

将上式的右端项写成矩阵形式：

$$\sum_{j=1}^{M-1}\frac{(m_{j+1}-m_j)^2}{h_j}=\sum_{j=1}^{M-1}\frac{m_{j+1}-m_j}{\sqrt{h_j}}\frac{m_{j+1}-m_j}{\sqrt{h_j}}=\boldsymbol{m}^{\mathrm{T}}\boldsymbol{L}^{\mathrm{T}}\boldsymbol{L}\boldsymbol{m}=\boldsymbol{m}^{\mathrm{T}}\boldsymbol{W}_m\boldsymbol{m} \tag{7-81}$$

可以通过简单的运算证明，这里的矩阵 L 为：

$$\boldsymbol{L}_{(M-1)\times M}=\begin{pmatrix}-\frac{1}{\sqrt{h_1}} & \frac{1}{\sqrt{h_1}} & 0 & 0 & \cdots & \\ & -\frac{1}{\sqrt{h_2}} & \frac{1}{\sqrt{h_2}} & 0 & \cdots & \\ & & \ddots & \ddots & & \\ & & 0 & -\frac{1}{\sqrt{h_{M-1}}} & \frac{1}{\sqrt{h_{M-1}}} & \end{pmatrix} \tag{7-82}$$

矩阵 $\boldsymbol{W}_m(M\times M)$ 通常称为模型加权矩阵，此处等于

$$\boldsymbol{W}_m=\boldsymbol{L}^{\mathrm{T}}\boldsymbol{L}=\begin{pmatrix}\frac{1}{h_1} & -\frac{1}{h_1} & 0 & \cdots & \\ -\frac{1}{h_1} & \frac{1}{h_1}+\frac{1}{h_2} & -\frac{1}{h_2} & 0 & 0\\ & \ddots & \ddots & \vdots & \vdots\\ & & -\frac{1}{h_{M-2}} & \frac{1}{h_{M-2}}+\frac{1}{h_{M-1}} & -\frac{1}{h_{M-1}}\\ & & & -\frac{1}{h_{M-1}} & \frac{1}{h_{M-1}}\end{pmatrix} \tag{7-83}$$

在 2D 模型情形，方程式(7－74)可以写为：

$$\boldsymbol{\Omega}(\boldsymbol{m}) = \int_V \nabla \boldsymbol{m} \cdot \nabla \boldsymbol{m} \mathrm{d}V = \iint_A \left[\left(\frac{\mathrm{d}\boldsymbol{m}}{\mathrm{d}x} \right)^2 + \left(\frac{\mathrm{d}\boldsymbol{m}}{\mathrm{d}z} \right)^2 \right] \mathrm{d}x\mathrm{d}z \tag{7-84}$$

方程式(7－84)右端项中的被积函数有 x、z 两个方向的一阶导数，他们的离散方法与前述 1D 情形类似：

$$\iint_{Area} \left[\left(\frac{\mathrm{d}\boldsymbol{m}}{\mathrm{d}x} \right)^2 + \left(\frac{\mathrm{d}\boldsymbol{m}}{\mathrm{d}z} \right)^2 \right] \mathrm{d}x\mathrm{d}z = \sum_{j=1}^{N_x-1} \sum_{i=1}^{N_z-1} h_i \frac{(m_{i+1,j} - m_{i,j})^2}{l_j} + \sum_{j=1}^{N_x-1} \sum_{i=1}^{N_z-1} l_j \frac{(m_{i+1,j} - m_{i,j})^2}{h_i} \tag{7-85}$$

式中，$h_i = z_{i+1} - z_i$，$l_j = x_{j+1} - x_j$，$i = 1, 2, \cdots, N_z - 1$；$j = 1, 2, \cdots, N_x - 1$；此处，$N_z$和 N_x分别为 z、x 方向上的网格单元数：$M = N_z \times N_x$. 类似于方程式(7－81)，上述方程的矩阵形式可以表达如下：

$$\iint_{Area} \left[\left(\frac{\mathrm{d}\boldsymbol{m}}{\mathrm{d}x} \right)^2 + \left(\frac{\mathrm{d}\boldsymbol{m}}{\mathrm{d}z} \right)^2 \right] \mathrm{d}x\mathrm{d}z = \boldsymbol{m}^{\mathrm{T}} \boldsymbol{W}_{mx} m + \boldsymbol{m}^{\mathrm{T}} \boldsymbol{W}_{mz} \boldsymbol{m} \tag{7-86}$$

这里，

$$\boldsymbol{m} = [m_1 \quad m_2 \quad \cdots \quad m_M]^{\mathrm{T}} \tag{7-87}$$

加权矩阵 $\boldsymbol{W}_{mx}(M \times M)$为：

$$\boldsymbol{W}_{mx} = \begin{pmatrix} \frac{h_1}{l_1} & -\frac{h_1}{l_1} & 0 & \cdots & & & & \\ -\frac{h_1}{l_1} & \frac{h_1}{l_1} + \frac{h_2}{l_1} & -\frac{h_2}{l_1} & 0 & \cdots & & & \\ & \ddots & \ddots & & & & & \\ & & -\frac{h_{N_z-2}}{l_1} & \frac{h_{N_z-2}}{l_1} + \frac{h_{N_z-1}}{l_1} & -\frac{h_{N_z-1}}{l_1} & 0 & \cdots & \\ & & & -\frac{h_{N_z-1}}{l_1} & \frac{h_{N_z-1}}{l_1} & 0 & \cdots & \\ & & & & & \frac{h_1}{l_2} & -\frac{h_1}{l_2} & \\ & & & & & & \cdots & \end{pmatrix} \tag{7-88}$$

$\boldsymbol{W}_{mz}(M \times M)$则为

$$
\boldsymbol{W}_{mz}=\begin{pmatrix}
\frac{l_1}{h_1} & -\frac{l_1}{h_1} & 0 & 0 & \cdots & & & \\
-\frac{l_1}{h_1} & \frac{l_1}{h_1}+\frac{l_1}{h_2} & -\frac{l_1}{h_2} & 0 & \cdots & & & \\
& \ddots & \ddots & & & & & \\
& & -\frac{l_1}{h_{N_z-2}} & \frac{l_1}{h_{N_z-2}}+\frac{l_1}{h_{N_z-1}} & -\frac{l_1}{h_{N_z-1}} & 0 & \cdots & \\
& & & -\frac{l_1}{h_{N_z-1}} & \frac{l_1}{h_{N_z-1}} & 0 & \cdots & \\
& & & & & \frac{l_2}{h_1} & -\frac{l_2}{h_1} & \\
& & & & & & \cdots &
\end{pmatrix} \tag{7-89}
$$

可以看出，在一阶导数约束下构建的模型加权矩阵都是带状稀疏的(假设模型网格单元为结构化剖分)，并且是对称、半正定矩阵，当模型矢量 $\boldsymbol{m}$ 不满足所有元素相等时，则为正定矩阵。方程式(7－88)和式(7－89)描述的是模型参数 m_j 按列递增、规则编号的情形。特别是当网格单元在 x、z 方向上均匀剖分时，上述模型加权矩阵可以简单化为(只写出了 N_z+2 行)

$$
\boldsymbol{W}_{m}=\begin{pmatrix}
1 & -1 & 0 & \cdots & & & \\
-1 & 2 & -1 & 0 & \cdots & & \\
& \ddots & \ddots & & & & \\
& & -1 & 2 & -1 & 0 & \cdots \\
& & & -1 & 1 & 0 & \cdots \\
& & & & & 1 & -1 \\
& & & & & -1 & \cdots
\end{pmatrix} \tag{7-90}
$$

对于 3D 情形，同样可以得出类似的模型加权矩阵结构。而在选择最平坦模型约束时，需要利用高阶差分来近似 Laplacian 算子(∇^2)，由于本书目前没有考虑此种情形的模型约束，具体推导略过，建议有兴趣的读者可以进一步尝试。

7.2.4　利用目标函数梯度的三种最优化方法

对于非线性的 $\boldsymbol{F}(\boldsymbol{m})$，利用方程式(7－57)定义的目标函数自然也是非线性的，与无需目标函数梯度信息的完全非线性反演(如神经网络)不同，梯度类的优化反演算法原理是从一个初始猜测值开始的，利用目标函数在初始值附近的一阶导数(有时甚至二阶导数)构造搜索方法，得到一系列的模型空间解 m_l，$l=1, 2, \cdots$，使之 $\boldsymbol{\Phi}(m_{l+1})<\boldsymbol{\Phi}(m_l)$，直至 $\boldsymbol{\Phi}(m_l)<$公差值. 这种迭代类的算法关键是保证迭代过程的收敛。

基于梯度的迭代方法通常只会得到局部的目标函数极值，因为这些方法的本质是从给定的初始模型进行局部的最优化，因此，这类方法的效果也会严重依赖于初始值的选择。与之相反，全局优化算法则试图从整个空间进行迭代搜索，因而有可能找到目标函数的全局极值，这类方法有网格搜索法(grid search)、遗传算法(genetic algorithm)和模拟退火算法(simulated annealing)等，由于这类算法本身的一些特点，如涉及的正演计算次数过多，目前在电磁法数据解释中处于非主流地位，本书没有涉及。尽管梯度类的优化算法存在上述两个主要缺点，但是这类算法往往具有较快的收敛速度，Alumbaugh[238]曾指出，在某种程度上，梯度类算法使用较少的不同初始模型反复进行局部搜索，能够获得比全局搜索算法更高的效率。

7.2.4.1 **线性化**

线性化对于非线性问题的最优化迭代类反演有重要的影响。若加上预测参考模型 m_{pre}，方程式(7-70)表示的目标函数可重写为如下矩阵形式

$$\boldsymbol{\Psi}(\boldsymbol{m})=(\boldsymbol{d}-\boldsymbol{F}(\boldsymbol{m}))^{\mathrm{T}}\boldsymbol{W}_d(\boldsymbol{d}-\boldsymbol{F}(\boldsymbol{m}))+\lambda(\boldsymbol{m}-\boldsymbol{m}_{\mathrm{pre}})^{\mathrm{T}}\boldsymbol{W}_m(\boldsymbol{m}-\boldsymbol{m}_{\mathrm{pre}}) \tag{7-91}$$

矩阵 $\boldsymbol{W}_d$ 与数据加权方式有关，而 $\boldsymbol{W}_m$ 则由模型约束决定。上述函数的梯度(gradient)及二阶导数(Hessian)分别为

$$\boldsymbol{g}_m=2\boldsymbol{A}_m^{\mathrm{T}}\boldsymbol{W}_d(\boldsymbol{F}(\boldsymbol{m})-\boldsymbol{d})+2\lambda\boldsymbol{W}_m(\boldsymbol{m}-\boldsymbol{m}_{\mathrm{pre}}) \tag{7-92}$$

$$\boldsymbol{H}_m=2\boldsymbol{A}_m^{\mathrm{T}}\boldsymbol{W}_d\boldsymbol{A}_m+\boldsymbol{H}^{sec}+2\lambda\boldsymbol{W}_m \tag{7-93}$$

在方程式(7-92)和式(7-93)中，$\boldsymbol{A}_m$ 是正演函数 $\boldsymbol{F}$ 对 $\boldsymbol{m}$ 的一阶导数，$\boldsymbol{H}^{sec}$ 是包含 $\boldsymbol{F}$ 对 $\boldsymbol{m}$ 的二阶导数与 F 乘积的项。对于电磁法而言，$\boldsymbol{F}$ 常常是非线性的，因此 $\boldsymbol{H}^{sec}$ 的求解非常困难。非线性的 $\boldsymbol{F}$ 意味着方程式(7-91)所表示的函数并不是 $\boldsymbol{m}$ 的二次型函数(quadratic function)，因而使用驻点条件(梯度为0)并不能保证求得唯一的极值点(假设求得的已经是极值点，而不仅是驻点)，可能会有无穷多个极值点。只有当 $\boldsymbol{H}_m$ 为正定矩阵，或者函数 $\boldsymbol{\Psi}$ 为 $\boldsymbol{m}$ 的二次型时，才能利用驻点条件得到唯一的极值点。基于梯度的线性化迭代方法的关键在于：利用 F 在某个预先选定的解 m_0 的微小领域内进行一阶 Taylor 展开，即如下线性化

$$\boldsymbol{F}(\boldsymbol{m})\approx\widetilde{\boldsymbol{F}}(\boldsymbol{m})=\boldsymbol{F}(\boldsymbol{m}_0)+\boldsymbol{A}_{m_0}\cdot(\boldsymbol{m}-\boldsymbol{m}_0) \tag{7-94}$$

从而获得局部的二次型目标函数 Ψ，此时，H^{sec} 为0，因而 Hessian 矩阵的求解变得相对简单，只需目标函数的一阶导数就可以求出。

将式(7-94)代入到式(7-92)中，并令梯度为0，得到所谓的法方程(normal equation)：

$$\boldsymbol{A}_{m_0}^{\mathrm{T}}\boldsymbol{W}_d\boldsymbol{A}_{m_0}\cdot(\boldsymbol{m}-\boldsymbol{m}_0)+\lambda\boldsymbol{W}_m(\boldsymbol{m}-\boldsymbol{m}_{\mathrm{pre}})=\boldsymbol{A}_{m_0}^{\mathrm{T}}\boldsymbol{W}_d[\boldsymbol{d}-F(\boldsymbol{m}_0)] \tag{7-95}$$

法方程的解为

$$\boldsymbol{m}=\boldsymbol{m}_0+(\boldsymbol{A}_{m_0}^{\mathrm{T}}\boldsymbol{W}_d\boldsymbol{A}_{m_0}+\lambda\boldsymbol{W}_m)^{-1}\{\boldsymbol{A}_{m_0}^{\mathrm{T}}\boldsymbol{W}_d[d-F(\boldsymbol{m}_0)]+\lambda\boldsymbol{W}_m(\boldsymbol{m}_{\mathrm{pre}}-\boldsymbol{m}_0)\} \tag{7-96}$$

或者

$$\boldsymbol{m}=\boldsymbol{m}_{\mathrm{pre}}+(\boldsymbol{A}_{m_0}^{\mathrm{T}}\boldsymbol{W}_d\boldsymbol{A}_{m_0}+\lambda\boldsymbol{W}_m)^{-1}\boldsymbol{A}_{m_0}^{\mathrm{T}}\boldsymbol{W}_d[\boldsymbol{d}-\tilde{F}(\boldsymbol{m}_{\mathrm{pre}})] \tag{7-97}$$

结合方程式(7－92)和式(7－93)的定义可以看出，迭代式(7－96)和式(7－97)都可以写成以下形式

$$\boldsymbol{m}=\boldsymbol{m}_{ini}-\boldsymbol{H}_{m_{ini}}^{-1}\cdot\boldsymbol{g}\big|_{m=m_{ini}} \tag{7-98}$$

或者更一般的形式

$$\boldsymbol{m}_{l+1}=\boldsymbol{m}_l-\boldsymbol{H}_l^{-1}\cdot g_l \tag{7-99}$$

当 $\boldsymbol{H}$ 和 $\boldsymbol{g}_l$ 没有经过局部的线性化近似，均为方程式(7－92)和式(7－93)表示的精确表达式时，式(7－99)表示的迭代格式即为著名的 Newton 迭代法。

7.2.4.2　高斯－牛顿迭代(GN)

高斯－牛顿迭代(Gauss-Newton method，简称为 GN)的构造方法是 Newton 迭代的直接近似，即利用式(7－94)表示的一阶近似

$$F(\boldsymbol{m}_{l+1})\approx\tilde{F}(\boldsymbol{m}_{l+1})=F(\boldsymbol{m}_l)+A_{m_l}\cdot(\boldsymbol{m}_{l+1}-\boldsymbol{m}_l) \tag{7-100}$$

构造二次化的目标函数

$$\tilde{\boldsymbol{\Psi}}(\boldsymbol{m})=(\boldsymbol{d}-\tilde{F}(\boldsymbol{m}))^{\mathrm{T}}\boldsymbol{W}_d(\boldsymbol{d}-\tilde{F}(\boldsymbol{m}))+\lambda(\boldsymbol{m}-\boldsymbol{m}_{\mathrm{pre}})^{\mathrm{T}}W_m(\boldsymbol{m}-\boldsymbol{m}_{\mathrm{pre}}) \tag{7-101}$$

此时，Hessian 矩阵近似为

$$\boldsymbol{H}_m=2\boldsymbol{A}_m^{\mathrm{T}}\boldsymbol{W}_d\boldsymbol{A}_m+2\lambda\boldsymbol{W}_m \tag{7-102}$$

上述线性化的作用不仅使得 $\boldsymbol{H}_m$ 的计算和存储简化，也让 $\boldsymbol{H}_m$ 更为接近正定，从而使得迭代过程更为稳定。参考方程(7－96)，GN 的一般迭代格式可以写为

$$\boldsymbol{m}_{l+1}=\boldsymbol{m}_l+(\boldsymbol{A}_l^{\mathrm{T}}\boldsymbol{W}_dA_l+\lambda\boldsymbol{W}_m)^{-1}\{\boldsymbol{A}_l^{\mathrm{T}}\boldsymbol{W}_d[\boldsymbol{d}-\boldsymbol{F}(\boldsymbol{m}_l)]+\lambda\boldsymbol{W}_m(\boldsymbol{m}_{\mathrm{pre}}-\boldsymbol{m}_l)\} \tag{7-103}$$

其中，$\boldsymbol{A}_l=\boldsymbol{A}_{m_l}$

上述迭代方法涉及到 $M\times M$ 大小的 $\boldsymbol{H}_m$ 的求逆，当 $\boldsymbol{M}$ 较大时，计算比较耗时，存储空间要求也较高，实际中在处理2D和3D反演时，常用其他方法来避免 $\boldsymbol{H}_m$ 的显式存储，例如将反演网格尺寸 M_{inv} 选为正演计算网格 M_{forword} 的一个较小子集(Sasaki，2004)[239]；在保证一定精度的前提下，去近似地，而不是精确地计算 $\boldsymbol{A}_l$，加快 $\boldsymbol{H}_m$ 的计算速度。另一种方法是将 $M\times M$ 大小的 $\boldsymbol{H}_m$ 的求逆，转换为 $N\times N$ 大小的"$\boldsymbol{H}_m$"的求逆($N\cdot M$)，称为模型空间到数据空间的转变。当 $\boldsymbol{W}_m$ 和 $\boldsymbol{W}_d$ 为正定时，方程式(7－103)与下式等价

$$\boldsymbol{m}_{l+1}=\boldsymbol{m}_{\mathrm{pre}}+\boldsymbol{W}_m^{-1}\boldsymbol{A}_l^{\mathrm{T}}(\boldsymbol{A}^l\boldsymbol{W}_m^{-1}\boldsymbol{A}_l^{\mathrm{T}}+\lambda\boldsymbol{W}_d^{-1})^{-1}[\boldsymbol{d}-\tilde{F}_l(\boldsymbol{m}_{\mathrm{pre}})] \tag{7-104}$$

其中，

$$\tilde{\boldsymbol{F}}_l(m_{\text{pre}}) = \boldsymbol{F}(\boldsymbol{m}_l) + \boldsymbol{A}_l \cdot (\boldsymbol{m}_{\text{pre}} - \boldsymbol{m}_l) \tag{7-105}$$

方程式(7-104)只涉及到N维大小的矩阵求逆，因而要比原来的$\boldsymbol{H}_m$求逆容易，更为重要的是，计算内存得到了较大的节省。Siripunvaraporn 和 Egbert[242, 243]采用这种数据空间的迭代方法反演2D和3D的MT数据时获得了更高的计算效率。

模型空间GN的算法实现步骤可以总结如下：

(1)给定初始模型m_l，参考模型m_{pre}，计算均方根$RMS\ r_l$；

(2)选取正则化因子λ；

(3)开始GN迭代，$l=1,\ N$：

3.1)计算m_k处的灵敏度$\boldsymbol{A}_l$；

3.2)计算$\boldsymbol{A}_l^{\mathrm{T}}\boldsymbol{W}_d[d-\boldsymbol{F}(\boldsymbol{m}_l)]+\lambda\boldsymbol{W}_m(\boldsymbol{m}_{\text{pre}}-\boldsymbol{m}_l)$；

3.3)通过解方程组，计算$\boldsymbol{A}_l^{\mathrm{T}}\boldsymbol{W}_d\boldsymbol{A}_l+\lambda\boldsymbol{W}_m+\xi I$与上一步的乘积，这里$\xi$是为增加稳定性引入的一个微小的正数；

3.4)模型更新：$\boldsymbol{m}_{l+1}$；

3.5)计算$RMS\ r_{l+1}$；

3.6)当r_{l+1}小于预设阈值时退出迭代；

(4)循环返回。

7.2.4.3 高斯-牛顿-共轭梯度迭代(GN-CG)

在上述GN迭代体系下，为了完全绕开近似Hessian矩阵的求逆，可以采取共轭梯度(Conjugate Gradient, CG)迭代求解方程式(7-99)中的模型更新，即在每一步的GN迭代中，用迭代方法求解模型修改量。GN-CG迭代格式可以表述为

$$\boldsymbol{m}_{l,k+1} = \boldsymbol{m}_{l,k} + \alpha_k \boldsymbol{p}_k,\quad k=0,1,\cdots,K-1 \tag{7-106}$$

上式中，l表示GN迭代步，k表示CG迭代步，α_k为迭代步长，$\boldsymbol{p}_k$是CG迭代方向矢量。使用CG方法迭代求解模型修改量相当于用CG迭代来最小化局部m_l处的二次型目标函数$\tilde{\Psi}$，相比GN的直接解方程组，这样处理的优势是每次模型更新时可以得到更小的计算量和内存使用量，其缺陷是迭代次数的增加，有可能导致收敛过慢。

对于二次型目标函数，可以直接用其梯度和二阶导数表示

$$\tilde{\Psi}(\boldsymbol{m}) = \Psi(\boldsymbol{m}_l) + \boldsymbol{g}_l^{\mathrm{T}}(\boldsymbol{m}-\boldsymbol{m}_l) + \frac{1}{2}(\boldsymbol{m}-\boldsymbol{m}_l)^{\mathrm{T}}\boldsymbol{H}_l(\boldsymbol{m}-\boldsymbol{m}_l) \tag{7-107}$$

式中，$\boldsymbol{g}_l$和$\boldsymbol{H}_l$的定义分别与方程式(7-92)和式(7-102)等价。将方程式(7-106)代入上式，得到

$$\tilde{\Psi}(\boldsymbol{m}_{l,k}+\alpha_k\boldsymbol{p}_k) = \tilde{\Psi}(\boldsymbol{m}_{l,k}) + \alpha_k\boldsymbol{g}_{l,k}^{\mathrm{T}}\boldsymbol{p}_k + \frac{1}{2}\alpha_k^2\boldsymbol{p}_k^{\mathrm{T}}\boldsymbol{H}_l\boldsymbol{p}_k \tag{7-108}$$

注意到在方程式(7-92)和方程式(7-102)中，$\boldsymbol{g}_l$和$\boldsymbol{H}_l$都依赖于灵敏度矩阵$\boldsymbol{A}_l$，而

$$\boldsymbol{A}_l = \frac{\partial F(\boldsymbol{m})}{\partial \boldsymbol{m}}\Big|_{m=m_l} \tag{7-109}$$

因此，每次 CG 迭代时，$\boldsymbol{H}_l$ 将保持不变，但 $\boldsymbol{g}_l$ 则每次需重新计算

$$\boldsymbol{g}_{l,k+1} = \boldsymbol{g}_{l,k} + \boldsymbol{H}_l(m_{l,k+1} - m_{l,k}) = \boldsymbol{g}_{l,k} + \alpha_k \boldsymbol{H}_l \boldsymbol{p}_k,\ k=0, 1, 2, \cdots, K-1 \tag{7-110}$$

$\boldsymbol{g}_{l,0} = \boldsymbol{g}_l$，方程(7－110)与方程(7－92)的计算方式等价。

下面考虑针对方程式(7－106)所示迭代中，迭代步长 $\boldsymbol{\alpha}_k$ 和迭代方向 $\boldsymbol{p}_k$ 的计算方法。根据 Hestenes 和 Stifel[240] 发展的 CG 理论，由于方程式(7－108)表示的近似目标函数为单变量 α_k 的二次函数，只需令其对 α_k 的梯度为 0，即可得到当前迭代的步长

$$\boldsymbol{\alpha}_k = -\frac{\boldsymbol{g}_{l,k}^{\mathrm{T}} \boldsymbol{p}_k}{\boldsymbol{p}_k^{\mathrm{T}} \boldsymbol{H}_l \boldsymbol{p}_k} \tag{7-111}$$

上式即为一维搜索的 Newton-Raphson 方法，其实质是寻找关于 α_k 的二次函数(抛物线)的零点。CG 迭代方向 p_k 则根据梯度方向 $g_{l,k}$ 计算得到：

$$\boldsymbol{p}_{l,0} = -\boldsymbol{C}_l \boldsymbol{g}_{l,0} \tag{7-112}$$

$$\boldsymbol{p}_{l,k} = -\boldsymbol{C}_l \boldsymbol{g}_{l,k} + \boldsymbol{\beta}_{l,k} \boldsymbol{p}_{l,k-1},\ k=1, 2, \cdots, K-1 \tag{7-113}$$

上两式中，矩阵 $\boldsymbol{C}_l$ 为一正定矩阵($M \times M$)，称为预条件处理器(preconditioner)，作用是改善 Hessian 矩阵的条件数。标量 $\beta_{l,k}$ 则为构造共轭方向 $p_{l,k}$ 的系数，其取值方法可以采用以下两种常用的方法：

(1) Fletcher-Reeves 公式

$$\boldsymbol{\beta}_{l,k} = \frac{\boldsymbol{g}_{l,k}^{\mathrm{T}} \boldsymbol{C}_l g_{l,k}}{\boldsymbol{g}_{l,k-1}^{T} \boldsymbol{C}_l g_{l,k-1}} \tag{7-114}$$

(2) Polak-Ribiere 公式

$$\boldsymbol{\beta}_{l,k} = \frac{\boldsymbol{g}_{l,k}^{\mathrm{T}} \boldsymbol{C}_l (g_{l,k} - g_{l,k-1})}{\boldsymbol{g}_{l,k-1}^{\mathrm{T}} \boldsymbol{C}_l g_{l,k-1}} \tag{7-115}$$

有关 CG 更详细的介绍可以参考 Shewchuk (1994)[241]。分析上述计算方法，可以知道 GN－CG 迭代的主要计算量在于灵敏度矩阵的计算、存储以及 Hessian 矩阵与矢量的积运算。当 M 过大时，$\boldsymbol{H}$ 的显式存储、运算耗时较大，为此，Rodi & Mackie(2001, 2012)[221, 235] 在大地电磁(MT)的 2D 和 3D 反演时，提出了根据正演问题形成的线性方程组结构，隐式地求解、存储灵敏度矩阵 $\boldsymbol{A}_l$ 与 CG 迭代方向 $\boldsymbol{p}_k$ 的积，以及 $\boldsymbol{H}$ 与 CG 迭代方向的积的方法，这种方法在每次求解 $\boldsymbol{A}_l$ 与 $\boldsymbol{p}_k$ 之积时，计算量可以与两次正演(包括一次拟正演，quasi-forwarding)耗时相当。值得指出的是，这种方法在正演计算量上与本书前述的伴随场方法计算灵敏度矩阵是相当的，但在本书中，目前必须显式地存储灵敏度矩阵，因而从存储来看，前者更为有效。

GN－CG 的一个关键之处在于 CG 迭代次数的控制。因为是非精确地求解 GN 迭代中模型的更新，过少的 CG 迭代将可能引起 GN 的不收敛，而过多的 CG 迭代则会增加不必要的计算耗时，如何自动决定 CG 迭代次数仍然有待研究。Siripunvaraporn et al.（2007，2011）[242, 243]在用 GN－CG 处理 MT 数据的反演时，发现 CG 迭代次数 N_{CG} 可以视为正则化因子 λ 的函数：λ 较大时，需要的 N_{CG} 较小；λ 较小时，则 N_{CG} 相应变大。并且他们指出，当 λ 过小时，可能会破坏 CG 迭代中共轭方向的正交性，使得 CG 不收敛。

GN－CG 通常也被称为线性 CG 迭代法，因为其优化的目标函数是二次化的近似目标函数，构造的迭代方向也要求关于 H 两两共轭，下面介绍的另一种思路是直接用 CG 迭代来优化非线性的目标函数。

7.2.4.4 非线性共轭梯度迭代（NLCG）

非线性共轭梯度（Non-linear Conjugate Gradient），如其名称所示，是区别于前述的线性 CG 法的，目前也是一种常用电磁法数据反演的优化方法，近年来在 2D 和 3D EM 反演中已有较多的研究[220－222, 213, 244, 245, 18]。与前述 GN－CG 迭代不同的地方在于，待优化的目标函数在初始参考模型 m_k 处并没有二次化，直接用 CG 优化原来的目标函数式（7－91）。将待优化目标函数式（7－91）及其梯度式（7－92）重写如下

$$\boldsymbol{\Psi}(\boldsymbol{m})=(\boldsymbol{d}-\boldsymbol{F}(\boldsymbol{m}))^{\mathrm{T}}\boldsymbol{W}_d(\boldsymbol{d}-\boldsymbol{F}(\boldsymbol{m}))+\lambda(\boldsymbol{m}-\boldsymbol{m}_{\mathrm{pre}})^{\mathrm{T}}\boldsymbol{W}_m(\boldsymbol{m}-\boldsymbol{m}_{\mathrm{pre}}) \tag{7-116}$$

$$\boldsymbol{g}=2\boldsymbol{A}_m^{\mathrm{T}}\boldsymbol{W}_d(\boldsymbol{F}(\boldsymbol{m})-\boldsymbol{d})+2\lambda\boldsymbol{W}_m(\boldsymbol{m}-\boldsymbol{m}_{\mathrm{pre}}) \tag{7-117}$$

模型更新可以写为

$$\boldsymbol{m}_{k+1}=\boldsymbol{m}_k+\alpha_k\boldsymbol{p}_k,\ k=0,\ 1,\ \cdots,\ K-1 \tag{7-118}$$

尽管迭代步长 α_k 的取值仍然为一维搜索确定，但在满足某种充分下降搜索的准则下（如 Wolfe 准则），其搜索计算（如割线法，Secant method）可以不需要利用 Hessian 矩阵，只需要目标函数的梯度信息，从而可以获得比 GN－CG 更小的内存占用。迭代方向的形成过程则与线性 CG 一致。当灵敏度矩阵与迭代方向之积不显式存储计算时，NLCG 甚至可以不需要存储任何大的矩阵，这就是该方法内存需求较小的原因。

主要算法过程为：

（1）给定初始模型 $\boldsymbol{m}_k$，预测模型 $\boldsymbol{m}_{\mathrm{pre}}$，计算均方根误差 $RMS(m_k)$；

（2）选定正则化因子 λ 的值；

（3）开始 NLCG 迭代，$k=1,\ 2,\ \cdots,\ K$；

3.1）计算残差矢量 $\boldsymbol{R}_k=\boldsymbol{F}(\boldsymbol{m}_k)-\boldsymbol{d}$；

3.2）计算模型 $\boldsymbol{m}_k$ 处的 $\boldsymbol{g}_k=2\boldsymbol{A}_k^{\mathrm{T}}\boldsymbol{W}_d\boldsymbol{R}_k+2\lambda\boldsymbol{W}_m(\boldsymbol{m}_k-\boldsymbol{m}_{\mathrm{pre}})$ 和 $\boldsymbol{p}_k$；

3.3）搜索 α，使得 $\boldsymbol{\Psi}(\boldsymbol{m}_k+\alpha_k\boldsymbol{p}_k)$ 极小，$\boldsymbol{p}_1=\boldsymbol{g}_1$；

3.4)模型更新：$\boldsymbol{m}_{k+1}=\boldsymbol{m}_k+\alpha_k\boldsymbol{p}_k$，以及计算 $\boldsymbol{R}_{k+1}$、RMS；

3.5)若 $\|\boldsymbol{R}_{k+1}\|\leqslant\chi^2$，或 $RMS\leqslant\in$，退出迭代，得到最终解；否则，求解 β_{k+1}，更新CG迭代方向；

(4)结束NLCG循环。

以上 K 步描述的是NLCG主循环迭代过程，即模型更新过程，但NLCG的总迭代次数与步长 α_k 的一维搜索密切相关。由于待优化的函数 $\Psi(m_k+\alpha_k p_k)$ 不再是迭代步长 α 的二次函数(至少高于二次)，因而我们不能期望像方程(7-111)那样局部优化时，可以确保一次性地求解出最佳步长，通常需要用迭代法获得最佳步长 $\alpha_{k,best}$。同样地，在步长搜索使用全局优化时，NLCG有可能找到目标函数的全局极值，而不局限于Newton类迭代方法所限定的局部极值。然而，这种全局优化带来的一个不利因素是，当步长搜索次数过多时，正演耗时也相应增加，因此，如何设计最佳步长的迭代搜索是NLCG算法的重要一环。

受刘云鹤 & 殷长春(2013)[52]的启发，结合Newman & Alumbaugh(2000)[220]一文中的二次插值向后追踪方法(Backtracking)，本书采用的步长搜索方法如下：在Wolfe准则中，目标函数的充分下降需要满足以下两个不等式

$$\boldsymbol{\Psi}(\boldsymbol{m}_{k+1})=\boldsymbol{\Psi}(\boldsymbol{m}_k+\alpha\boldsymbol{p}_k)\leqslant\boldsymbol{\Psi}(\boldsymbol{m}_k)+c_1\alpha\boldsymbol{g}_{m_k}^{\mathrm{T}}\boldsymbol{p}_k \tag{7-119}$$

$$\boldsymbol{g}_{m_{k+1}}^{\mathrm{T}}\boldsymbol{p}_k\geqslant c_2\boldsymbol{g}_{m_k}^{\mathrm{T}}\boldsymbol{p}_k \tag{7-120}$$

式(7-119)称为充分下降条件，式(7-120)为曲率条件，其中的常数 c_1、c_2 为0到1之间的正数。根据刘云鹤 & 殷长春(2013)[52]，c_1 取0.0001可满足要求，对于NLCG问题，c_2 的一般建议值为0.1(黄红选 & 韩继业，2006)[246]。本书中 α_k 的选取过程只考虑充分下降条件[式(7-119)]，并没有精确搜索最佳步长(考虑到耗时问题)，具体过程为：

最佳步长的搜索

(1)令 $c_1=0.0001$；并计算 $\boldsymbol{\Psi}(\boldsymbol{m}_{k,0})=f_0$、$\boldsymbol{g}(\boldsymbol{m}_{k,0})=\boldsymbol{g}_{k,0}$、$\boldsymbol{p}(m_{k,0})=p_{k,0}$；

(2)初始试验值 $\alpha_0=0.001$；

(3)计算模型更新：$\boldsymbol{m}_{k,1}=\boldsymbol{m}_{k,0}+\alpha_0\boldsymbol{p}_{k,0}$；

(4)求取第 k 步NLCG最佳步长 $\alpha_{k,\mathrm{best}}$；

4.1)首先求得 $\boldsymbol{\Psi}(\boldsymbol{m}_{k,1})$、$\boldsymbol{g}(\boldsymbol{m}_{k,1})$、$\boldsymbol{p}(\boldsymbol{m}_{k,1})$，并计算 α_t：

$$\text{temp\_}\alpha=2\,\frac{\boldsymbol{\Psi}(\boldsymbol{m}_{k,1})-\boldsymbol{\Psi}(\boldsymbol{m}_{k,0})}{\boldsymbol{g}_{m_{k,1}}^{\mathrm{T}}\boldsymbol{p}_{k,1}} \tag{7-121}$$

然后取 $\alpha_t=\min[1.0\ ,\ 1.01\times\text{temp\_}\alpha]$，min表示最小值；并计算

$$\boldsymbol{\Psi}(\boldsymbol{m}_{k,0}+\alpha_t\boldsymbol{p}_{k,0})=f_1$$

4.2)若 α_t 满足下降条件式(7-119)：

(a)计算 $b=f_1-f_0-g_{k,0}p_{k,0}\alpha_t$；

(b)判断，若 $b\leqslant 0$，则 $\alpha_{k,\text{best}}=\alpha_t$，并结束搜索；

(c)令

$$\alpha_{k,\text{best}}=-\frac{\alpha_t^2\boldsymbol{g}_{k,0}^{\mathrm{T}}\boldsymbol{p}_{k,0}}{2b} \tag{7-122}$$

并计算 $\boldsymbol{\Psi}(\boldsymbol{m}_{k,0}+\alpha_{k,\text{best}}\boldsymbol{p}_{k,0})=f_{\text{best}}$；

(d)判断，若 $f_{\text{best}}\leqslant f_1$，则结束搜索；

(e)令 $\alpha_{k,\text{best}}=\alpha_t$。

4.3)若 α_t 不满足式(7-119)条件，进行向后追踪：

(a)令

$$\alpha_{k,\text{best}}=\frac{\alpha_t^2\boldsymbol{g}_{k,0}^{\mathrm{T}}\boldsymbol{p}_{k,0}}{2(f_1-f_0-\alpha_t\boldsymbol{g}_{k,0}^{T}\boldsymbol{p}_{k,0})}=\frac{\alpha_t^2\boldsymbol{g}_{k,0}^{\mathrm{T}}\boldsymbol{p}_{k,0}}{2b} \tag{7-123}$$

(b)验证 $\alpha_{k,\text{best}}$ 是否满足不等式(7-119)：若满足，则结束搜索；

(c)令 $\alpha_t=\alpha_{k,\text{best}}$，并重复(a)；

(5)搜索结束。

以上过程可以看出，非精确搜索迭代步长需要人为地控制步长的迭代次数，在每次线搜索的过程中至少需要 3 次正演，合理的向后追踪过程可以保证搜索步长时将计算量控制在一定范围内。

7.3 非线性共轭梯度(NLCG)理论数据反演

7.3.1 反演算法稳定性

为了测试反演算法的稳定性与有效性，对理论模型正演的数据加入 5% 的高斯噪音再反演. 模型如图 7-6(a)所示，在背景电阻率为 100 Ω·m 的均匀介质中，嵌入一个大小为 100 m×20 m、电阻率为 50 Ω·m、埋深为 20 m 的低阻异常体. 采用水平共面装置(如图 1)，飞行高度为 30 m，收发距为 10 m，发射波形为阶跃波. 测点为 15 个，测点间距为 30 m，采样时间的范围为 1.2 μs 到 10 ms，采样时间点为 10 个. 正演测道曲线见图 7-6(b)，早期测道平缓，晚期道电磁响应变化明显.

由反演结果[图 7-6(c)]看出，低阻异常体得到很好的还原，低阻体的埋深、横向和纵向尺寸以及位置都能得到较准确的反映，电阻率值也大致与理论模型的电阻率值相一致，可以较为清晰地反映地下真实电性结构.

图 7-6(d)给出了迭代过程中均方相对误差(*RMS*)的变化情况. 从图中可以看出，在开始迭代时，均方相对误差下降较快，但从第 9 次迭代往后，误差下降速度减慢，有一段较长的平缓趋势，这反映了非线性共轭梯度反演收敛比较稳

定. 收敛误差约 20% 左右，相比较其他的物探方法来说，这个误差是很大的，主要原因在于瞬变电磁的原始数据是二次衰变感应场，最大数据和最小数据相差 5 -6个数量级，这样的数据体计算的拟合误差不会小的，因此说，评价瞬变电磁反演效果时，均方相对误差仅作参考.

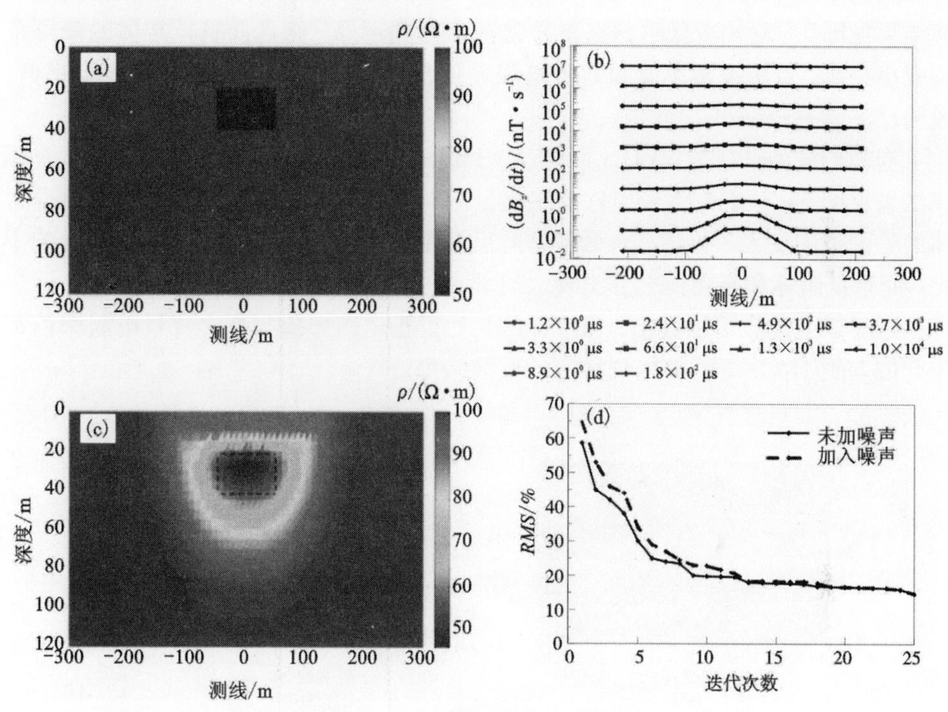

图 7 -6　反演算法稳定性测试

(a)低阻体模型；(b)低阻体正演响应测道曲线图；

(c)低阻体模型的反演结果；(d)反演迭代过程中 RMS 变化曲线

7.3.2　初始模型对反演结果的影响

为了测试反演算法的适应性，我们设计了一个低阻与高阻混合的复杂模型，目的是检验反演算法对电性差异较大的异常体的分辨能力；同时还研究了不同初始模型对反演结果的影响。复杂模型如图 7 -7(a)所示，背景电阻率为 100 Ω · m，低阻异常体大小为 100 m × 30 m、电阻率为 20 Ω · m、埋深为 20 m，高阻异常体大小为 100 m × 20 m、电阻率为 300 Ω · m、埋深为 20 m。采用水平共面装置(如图 2 -1)，飞行高度为 30m，收发距为 10m，发射波形为阶跃波，横向测点为 17 个，点距为 30m，初始模型电阻率分别设为 150 Ω · m、100 Ω · m、50 Ω · m.

在反演中，当初始模型选择为 150 Ω · m 时(大于实际模型的背景电阻率 100 Ω · m)，反演结果见图 7 –7(b)，低阻与高阻异常基本得到还原，但低阻异常体的晕圈范围较大，低阻电阻率值偏高于真实低阻异常体的电阻率值；高阻异常体的电阻率值偏低于真实值.

当初始模型设为 100 Ω · m 时(等于实际模型的背景电阻率 100 Ω · m)，反演结果见图 7 –7(c)，低阻与高阻异常基本得到还原，而且低阻异常体的晕圈范围变小一点，低阻电阻率值和高阻电阻率值都比较接近于真实的模型电阻率值，说明反演结果较好.

当初始模型选择为 50 Ω · m 时(小于实际模型的背景电阻率 100 Ω · m)，反演结果见图 7 –7(d)，大致能够反映出低阻与高阻异常的中心位置，但低阻异常体的晕圈范围变大了许多，对低阻体的反演结果变差，对高阻体反演结果影响不大，而且低阻体和高阻体上方出现了局部小异常.

通过以上比较可以看出，当选择的初始模型电阻率值与真实背景电阻率值相吻合或差别不大时，能够得到稳定的反演结果.

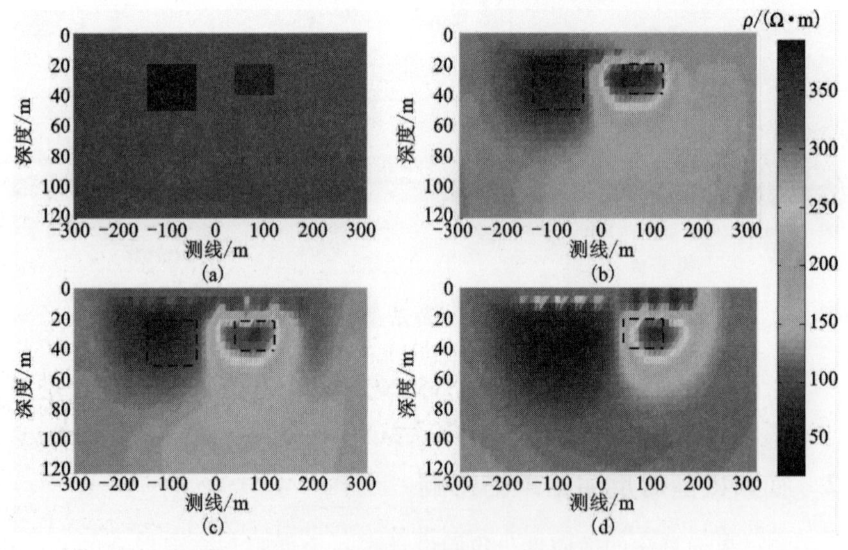

图 7 –7 不同初始模型反演结果

(a)复杂模型；(b)初始模型为 150 Ω · m 时反演结果；
(c)初始模型为 100 Ω · m 时反演结果；(d)初始模型为 50 Ω · m 时反演结果

7.3.3 正演与反演时间消耗

由于时间域电磁法数值计算需要多次变换，导致计算时间较长. 本次研究在

PC机上完成，计算机处理器为Intel Core i7 - 2600，主频3.4 GHz，内存16 GB，采用Fortran语言实现正演与反演算法程序。

模型网格剖分为72×79(个)，拉氏域波数为12个，汉克尔变换系数采用250个，时间采样点为10个，测点数为17个。通过分析，程序各模块的耗时差异较大：数据文件输入与输出、背景垂直磁场计算等环节时间消耗很少，可忽略不计。在反演流程中，正演程序是关键，每调用一次正演程序需要约272s，在形成灵敏度矩阵时需要约2032 s，这部分比较耗时；进入正常反演迭代后，平均每次迭代耗时约614 s，总体反演时间随迭代次数线性增加，一般迭代约10次即可(表7-1)，大约需要2.27小时。由此看出，2.5D ATEM反演非常耗时，实用化前必须解决并行运算问题。

表7-1　ATEM反演算法各模块耗时统计

程序模块	计算耗时/s
正演1次	272
灵敏度矩阵	2032
反演迭代1次	614

7.4　实测数据反演

ATEM的实测数据来自于Cox等论文[18]，是关于Reid-Mahaffy实验场采用MEGA TEM II系统获取的L40测线dB/dt垂直分量数据，由于本反演算法速度所限，对实测数据进行了抽稀处理，即抽取的测点尽量落在异常密集部位[图7-8(a)]。MEGATEM II系统设置为90 Hz基频、42%占空比的半正弦发射波形，系统记录20道信号(5道供电时、15道断电后)，包括沿x和z方向的dB/dt和感应磁场。我们反演时仅采用了断电后的dB_z/dt数据，最后一道的时间是5.5 ms。沿测线方向网格间距30 m，深度方向网格间距10 m到50 m不等，网格大小为82×91(个)，迭代20次耗时约7.5 h，拟合误差从87%下降到34.3%. 从反演结果看[图7-8(b)]，得到了三个明显的低阻异常体，但异常中心收敛不集中，反演深度总体偏浅，基本与Cox等[18]采用积分方程的方法反演的结果一致，证明本算法是正确的，但在计算时间和精度方面还需要继续优化改进。

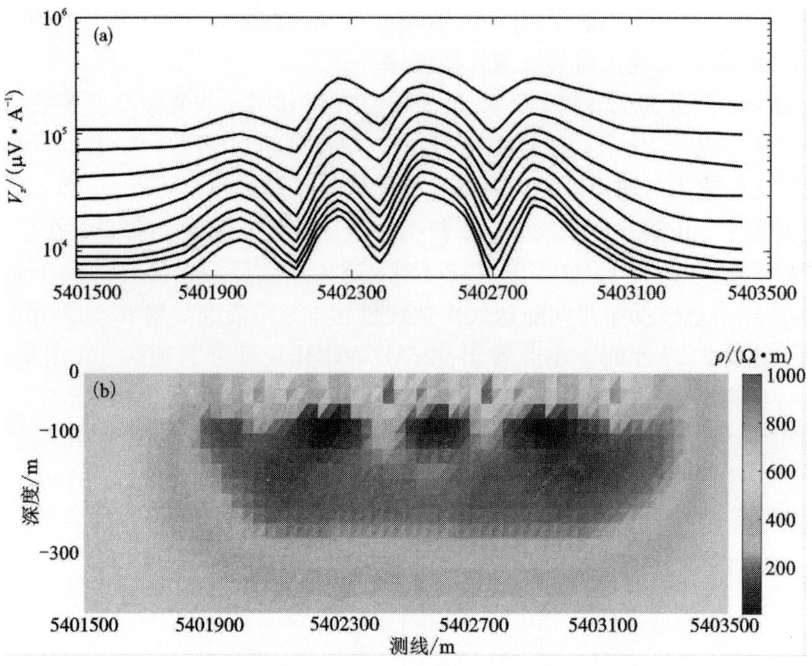

图 7-8 来自 MEGATEM 仪器的 L40 测线 d*B*/d*t* 的反演结果

(a) d*B*/d*t* 的垂直分量曲线图；(b) 反演电阻率结果

7.5 小结

本节采用 NLCG 方法，实现了 2.5D ATEM 反演算法. 采用将背景场和异常场分离的办法，用解析法计算背景场，用有限单元法计算异常场，从而消除了场源处的奇异性问题。此外，采用快速、高精度的直接解法求解线性方程组，以及用 Gaver-Stehfest 变换技术求解逆拉氏变换和用三次样条插值方法求解逆傅氏变换，从而保证正演算法的计算精度和计算效率。在处理灵敏度矩阵时，采用伴随方程法进行求解，从而提高反演计算效率。在计算最佳迭代步长时，采用二次插值向后追踪方法(Backtracking)，为反演迭代的稳定性提供了保障。理论模型计算表明，反演结果能够基本反映地下真实电性结构。反演得到的低阻异常体较真实异常体的范围略大，可能与正演算法的计算精度、反演过程中灵敏度的计算以及迭代步长选取等多种因素有关，还需要进一步优化算法。同时，本书研究了选择不同初始模型情况下得到的反演结果，当选择的初始模型电阻率值与真实背景电阻率值相吻合时，得到的反演结果最好。此外，目前反演存在计算耗时较大的问题，还需要通过并行算法提高计算效率。

参考文献

[1] 熊盛青，于长春，王卫平等. 直升机大比例尺航空物探在深部找矿中的应用前景[J]. 地球科学进展, 2008, 23(3): 270 - 275.

[2] 胡平，李文杰，李军峰等. 固定翼时间域航空电磁勘查系统研发进展[J]. 地球学报, 2012, 33(1): 9 - 14.

[3] 李貅，薛国强，刘银爱等. 瞬变电磁合成孔径成像方法研究[J]. 地球物理学报, 2012, 55(1): 333 - 340.

[4] 孟庆敏，满延龙. 频率域航空电磁法的应用领域及应用机制[J]. 物探与化探, 2013, 37(2): 260 - 263.

[5] 殷长春，张博，刘云鹤等. 航空电磁勘查技术发展现状及展望[J]. 地球物理学报, 2015b, 58(8): 55 - 71.

[6] Thomson S, Fountain D, Watts T. Airborne Geophysics-Evolution and Revolution [C]. Proceedings of Exploration 07, 5th Decennial International Conference on Mineral Exploration: 19 - 37, 2007.

[7] Chen T, Hodges G, Christensen A N, et al. Multipulse Airborne TEM Technology and Test Results Over Oil-sands[C]. 76th EAGE Conference and Exhibition - Workshops, 2014.

[8] Wait J R. Transient EM propagation in a conducting medium[J]. Geophysics, 1951, 16(2): 232 - 221.

[9] Morrison H F, Phillips R J, O'bien D P. Quantitative interpretation of transient electro-magnetic fields over a layered half-space[J]. Geophys. Prosp., 1969, 17(1): 82 - 101.

[10] Hjelt S E. Transient EM field of a two-layer sphere[J]. Geoexploration, 1971, 9(1): 213 - 229.

[11] Lee T. Transient electromagnetic response of a sphere in a layered medium[J]. Geophysical Prospecting, 1975, 23(3): 492 - 512.

[12] Nabighian M N. Quasi-static transient response of a conducting half space-An approximate representation[J]. Geophysics, 1979. 44(9): 1700 - 1705.

[13] Wilson G, Raiche A, Sugeng F. 2.5D inversion of airborne electromagnetic data [J]. Exploration Geophysics, 2006, 37(4): 363 - 371.

[14] Cox L H, Wilson G A, Zhdanov M S. 3D inversion of airborne electromagnetic data using a moving footprint[J]. Exploration Geophysics, 2010. 41: 250 - 259.

[15] 强建科，周俊杰，满开峰. 时间域航空电磁法 2.5D 有限元模拟[J]. 物探与化探, 2015, 39(5): 25 - 38.

[16] 王华军. 中心回线瞬变电磁法 2.5D 正反演方法研究[D]. 武汉：中国地质大学, 2001.

[17] 熊彬. 大回线瞬变电磁 2.5D 正演算法及其资料解释方法中若干关键技术研究[D]. 武汉：中国地质大学, 2004.

[18] Cox L H, Glenn A, Wilson, et al. 3D inversion of airborne electromagnetic data [J]. Geophysics, 2012, 77(4): WB59 - WB69.

[19] Fountain D K. Airborne electromagnetic systems - 50 years of development [J]. Exploration Geophysics, 1998, 29(1&2): 1 - 11.

[20] Frischknecht F C. Fields about an oscillating magnetic dipole over the two-layer earth [J]. Quart. Colorado School of Mines. 1967, 62(1): 134 - 142.

[21] Palacky G J, West G F. Quantitative interpretation of INPUT AEM measurements [J]. Geophysics, 1973, 38(6): 1145 - 1158.

[22] Fraser D C. Resistivity mapping with an airborne multicoil electromagnetic system [J]. Geophysics, 1978, 43: 144 - 172.

[23] DeMoully G T, Becker A. Automated interpretation of airborne electromagnetic data [J]. Geophysics, 1984, 49(8): 1301 - 1312.

[24] Zollinger R, Morrison H F, Lazenby P G, et al. Airborne electromagnetic bathy-metry [J]. Geophysics, 1986, 52: 1127 - 1137.

[25] Macnae J C, Smith R, Polzer B D, Lamontagne Y, et al. Conductivity-depth imaging of airborne electromagnetic step-response data [J]. Geophysics, 1991, 56(1): 102 - 114.

[26] 黄皓平, 王维中. 时间域航空电磁数据的反演[J]. 地球物理学报, 1990, 33(1): 88 - 97.

[27] Huang H, Fraser D C. The differential parameter method for multi-frequency airborne resistivity mapping [J]. Geophysics, 1996, 61(1): 100 - 109.

[28] 罗延钟, 张胜亚, 王卫平. 时间域航空电磁法一维正演研究[J]. 地球物理学报, 2003, 46(5): 719 - 724.

[29] Yin C C, Fraser D C. The effect of the electrical anisotropy on the response of helicopter-borne frequency-domain electromagnetic systems [J]. Geophysical Prospecting, 2004, 52(5): 399 - 416.

[30] Yin C C, Hodges G, Simulated annealing for airborne EM inversion [J]. Geophysics, 2007, 72(4): F189 - F195.

[31] Sattel D. Inverting airborne electromagnetic (AEM) data with Zohdy's Method [J]. Geophysics, 2005, 80: 77 - 85.

[32] Viezzoli A, Christiansen A V, Auken E, et al. Quasi-3D modeling of airborne TEM data by spatially constrained inversion [J]. Geophysics, 2008, 73(3): F105 - F113.

[33] 王卫平, 周锡华, 王守坦等. 吊舱式直升机频率域电磁系统性能及应用效果[J]. 地球物理学进展, 2008, 23(3): 942 - 947.

[34] 吴成平, 王卫平, 胡祥云等. 频率域直升机航空电磁法视电阻率转换及应用[J]. 物探与化探, 2009, 33(4): 427 - 430.

[35] 朱凯光, 林君, 刘长胜等. 频率域航空电磁法一维正演与探测深度[J]. 地球物理学进展, 2008, 23(6): 1943 - 1946.

[36] 朱凯光，李冰冰，王凌群等. 固定翼电磁数据双分量联合电导率深度成像[J]. 吉林大学学报(地球科学版)，2015，45(6)：1839 - 1845.

[37] 周道卿，谭林，谭捍东等. 频率域吊舱式直升机航空电磁资料的马奎特反演[J]. 地球物理学报，2010，02：421 - 427.

[38] 毛立峰，王绪本，陈斌. 直升机航空瞬变电磁自适应正则化一维反演方法研究[J]. 地球物理学进展，2011，26(1)：300 - 305.

[39] 强建科，李永兴，龙剑波. 航空瞬变电磁数据一维 Occam 反演[J]. 物探化探计算技术，2013，35(5)：501 - 505.

[40] Yee K S. Numerical solution of initial boundary value problems involving maxwell's equation in isotropic media[J]. IEEE Trans. Ant. Prop., 1966, AP - 14: 302 - 307.

[41] Goldman M M, Stoyer C H. Finite-difference calculations of the transient field of an axially symmetric earth for vertical magnetic dipole excitation[J]. Geophysics, 1983, 48(7): 953 - 963.

[42] Oristaglio M L, Hohmann G W. Diffusion of electromagnetic fields into a two-dimensional earth: A finite-difference approach[J]. Geophysics, 1984, 49(7): 870 - 894.

[43] Adhidjaja J I, Hohmann G W. A finite-difference algorithm for the transient electro- magnetic response of a three dimensional body[J]. Geophysical Journal International, 1989, 98(2): 233 - 242.

[44] Leppin M. Electromagnetic modeling of 3 - D sources over 2 - D inhomogeneities in the time domain[J]. Geophysics, 1992, 57(8): 994 - 1003.

[45] Wang T, Hohmann G W. A finite-difference, time-domain solution for three dimensional electromagnetic modeling[J]. Geophysics, 1993, 58(6): 797 - 809.

[46] Commer M, Newman G. A parallel finite-difference approach for 3D transient electromagnetic modeling with galvanic source[J]. Geophysics, 2004, 69(5): 1192 - 1202.

[47] Maao F A. Fast finite-difference time-domain modeling of marine-subsurface electro-magnetic problems[J]. Geophysics, 2007, 72(2): A19 - A23.

[48] 闫述，陈明生，傅君眉. 瞬变电磁场信号在地下的扩散及地面上的时间域响应特性[J]. 煤田地质与勘探，2001，29(1)：55 - 57.

[49] 徐凯军，李桐林. 时间域瞬变场电磁场有限差分法[J]. 世界地质，2004，23(3)：301 - 305.

[50] 岳建华，杨海燕，胡博. 矿井瞬变电磁法三维时间域有限差分数值模拟[J]. 地球物理进展，2007，22(6)：1904 - 1909.

[51] 许洋铖，林君，嵇艳鞠等. 航空时间域电磁法回线源有限差分初始场计算[J]. 电波科学学报，2010，02：259 - 264.

[52] 刘云鹤，殷长春. 三维频率域航空电磁反演研究[J]. 地球物理学报，2013，56(12)：4278 - 4287.

[53] 朱崇利. 固定翼时间域航空瞬变电磁二、三维正演模拟及响应分析[D]. 成都：成都理工大学，2014.

[54] Coggon J H. Electromagnetic and electric modeling by the finite element method [J]. Geophysics, 1971, 36(6): 132 – 155.

[55] Goldman Y, Hubanst C, Nicoletisg S, et al. A finite-element solution for the transient electromagnetic response of an arbitrary two-dimensional resistivity distribution[J]. Geophysics, 1986, 51(6): 1450 – 1461.

[56] 曾繁京. 二维地电构造上水平电偶源电磁场的有限单元算法[D]. 武汉: 中国地质大学, 1988.

[57] Everett M E, Edwards R N. Transient marine electromagnetic: The 2.5 – D forward problem [J]. Geophys. J. Int., 1993, 113(3): 545 – 561.

[58] Yu L. 1994. Computation of the electrical responses of mid-ocean ridge structure [D]. Ph. D thesis, University Toronto.

[59] Meng Y L, Li W D, Zhdanov M S, et al. 2.5 – D electromagnetic forward modeling in the time and frequency domains using the finite element method[J]. 69th annual SEG meeting extended abstracts, Salt lake city, USA: 42 – 45, 1999.

[60] 熊彬, 罗延钟. 电导率分块均匀的瞬变电磁维有限元数值模拟[J]. 地球物理学报, 2006, 49(2): 590 – 597.

[61] Borner R U, Ernst O G, Spitzer K. Fast 3 – D simulation of transient electro-magnetic fields by model reduction in the frequency domain using Krylov subspace projection [J]. Geophysics Journal International, 2008, 173(3): 766 – 780.

[62] 李建慧. 地_井瞬变电磁法三维正演研究[J]. 石油地球物理学报, 2015, 50(3): 556 – 564.

[63] Sugeng F, Raiche A, Rijo L. Comparing the time-domain EM response of 2 – D and elongated 3 – D conductors excited by a rectangular loop source [J]. Journal of Geomagnetism and Geoelectricity, 1993, 45(9): 873 – 885.

[64] Sugeng F. Modeling the 3D TDEM response using the 3D full-domain finite element based on the hexahedral edge-element technique[J]. Exploration Geophysics, 1998, 29(3/4): 612 – 619.

[65] 周俊杰. 航空瞬变电磁 2.5D 有限元正演模拟[M]. 长沙: 中南大学, 2011.

[66] Qiang J K, Zhou J J, Cai H Z. Synthetic study of 2.5 – D ATEM based on finite element method[C]. NSGAPC Beijing: First Near Surface Geophysics Asia Pacific Conference, Beijing, China, 07.17 – 19, Conference Poster, 2013.

[67] 王宇航. 吊舱式时间域直升机航空电磁 2.5D 正演及响应曲线分析[D]. 成都: 成都理工大学, 2013.

[68] 余小东. 时间域直升机航空电磁法 2.5D 反演[D]. 成都: 成都理工大学, 2014.

[69] 殷长春, 张博, 刘云鹤等. 2.5D 起伏地表条件下时间域航空电磁正演模拟[J]. 地球物理学报, 2015a, 58(4): 1411 – 1424.

[70] Hohmann G W. Electromagnetic scattering by conductors in the earth near a line source of current[J]. Geophysics, 1971, 36(1): 101 – 131.

[71] Raiche A P. An integral equation approach to three-dimensional modeling [J], Geophysical

Journal International, 1974, 36(2): 363 – 376.

[72] Weidelt P. Electromagnetic Induction in three dimensional structures[J]. J. Geophys., 1975, 41: 85 – 109.

[73] Das U C, Verma S K. Numerical considerations on computing the EM response of three-dimensional inhomogeneities in a layered earth [J]. Geophysical Journal of the Royal Astronomical Society. 1981, 66(3): 733 – 740.

[74] Wannamaker P E, Hohmann G W, Sanfilipo W A. Electromagnetic modeling of three-dimensional bodies in layered earths using integral equation[J]. Geophysics, 1984, 49(1): 60 – 74.

[75] Tripp A C, Hohmann G W. Block diagonalization of the electromagnetic impedance matrix of a symmetric buried body using group theory [J]. Geoscience and Remote Sensing, IEEE Transactions on, 1984, 25(1): 62 – 69.

[76] Sanfilipo W A, Hohmann G W. Integral equation solution for the transient electromagnetic response of a three-dimensional body in a conductive half-space [J]. Geophysics, 1985, 50 (5): 798 – 809.

[77] 朴化荣, 薛爱民, 金东等. 积分方程法求解三度极化体的激发极化效应[J]. 物化探计算技术, 1985, 7(4): 310 – 325.

[78] Newman G A, Hohmann G W, Anderson W L. Transient electromagnetic response of a three-dimensional body in a layered earth[J]. Geophysics, 1986, 51(8): 1608 – 1627.

[79] Newman G A, Hohmann G W. Transient electromagnetic response of high-contrast prisms in a layered earth[J]. Geophysics, 1988, 53(5): 691 – 706.

[80] Xiong Z, Luo Y, Wang S, et al. Induced-polarization and electromagnetic modeling of a three-dimensional body buried in a two-layer anisotropic earth[J]. Geophysics, 1986, 51(12): 235 – 246.

[81] Xiong Z. Electromagnetic modeling of 3 – D structures by the method of system iteration using integral equations[J]. Geophysics, 1992, 57(12): 1556 – 1561.

[82] Xiong Z, Tripp A. Scattering matrix evaluation using spatial symmetry in electromagnetic modelling[J]. Geophysical Journal International, 1993, 114(3): 459 – 464.

[83] Ellis R G. Airborne electromagnetic 3D modeling and inversion[J]. Exploration Geophysics, 1995, 26: 138 – 143.

[84] Zhdanov M S, Fang S. Quasi-linear approximation in 3 – D electromagnetic modeling[J]. Geophysics, 1996, 61(3): 646 – 665.

[85] Avdeev D B, Kuvshinov A V, Pankratov O V, et al. Three dimensional frequency-domain modeling of airborne electromagnetic responses[J]. Exploration Geophysics, 1998, 29(2): 111 – 119.

[86] Hursan G, Zhdanov M S. Contraction Integral Equation Method in Three-Dimensional Electromagnetic Modeling[J]. Radio Sci., 2002, 37(6): 1089 – 1101.

[87] Gao G, Torres-Verdin C, Fang S. Fast 3D Modeling of Borehole Induction easurements in

Dipping and Anisotropic Formations using a Novel Approximation Technique[J]. Petrophysics, 2004, 45(4): 149 - 335.

[88] Zhdanov M S, Lee S K, Yoshioka K. Integral equation method for 3D modeling of electromagnetic fields in complex structures with inhomogeneous background conductivity[J]. Geophysics, 2006, 71(6): G333 - G345.

[89] Endo M, Ôuma M, Zhdanov M S. A multigrid integral equation method for large-scale models with inhomogeneous backgrounds[J]. Journal of Geophysics and Engineering, 2008, 5(4): 438 - 447.

[90] 魏宝君, LIU Q H. 层状介质中计算体积分方程的弱化 BCGS-FFT 算法[J]. 中国石油大学学报(自然科学版), 2007a, 31(1): 49 - 56.

[91] 魏宝君, LIU Q H. 水平层状介质中基于 DTA 的三维电磁波逆散射快速模拟算法[J]. 地球物理学报, 2007b, 50(5): 1595 - 1605.

[92] 陈桂波. 各向异性地层中电磁场三维数值模拟的积分方程算法及其应用[D]. 长春: 吉林大学, 2009.

[93] 胡俊华. 瞬变电磁积分方程法正演模拟研究[D], 武汉: 中国地质大学, 2014.

[94] 王德智. 基于积分方程技术的三维电磁法正演模拟研究[D], 长春: 吉林大学, 2015.

[95] Cox L H, Zhdanov M S. Advanced Computational Methods of Rapid and Rigorous 3 - D Inversion of Airborne Electromagnetic Data[J]. Communications In Computational Physics, 2008, 3(1): 160 - 179.

[96] Yin C C, Huang X, Liu Y H, et al. Footprint for frequency-domain airborne electromagnetic systems[J]. Geophysics, 2014, 79(6): E243 - 254.

[97] 陈斌, 毛立峰, 刘光鼎. 用扩散电场法估算 CHTEM - I 系统的探测深度[J]. 地球物理学报, 2014, 57(1): 309 - 315.

[98] 周平, 施俊法. 瞬变电磁法(TEM)新进展及其在寻找深部隐伏矿中的应用[J]. 地质与勘探, 2007, 43(6): 66 - 72.

[99] 熊盛青. "十五"以来我国航空物探进展与展望[J]. 物探与化探, 2007, 31(6): 4 - 9.

[100] 林君, 王言章, 刘长胜. 高端地球物理仪器研究及我国产业化现状[C]. 中国仪器仪表学会. 中国仪器仪表学术、产业大会(论文集 2)、中国仪器仪表学会, 2010.

[101] 赵越. 瞬变电磁地空系统多分量响应特征研究[D]. 西安: 长安大学, 2013.

[102] 薛国强, 李貅, 底青云. 瞬变电磁法正反演问题研究进展[J]. 地球物理学进展, 2008, 23(4): 1165 - 1172.

[103] 刘金涛, 顾汉明, 胡祥云. 瞬变电磁法三分量解释剖析[J]. 人民长江, 2008, 39(11): 114 - 116.

[104] 安迪. 瞬变电磁三分量响应规律研究[D]. 长春: 吉林大学, 2015.

[105] 王琦, 林君, 于生宝等. 固定翼航空电磁系统的线圈姿态及吊舱摆动影响研究与校正[J]. 地球物理学报, 2013, 56(11): 141 - 150.

[106] 李冰冰. 基于多分量测量的固定翼航空电磁数据电导率深度成像研究[D]. 长春: 吉林大学, 2015.

[107] 管志宁，侯俊胜，姚长利. 航磁梯度资料在金矿地质填图和成矿预测中的应用[J]. 现代地质，1996，10(2)：239－249.

[108] 郭志宏. 航磁及梯度数据正反演解释方法技术实用化改进及应用[D]. 北京：中国地质大学(北京)，2004.

[109] 骆遥，王平，段树岭等. 航磁垂直梯度调整 ΔT 水平方法研究[J]. 地球物理学报，2012，55(11)：3854－3861.

[110] 郭华，吴成平. 航磁梯度数据与地质异常反映之间的关系[J]. 地球物理学进展，2014，29(4)：1650－1656.

[111] Liu G M. Effect of transmitter current waveform on Airborne TEM response[J]. Exploration Geophysics，1998，29(2)：35－41.

[112] 嵇艳鞠，林君，于生宝等. ATTEM 系统中电流关断期间瞬变电磁场响应求解的研究[J]. 地球物理学报，2006，49(6)：1884－1890.

[113] 强建科，罗延钟，汤井田等. 航空瞬变电磁法关断电流斜坡响应的计算[J]. 地球物理学进展，2012，27(1)：345－351.

[114] 陈曙东，林君，张爽. 发射电流波形对瞬变电磁响应的影响_陈曙东[J]. 地球物理学报，2012，55(2)：355－362.

[115] 关珊珊，林君，嵇艳鞠等. 激励信号对地－空瞬变电磁响应的影响分析[J]. 电波科学学报，2012，27(4)：766－772.

[116] 齐彦福，殷长春，王若等. 多通道瞬变电磁 m 序列全时正演模拟与反演[J]. 地球物理学报，2015，58(7)：2566－2577.

[117] 殷长春，黄威，贲放. 时间域航空电磁系统瞬变全时响应正演模拟[J]. 地球物理学报，2013，56(9)：3153－3162.

[118] 刘桂芬. 回线源层状大地航空瞬变电磁场的理论计算[D]. 长春：吉林大学，2008.

[119] Knight J H，Raiche A P. Transient electromagnetic calculations using the Gaver-Stehfest inverse Laplace transform method[J]. Geophysics，1982，47(1)：47－50.

[120] Wooden B，Azari M，Soliman M. Well test analysis benefits from new method of Laplace space inversion[J]. Oil & gas Journal，1992，90(29)：108－110.

[121] 朴化荣. 电磁测深法原理[M]. 北京：地质出版社，1990. 139－161.

[122] 罗延钟，昌彦君. G－S 变换的快速算法[J]. 地球物理学报，2000，43(5)：684－690.

[123] 昌彦君，张桂青. 电磁场从频率域转换到时间域的几种算法比较[J]. 物探化探计算技术，1995，17(3)：25－29.

[124] Anderson W L. Computer program numerical integration of related Hankel transform of order 0 and 1 by adaptive digital filtering[J]. Geophysics，1979，44(7)：1287－1305.

[125] Guptasarma D，Singh B. New digital linear filters for Hankel J0 and J1 transforms[J]. Geophysical prospecting，1997，45(5)：745－762.

[126] 王华军. 正余弦变换的数值滤波算法[J]. 工程地球物理学报[J]，2004，1(4)：329－335.

[127] Arieh I，Syvert P N. Efficient quadrature of highly-oscillatory integrals using derivatives[J].

Proc. Royal Soc. Lond. Ser. A Math. Phys. Eng. Sci., 2005, 461: 1383 - 1399.

[128] Kaufman A A, Keller G V, 王建谋译. 频率域和时间域电磁测深[M]. 北京: 地质出版社, 1987, 386 - 393.

[129] Milovanovic G V. Numerical calculation of integrals involving oscillatory and singular kernels and some applications of quadratures[J]. Comput. Math. Apple. 1998, 36(8): 19 - 39.

[130] Guptasarma D. Computation of the time-domain response of a polarizable ground [J]. Geophysics, 1982, 47(11): 1574 - 1576

[131] Ghosh D P. The application of linear filtertheory to the direct interpretation of geoelectrical resistivity sounding measurements[J]. Geophysical prospecting, 1971, 19: 192 - 217.

[132] Chave A D. Numerical integration of related Hankel transforms by quadrature and continued fraction expansion[J]. Geophysics, 1989, 48(12): 1671 - 1686.

[133] Anderson W L. A hybrid fast Hankel transform algorithm for electromagnetic modeling[J]. Geophysics, 1989, 54(2): 263 - 266.

[134]《数学手册》编写组. 数学手册[M]. 北京: 人民教育出版社, 1979: 627 - 629.

[135] Hanggi P, Roesel F, and Trautmann P. Evaluation of infinite series by use of continued fraction expansions: a numerical study[J]. J. Comp. Phys. 1980, 37: 252 - 258.

[136] 蒋淑芬, 向淑晃. 一种正余弦变换的高效算法[J]. 工程地球物理学报, 2007, 4 (5): 512 - 515.

[137] 李永兴, 强建科, 汤井田. 航空瞬变电磁法一维正反演研究[J]. 地球物理学报, 2010, 53(3): 751 - 759.

[138] Spies B R, Eggers D E. The use and misuse of apparent resistivity in electromagnetic methods [J]. Geophysics, 1986, 51(7): 1462 - 1471.

[139] Nabighian M N. Electromagnetic Methods in Applied Geophysics, Volume 1, Theory[M]. Tulsa: Society of Exploration Geophysicists, 1988.

[140] 牛之琏. 时间域电磁法原理[M]. 长沙: 中南工业大学出版社, 2007.

[141] 殷长春, 朴化荣. 电磁测深法视电阻率定义问题的研究[J]. 物探与化探, 1991, 15(4): 290 - 299.

[142] 苏朱刘, 严良俊, 胡文宝. 瞬变电磁资料的处理和解释[J]. 石油物探, 1996, 35(增刊): 6 - 11.

[143] 蒋邦远. 实用近区磁源瞬变电磁法勘探[M]. 北京: 地质出版社, 1998.

[144] 昌彦君, 罗延钟, 仇高喜. 全时域时间谱视电阻率算法研究[J]. 物探化探计算技术, 1998, 20(3): 193 - 198.

[145] 熊彬. 大回线瞬变电磁法全区视电阻率的逆样条插值计算[J]. 吉林大学学报(地球科学版), 2003, 35(4): 515 - 519.

[146] Raiche A P, Spies B R. Coincident loop transient electromagnetic master curves for interpretation of two-layer earths[J]. Geophysics, 1981, 46(1): 53 - 64.

[147] Yang S. A single apparent resistivity expression for long-offset transient electromagnetics[J]. Geophysics, 1986, 51(6): 1291 - 1297.

[148] 白登海, Maxwell A M, 卢健, 王立凤, 何兆海. 时间域瞬变电磁法中心方式全程视电阻率的数值计算[J]. 地球物理学报, 2003, 46(5): 697 -704.

[149] Sidorov V A, Tikshaev V V. Electrical Prospecting with Transient Field in Near Zone[M] (in Russian). Saratov University, 1969.

[150] Liu G, Asten M. Conductance-depth imaging of airborne TEM data [J]. Exploration Geophysics, 1993, 24: 655 -662.

[151] Tartaras E, Zhdanov M S, Wada K, Saito A, Hara T. Fast imaging of TDEM data based on S-inversion[J]. Journal of Applied Geophysics, 2000, 43(1): 15 -32.

[152] Zhdanov M S, Pavlov D, Ellis, R. Localized S-inversion of time domain electromagnetic data [J]. Geophysics, 2002, 67(4): 1115 -1125.

[153] Combrinck M. Calculation of conductivity and depth correction factors for the S-layer differential transform[J]. Exploration Geophysics, 2008, 39(2): 133 -138.

[154] Raiche A P, Gallagher R G. Apparent resistivity and diffusion velocity [J]. Geophysics, 1985, 50(10), 1628 -1633.

[155] Barnett C T. Simple inversion of time-domain electromagnetic data[J]. Geophysics, 1984, 49 (7): 925 -933.

[156] Macnae J, Lamontagne Y. Imaging quasi-layered conductive structures by simple processing of transient electromagnetic data[J]. Geophysics, 1987, 52(4): 545 -554.

[157] Nekut A G. Direct inversion of time-domain electromagnetic data[J]. Geophysics, 1987, 52 (10): 1431 -1435.

[158] Eaton A P, Hohmann G W. A rapid inversion technique for transient electromagnetic soundings [J]. Physics of the Earth and Planetary Interiors, 1989, 53: 384 -404.

[159] Fullagar P K. Generation of conductivity - depth parasections from coincident loop and in-loop TEM data[J]. Exploration Geophysics, 1989, 20: 43 -45.

[160] Smith R S, Edwards R N, Buselli G. An automatic technique for presentation of coincident-loop, impulse-response, transient, electromagnetic data [J]. Geophysics, 1994, 59 (10): 1542 -1550.

[161] Wolfgram P, Karlik G. Conductivity - depth transform of GEOTEM data [J]. Exploration Geophysics, 1995, 26: 179 -185.

[162] Fullagar P K, Reid J E. Emax conductivity-depth transformation of airborne TEM data[J]. 15th Conference and Exhibition, Australian Society of Exploration Geophysicists. Extended Abstracts, 2001

[163] Macnae J, King A, Stolz N, Oskamkoff A, Blaha A. Fast AEM processing and inversion[J]. Exploration Geophysics, 1998, 29: 163 -169.

[164] Eaton A P. Application of an improved technique for interpreting transient electromagnetic data [J]. Exploration Geophysics, 1998, 29: 175 -183.

[165] Christensen N B. A generic 1 - D imaging method for transient electromagnetic data [J]. Geophysics, 2002, 67(2): 438 -447.

[166] Price A T. The induction of electric currents in non-uniform thin sheets and shells[J]. Quarterly Journal of Mechanics and Applied Mathematics, 1949, 2: 283 -310.

[167] Sheinmann S M. On specification of electromagnetic fields in the Earth[J]. Prikladnaya Geofizika (in Russian), 1947, 3: 3 -57.

[168] 蒋邦远.实用近区磁源瞬变电磁法勘探[M].北京:地质出版社,1998.

[169] 蒋邦远.剩余视纵向电导比定义 -TEM 新导出参数 ΔS^{τ}及一维直接反演特性[J].物探化探,2012,36(1):59 -64.

[170] 梁建刚.瞬变电磁勘察煤田采空区的可行性分析[D].长沙:中南大学,2009.

[171] 肖明顺. 带地形的瞬变电磁2.5D有限元数值模拟研究[D].武汉:中国地质大学,2008.

[172] 王家映. 地球物理反演理论[M]. 北京:高等教育出版社,1998.

[173] 姚姚. 地球物理反演基本理论与应用方法[M]. 武汉:中国地质大学出版社,2002.

[174] Marquardt D W. An algorithm for least-squares estimation of non-linear parameters[J]. J. Soc. Ind. Appl. Math., 1963, 11: 431 -441.

[175] Inman J R. Resistivity in version with ridge regression[J]. Geophysics, 1975, 40(5): 798 - 817.

[176] Huang H, Palacky G J. Damped least-squares inversion of time-domain airborne EM data based on singular value decomposition[J]. Geophysical Prospecting, 1991, 39: 827 -844.

[177] Sattel D. Condustivity information in three dimensions[J]. Exploration Geophysics, 1998, 29: 157 -162.

[178] Tikhonov A N, Arsenin V Y. Solution of ill-posed problems[M]. John Wiley and Sons, Inc., 1977.

[179] Constable S C, Parker R L, Contrable C F. Occam's inversion: A practical algorithm for generating smooth models from electromagnetic sounding data[J]. Geophysics, 1987, 52: 89 -300.

[180] Groot-Hedlin C, Constable S C. Occam's inversion to generate smooth, two-dimensional models from magnetotelluric data[J]. Geophysics, 1990, 55(12): 1613 -1624.

[181] Groot-Hedlin C, Constable S C. Inversion of magnetotelluric data for 2Dstructure with sharp resistivity contrasts[J]. Geophysics, 2004, 69(1): 78 -86.

[182] Liu G, Kovacs A, Becker A. Inversion of airborne electromagnetic survey data for sea-ice keel shape[J]. Geophysics, 1991, 56(12): 1986 -1991.

[183] Douglas J, Michela M, William D, Aberlardo R, Earle O. The effects of noise on Occam's inversion of resistivity tomography data[J]. Geophysics, 1996, 61(2): 538 -548.

[184] Farquharson C G, Oldenburg D W, Routh P S. Simultaneous 1D inversion of loop-loop electromagnetic data for both magnetic susceptibility and electrical conductivity [J]. Geophysics, 2003, 68: 1857 -1869.

[185] Zohdy A R. A new method for the automatic interpretation Schlumberger and Wenner sounding curves[J]. Geophysics, 1989, 54(2): 245 -253.

[186] 张致付,程志平,阮百尧,刘洪. 三维电阻率测深数据 Zohdy 近似反演方法[J]. 地球物

理学进展，2004，19(1)：131－136.

[187] 吕英华. 计算电磁学的数值方法[M]. 北京：清华大学出版社，2006

[188] 闫述，石显新，陈明生. 瞬变电磁法的探测深度问题[J]. 地球物理学报，2009，52(6)：1583－1591

[189] Adhidjaja J I，Hohmann J W and Oristaqlioj M L. Two dimensional transient electromagnetic responses[J]. Geophysics，1985，50(12)：2849－2861

[190] 宋维琪，仝兆歧. 3D 瞬变电磁场的有限差分正演计算[J]. 石油地球物理勘探，2000，35(6)：751－756.

[191] 阮百尧. Guptasarma 算法在瞬变电磁正演计算中的应用[J]. 桂林工学院学报. 1996，16(2)：167－170.

[192] 考夫曼 A. A.，凯勒 G. V. 频率域和时间域电磁测深[M]. 北京：地质出版社，1987.

[193] 李祺. 物探数值方法导论[M]. 北京：地质出版社，1991.

[194] 王燕. 一阶导数的五点数值微分公式及外推算法[J]]. 数学的实践与认识. 2011，41(6)：163－167.

[195] Nabighian，赵经祥等译. 勘杳地球物理—电磁法(第一卷理论)[M]. 北京：地质出版社，1992.

[196] 石庆冬. 整数阶复宗量变形贝塞尔函数的计算[J]. 焦作工学院学报(自然科学版)，2001，20(2)：101－104.

[197] 冯康. 数值计算方法[M]. 北京：国防工业大学出版社，1978.

[198] 谢彦红. 对高斯求积公式中的系数 A_k 的探讨[J]. 沈阳化工学院学报，1999，13(1)：51－54.

[199] 徐世浙. 地球物理中的有限单元法[M]. 北京：科学出版社，1994.

[200] 王烈衡，许学军. 有限元方法的数学基础[M]. 北京：科学出版社，2004

[201] 徐世浙. 地球物理中的边界元法[M]. 北京：科学出版社，1995

[202] 罗延钟，张桂青. 电子计算机在电法勘探中的应用[M]. 武汉：武汉地质学院出版社，1987

[203] Ward S H，Hohmann G W. Electromagnetic theory for geophysical applications [M]. In M. N. Nabighian，ed.，Electromagnetic methods in applied geophysics，Vol. 1，Theory：SEG，p130－311，1988.

[204] 陈向斌，胡社荣，张超. 瞬变电磁法响应计算的频－时域转换方法综述[J]. 工程地球物理学报. 2008，5(2)：242－246.

[205] 罗润林，张小路. 一种层状大地瞬变电磁响应正演计算的改进方法[J]. 物探化探计算技术，2005，27(1)：26－28

[206] 薛国强，宋建平，李貅. 水平层状介质下瞬变电磁成像方法[J]. 西安交通大学学报，2003，37(2)：215－218.

[207] Alumbaugh D L. Frequency-domain modelling of airborne electromagnetic responses using staggered finite differences[J]. Geophysical Prospecting，1995，43(8)：1021－1042.

[208] Wait J R. Electromagnetic induction in a solid conducting sphere enclosed by a thin conducting

spherical shell[J]. Geophysics, 1969, 34(5): 753 - 759.

[209] Nabighian. Quasi-static transient response of a conducting permeable sphere in a dipole field [J]. Geophysics, 1970, 35(2): 303 - 309.

[210] Ghosh M K. Interpretation of airborne EM measurements based on thin sheet models[D]. Toronto: University of Toronto, 1972.

[211] Fraser D C. A new multicoil aerial electromagnetic prospecting system[J]. Geophysics, 1972, 37(3): 518 - 537

[212] Singh K. Electromagnetic transient response of a conducting sphere embedded in conductive medium[J]. Geophysics, 1973, 38(5): 864 - 893.

[213] Commer M, Newman G A. Three-dimensional controlled - source electro-magnetic and magnetotelluric joint inversion[J]. Geophysical Journal International, 2009, 178(3): 1305 - 1316.

[214] 李建慧. 基于矢量有限单元法的大回线源瞬变电磁法三维数值模拟[D]. 长沙: 中南大学, 2011.

[215] Haber E, Oldenburg D, Shekhtman R. Inversion of time domain three-dimensional electromagnetic data[J]. Geophysical Journal International, 2007, 171: 550 - 564.

[216] Zaslavsky M, Druskin V, Abubakar A, et al. Large-scale Gauss-Newton inversion of transient controlled-source electromagnetic data using the model reduction approach[J]. Geophysics, 2012, 78(4): 1 - 6.

[217] OldenburgD W, Haber E, Shekhtman R. Three dimensional inversion of multisource time domain electromagnetic data[J]. geephysics, 2013, 78(1): E47 - E57.

[218] Farquharson C G. Approximate sensitivities for the multi-dimensional electro-magnetic inverse problem[D]. Vancouter: University of British Columbia, 1995.

[219] Guillemoteau J, Sailhac P, Behaegel M. Fast approximate 2D inversion of airborne TEM data: Born approximation and empirical approach[J]. Geophysics, 2012, 77(4): WB89 - WB97.

[220] Newman G A, Alumbaugh D L. Three-dimensional magnetotelluric inversion using non-linear conjugate gradients[J]. Geophysical Journal International, 2000, 140: 410 - 424.

[221] Rodi W L, Mackie R L. Nonlinear conjugate gradients algorithm for 2 - D magnetotelluric inversion[J]. Geophysics, 2001, 66(1): 174 - 187.

[222] Newman G A, Boggs P T. Solution accelerators for large-scale three-dimensional electromagnetic inverse problems[J]. Inverse Problems, 2004, 20: S151 - S170.

[223] Kelbert A, Egbert G D, Schultz A. Non-linear conjugate gradient inversion for global EM induction: resolution studies[J]. Geophysical Journal International, 2008, 173(2): 365 - 381.

[224] 翁爱华, 刘云鹤, 贾定宇等. 地面可控源频率测深三维非线性共轭梯度反演[J]. 地球物理学报, 2012, 55(10): 3506 - 3515.

[225] McGillivray P R, Oldenburg D W. Methods for calculating Fréchet derivatives and sensitivities for the non-linear inverse problem: a comparative study[J]. Geophysical Prospecting, 1990,

38(5): 499 - 524.

[226] Martin R. Development and application of 2D and 3D transient electromagnetic inverse solutions based on adjoint Green functions: A feasibility study for the spatial reconstruction of conductivity distributions by means of sensitivities[D]. PhD thesis of Diss. Universität zu Köln Mathematisch Naturwissenschaftlichen Fakultät, 2009.

[227] McGillivray P R, Oldenburg D W, Ellis R G, and Habashy T M. Calculation of sensitivities for the frequency-domain electromagnetic problem [J]. Geophysical Journal International, 1994, 116(1): 1 - 4.

[228] Farquharson C G, Oldenburg D W. Approximate sensitivities for the electro-magnetic inverse problem[J]. Geophysical Journal International, 1996, 126(1): 235 - 252.

[229] Haber E. Quasi-Newton methods for large-scale electromagnetic inverse problems[J]. Inverse Problems, 2005, 21: 305 - 323.

[230] Avdeev D B, Avdeeva A D. 3D magnetotelluric inversion using a limited-memory quasi-Newton optimization[J]. Geophysics, 2009, 74: 45 - 57.

[231] Hördt A. Calculation of electromagnetic sensitivities in the time domain. Geophysical Journal International, 1998, 133(3): 713 - 720.

[232] Newman G A, Commer M. New advances in three-dimensional transient electro-magnetic inversion[J]. Geophysical Journal International, 2005, 160: 5 - 32.

[233] Pankratov O, Kuvshinov A. General formalism for the efficient calculation of derivatives of EM frequency-domain responses and derivatives of the misfit [J]. Geophysical Journal International, 2010, 181(1): 229 - 249.

[234] Rodi W L. Regularization and Backus-Gilbert estimation in nonlinear inverse problems: application to magnetotellurics and surface waves[D]. Pennsylvania State University, 1989.

[235] Rodi W L, Mackie R L. The inverse problem (chapter 8) in The Magnetotelluric Method: theory and practice[M], Chave A., Jones A. G. (Editors), Cambridge University, 2012.

[236] 肖晓. 基于背景分离的被动源电磁测深的双模联合反演[D]. 长沙: 中南大学, 2010.

[237] Hadamard J. Sur les problèmes aux derivées partielles etleur signification physique [J]. Princeton University Bulletin, 1902, 13: 49 - 52.

[238] Alumbaugh D L. Linearized and nonlinear parameter variance estimation for two-dimensional electromagnetic induction inversion[J]. Inverse Problems, 2000, 16: 1323 - 1341.

[239] Sasaki Y. Three-dimensional inversion of static-shifted magnetotelluric data[J]. Earth planets and space. 2004, 56(2): 239 - 248.

[240] Hestenes M R, Stiefel E. Methods of conjugate gradients for solving linear systems[J]. 1952, 49: 409 - 436.

[241] Shewchuk J R. An introduction to the conjugate gradient method without the agonizing pain. http: //www.eletrica.ufpr.br/artuzi/te804/arquivos/cg.pdf, 1994.

[242] Siripunvaraporn W, Egbert G. Data space conjugate gradient inversion for 2 - D Magnetotelluric data[J]. Geophysical Journal International. 2007, 170: 986 - 994.

[243] Siripunvaraporn W, Sarakorn W. An efficient data space conjugate gradient Occam's method for three - dimensional magnetotelluric inversion[J]. Geophysical Journal International, 2011, 186(2): 567 - 579.

[244] Commer M, Newman G A. New advances in three-dimensional controlled-source electromagnetic inversion[J]. Geophysical Journal International, 2008, 172(2): 513 - 535.

[245] Kelbert A, Egbert G D, Schultz A. Non - linear conjugate gradient inversion for global EM induction: resolution studies[J]. Geophysical Journal International, 2008, 173(2): 365 - 381.

[246] 黄红选, 韩继业. 数学规划[M]. 北京: 清华大学出版社, 2006.

[247] Farquharson C G, Oldenburg D W. A comparison of automatic techniques for estimating the regularization parameter in non - linear inverse problems[J]. Geophysical Journal International, 2004, 156(3): 411 - 425.

[248] Zhdanov M S. Electromagnetic Inversion (chapter 8) in the Geophysical Electromagnetic Theory and Methods[M]. Elsevier, 2010.

附录 A　均匀半空间上空矩形回线源形成的瞬变电磁场

A.1　拉氏域垂直磁偶极子的电磁场

所谓磁偶极子，指的是小型多股线圈，其直径与发射线圈和接收线圈之间的距离——收发距相比很小[2]。现引入拉氏变换及逆拉氏变换：

$$F(s) = LT[f(t)] = \int_0^{+\infty} f(t)\mathrm{e}^{-st}\mathrm{d}t \tag{A-1}$$

$$f(t) = ILT[F(s)] = \frac{1}{2\pi i}\int_{\gamma-\infty}^{\gamma+\infty} F(s)\mathrm{e}^{st}\mathrm{d}s \tag{A-2}$$

将麦克斯韦方程组转换到拉氏域中，便得到：

$$\nabla \times \hat{H} = (\varepsilon s + \sigma)\hat{E} + \hat{\boldsymbol{J}}_e \tag{A-3}$$

$$\nabla \times \hat{E} = -\mu s\hat{H} + \hat{\boldsymbol{J}}_m \tag{A-4}$$

$$n \times (\hat{E}_1 - \hat{E}_2)|_G = 0 \tag{A-5}$$

$$n \times (\hat{H}_1 - \hat{H}_2)|_G = 0 \tag{A-6}$$

由单位阶跃函数的拉氏变换以及拉氏变换的微分性质，得到：

$$\hat{\boldsymbol{J}}_e = P_e \cdot \delta(x)\delta(y)\delta(z)/s \tag{A-7}$$

$$\hat{\boldsymbol{J}}_m = -\mu_0 \cdot P_m \cdot \delta(x)\delta(y)\delta(z) \tag{A-8}$$

当激发源仅为磁偶极子时，麦克斯韦方程变为：

$$\nabla \times \hat{H} = (\varepsilon s + \sigma)\hat{E} \tag{A-9}$$

对上式两端取散度，并已知旋度的散度为零，故

$$\nabla \cdot (\nabla \times \hat{H}) = (\varepsilon s + \sigma)\nabla \cdot \hat{E} = 0$$

即

$$\nabla \cdot \hat{E} = 0$$

上式说明，电场强度矢量 $\hat{E}$ 是无散场，故可将其表示成另一任意矢量 $\boldsymbol{A}$ 的旋度，即：

$$\hat{E} = -\mu s \nabla \times \boldsymbol{A}$$

将其代入方程 $\nabla \times \hat{H} = (\varepsilon s + \sigma)\hat{E}$ 中(编号后改成编号)，得到：

$$\nabla \times \hat{H} = (\varepsilon s + \sigma)\hat{E} = -\mu(\varepsilon s + \sigma)\nabla \times \boldsymbol{A} = k^2 \nabla \times \boldsymbol{A} = \nabla \times (k^2\boldsymbol{A})$$

式中，$k^2=-\mu(\varepsilon s+\sigma)$，$\boldsymbol{A}$ 为拉氏域磁矢量势。

再根据矢量恒等式，任意标量位满足：

$$\nabla\times\nabla\varphi\equiv 0$$

因此有

$$\nabla\times\hat{H}-\nabla\times(k^2\boldsymbol{A})-\nabla\times\nabla\varphi=0$$

即

$$\nabla\times(\hat{H}-k^2\boldsymbol{A}-\nabla\varphi)=0$$

得

$$\hat{H}=k^2\boldsymbol{A}+\nabla\varphi$$

将其代入方程$\nabla\times\hat{E}=-\mu s\hat{H}+\hat{\boldsymbol{J}}_m$ 中，

$\nabla\times\hat{E}=-\mu s\hat{H}+\hat{\boldsymbol{J}}_m=-\mu s(k^2A+\nabla\varphi)+\hat{\boldsymbol{J}}_m$

且

$$\nabla\times\hat{E}=\nabla\times(-\mu s\nabla\times\boldsymbol{A})=-\mu s\nabla\times\nabla\times\boldsymbol{A}$$

所以

$$\nabla\times\nabla\times\boldsymbol{A}=k^2\boldsymbol{A}+\nabla\varphi-\frac{\hat{\boldsymbol{J}}_m}{\mu s}$$

已知恒等式$\nabla\times\nabla\times\boldsymbol{A}=\nabla(\nabla\cdot\boldsymbol{A})-\nabla^2\boldsymbol{A}$，则上式变为

$$\nabla^2\boldsymbol{A}+k^2\boldsymbol{A}=\nabla(\nabla\cdot\boldsymbol{A})-\nabla\varphi+\frac{\hat{\boldsymbol{J}}_m}{\mu s}$$

现限定任意标量 φ 满足如下洛伦兹条件

$$\nabla(\nabla\cdot\boldsymbol{A})=\nabla\varphi$$

便可得到关于磁矢量 $\boldsymbol{A}$ 的非齐次亥姆赫兹方程：

$$\nabla^2\boldsymbol{A}+k^2\boldsymbol{A}=\frac{\hat{\boldsymbol{J}}_m}{\mu s} \tag{A-10}$$

解上述亥姆赫兹方程后，再利用下式便可得到电场强度和磁场强度，

$$\hat{E}=-\mu s\nabla\times\boldsymbol{A} \tag{A-11}$$

$$\hat{H}=k^2\boldsymbol{A}+\nabla(\nabla\cdot\boldsymbol{A}) \tag{A-12}$$

A.2 电磁矢量位的求解

设空气与大地均为均匀介质，且波数分别为 k_0 和 k_1，磁导率为 μ。在其分界面上空 h_0 处存在一垂直磁偶极子(水平线圈)，以其几何中心为原点建立直角坐标系，x 轴和 y 轴与地面平行，z 轴竖直向下(见图 A-1)。则在拉氏域下磁矢量位 A 满足非齐次亥姆赫兹方程：

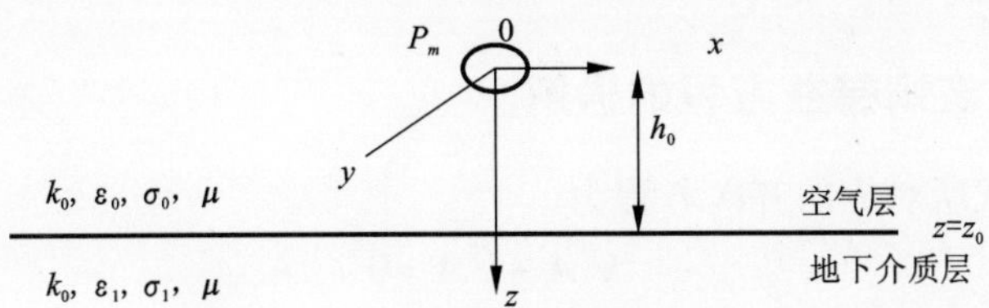

图 A-1　均匀半空间上空磁偶极子模型

$$\nabla^2 A + k^2 \boldsymbol{A} = \frac{\widehat{\boldsymbol{J}}_m}{\mu s} \tag{A-13}$$

由于问题具有轴对称性，磁矢量位 $\boldsymbol{A}$ 只有偶极子轴方向的分量，故上式中 $\boldsymbol{A}$ 为磁矢量位 $\boldsymbol{A}$ 的 z 分量。s 为拉氏变量，$\widehat{\boldsymbol{J}}_m$ 为拉氏域场源磁流密度矢量。

$$\widehat{\boldsymbol{J}}_m = -\mu_0 \cdot P_m \cdot \delta(x)\delta(y)\delta(z) \tag{A-14}$$

式中，$\delta(x)\delta(y)\delta(z)$ 为狄拉克(Dirac)源函数，P_m 为源的此偶极矩。

A.2.1　非齐次亥姆赫兹方程的特解

首先考虑非齐次方程(A-13)的特解。现引入三重傅氏变换对：

$$\widehat{\widehat{\widehat{\boldsymbol{A}}}}(k_x, k_y, k_z) = \left(\sqrt{\frac{1}{2\pi}}\right)^3 \int_{-\infty}^{+\infty}\int_{-\infty}^{+\infty}\int_{-\infty}^{+\infty} \boldsymbol{A}(x, y, z)\mathrm{e}^{-i[k_x x + k_y y + k_z z]}\mathrm{d}x\mathrm{d}y\mathrm{d}z$$

$$\boldsymbol{A}(x, y, z) = \left(\sqrt{\frac{1}{2\pi}}\right)^3 \int_{-\infty}^{+\infty}\int_{-\infty}^{+\infty}\int_{-\infty}^{+\infty} \widehat{\widehat{\widehat{\boldsymbol{A}}}}(k_x, k_y, k_z)\mathrm{e}^{i[k_x x + k_y y + k_z z]}\mathrm{d}k_x\mathrm{d}k_y\mathrm{d}k_z$$

利用傅里叶变换的微分性质并取式(A-13)的傅里叶变换得：

$$(-k_x^2 - k_y^2 - k_z^2 + k^2)\widehat{\widehat{\widehat{\boldsymbol{A}}}} = \frac{\widehat{\widehat{\widehat{\boldsymbol{J}}}}_m}{\mu s}$$

现引入参数

$$R_m = -\widehat{\widehat{\widehat{\boldsymbol{J}}}}_m = \mu_0 P_m \left(\sqrt{\frac{1}{2\pi}}\right)^3$$

则

$$\widehat{\widehat{\widehat{\boldsymbol{A}}}} = \frac{R_m}{us}\frac{1}{(k_x^2 + k_y^2 + k_z^2 - k^2)} \tag{A-15}$$

先对 z 作反傅氏变换，便得到全空间中磁矢量势的特解，

$$\begin{aligned}\widehat{\widehat{\boldsymbol{A}}}(k_x, k_y, z) &= \frac{R_m}{us}\sqrt{\frac{1}{2\pi}}\int_{-\infty}^{+\infty}\frac{\mathrm{e}^{-ik_z z}}{(k_x^2 + k_y^2 + k_z^2 - k^2)}\mathrm{d}k_z \\ &= \frac{\sqrt{2\pi}R_m}{\mu s}\frac{\mathrm{e}^{-u|z|}}{2u}\end{aligned} \tag{A-16}$$

其中 $u=\sqrt{k_x^2+k_y^2-k^2}$

A.2.2 齐次亥姆赫兹方程的通解

(A－13)式所对应的齐次方程为：

$$\nabla^2 \boldsymbol{A}+k^2 \boldsymbol{A}=0$$

对其做 x、y 两个方向的双傅氏变换有：

$$\frac{\partial^2 \hat{\hat{\boldsymbol{A}}}}{\partial z^2}-u^2 \hat{\hat{\boldsymbol{A}}}=0 \tag{A-17}$$

其通解为

$$\hat{\hat{\boldsymbol{A}}}=c\mathrm{e}^{-uz}+d\mathrm{e}^{uz} \tag{A-18}$$

A.2.3 全空间磁矢量位的解

由于垂直磁偶极子源在上半空间空气中，所以空气层的电磁场满足非齐次亥姆赫兹方程。解为通解加上特解。对于下半空间的地下介质的电磁场满足齐次亥姆赫兹方程，解为通解，而且根据电磁场的衰减特性，在无穷远处磁矢量位应该为零。因得到空气层和下半空间磁矢量位的通解为：

空气层：

$$\hat{\hat{\boldsymbol{A}}}_0(z)=d_0\mathrm{e}^{u_0 z}+R\mathrm{e}^{-u_0|z|},\ z\leqslant z_0 \tag{A-19}$$

其中

$$R=\sqrt{\frac{\pi}{2}}\frac{R_m}{\mu s u_0}=\frac{P_m}{4\pi s u_0}$$

地下介质层：

$$\hat{\hat{\boldsymbol{A}}}_1(z)=c_1\mathrm{e}^{-u_1 z},\ z>z_0 \tag{A-20}$$

接下来，通过边界条件来确定上述通解中的待定系数。已知在拉氏域中电场和磁场切向分量在分界面保持连续，即

$$\hat{E}_x^0=\hat{E}_x^1 \tag{A-21}$$

$$\hat{H}_x^0=\hat{H}_x^1 \tag{A-22}$$

首先，由方程(A－21)得，在 $z=z_0$ 处：

$$-\mu_0 s\frac{\partial \boldsymbol{A}_0}{\partial y}=\mu_1\frac{\partial \boldsymbol{A}_1}{\partial y}\bigg|_{z=z_0}$$

对上式在 x，y 两个方向上做傅氏变换，得

$$\mathrm{i}s\mu_0 k_y \hat{\hat{\boldsymbol{A}}}_0=\mathrm{i}s\mu_1 k_y \hat{\hat{\boldsymbol{A}}}_1\big|_{z=z_0}$$

即

$$\mu_0 \hat{\hat{\boldsymbol{A}}}_0 = \mu_1 \hat{\hat{\boldsymbol{A}}}_1 \big|_{z=z_0}$$

接下来，首先，由方程(A－22)得，在 $z=z_0$ 处：

$$\frac{\partial^2 \boldsymbol{A}_0}{\partial x \partial z} = \frac{\partial \boldsymbol{A}_1}{\partial x \partial z}\bigg|_{z=z_0}$$

对其沿 x，y 两个方向做傅氏变换，得到：

$$ik_x \frac{\partial \hat{\hat{\boldsymbol{A}}}_0}{\partial z} = ik_x \frac{\partial \hat{\hat{\boldsymbol{A}}}_1}{\partial z}\bigg|_{z=z_0}$$

即

$$\frac{\partial \hat{\hat{\boldsymbol{A}}}_0}{\partial z} = \frac{\partial \hat{\hat{\boldsymbol{A}}}_1}{\partial z}\bigg|_{z=z_0}$$

此时便推导出了拉氏域分量经双傅氏变换后的磁矢量位 $\hat{\hat{\boldsymbol{A}}}$ 的连续性关系，即

$$\begin{cases} \mu_0 \hat{\hat{\boldsymbol{A}}}_0 = \mu_1 \hat{\hat{\boldsymbol{A}}}_1 \big|_{z=z_0} \\ \dfrac{\partial \hat{\hat{\boldsymbol{A}}}_0}{\partial z} = \dfrac{\partial \hat{\hat{\boldsymbol{A}}}_1}{\partial z}\bigg|_{z=z_0} \end{cases} \tag{A－23}$$

考虑上述边界条件，将方程式(A－18)及式(A－19)代入，并令介质中 $\mu_0=\mu_1=\mu$，则在地空分界面即 $z=z_0$ 处得到：

$$d_0 e^{u_0 z_0} + R e^{-u_0 z_0} = c_1 e^{-u_1 z_0}$$

$$u_0 d_0 e^{u_0 z_0} - u_0 R e^{-u_0 z_0} = -u_1 c_1 e^{-u_1 z_0}$$

由此解得：

$$d_0 = R\frac{u_0 - u_1}{u_0 + u_1} e^{-2u_0 z_0}$$

$$c_1 = R\left(1 + \frac{u_0 - u_1}{u_0 + u_1}\right) e^{(u_1 - u_0) z_0} = R\frac{2u_0}{u_0 + u_1} e^{(u_1 - u_0) z_0}$$

将上述系数代入到方程(A－18)和方程(A－19)便可以得到空气层和地下介质磁矢量势。

空气层：

$$\hat{\hat{\boldsymbol{A}}}_0(z) = R\left(\frac{u_0 - u_1}{u_0 + u_1} e^{-2u_0 z_0 + u_0 z} + e^{-u_0 |z|}\right) = \frac{P_m}{4\pi s u_0}\left(\frac{u_0 - u_1}{u_0 + u_1} e^{-2u_0 z_0 + u_0 z} + e^{-u_0 |z|}\right)$$

$$= \sqrt{\frac{\pi}{2}}\frac{R_m}{\mu s u_0}\left(\frac{u_0 - u_1}{u_0 + u_1} e^{-2u_0 z_0 + u_0 z} + e^{-u_0 |z|}\right),\ z \leqslant z_0 \tag{A－24}$$

地下介质层：

$$\hat{\hat{\boldsymbol{A}}}_1(z) = R\frac{2u_0}{u_0 + u_1} e^{(u_1 - u_0) z_0 - u_1 z} = \frac{P_m}{4\pi s u_0}\frac{2}{u_0 + u_1} e^{(u_1 - u_0) z_0 - u_1 z} =$$

$$\sqrt{\frac{\pi}{2}}\frac{R_m}{\mu s}\frac{2}{u_0+u_1}e^{(u_1-u_0)z_0-u_1z},\ z>z_0 \tag{A-25}$$

对以上两式取 x 方向的反傅氏变换

$$\widehat{\boldsymbol{A}_0}=\frac{1}{\sqrt{2\pi}}\int_{-\infty}^{+\infty}\widehat{\widehat{A}}_0 e^{ik_xx}dk_x$$

$$\widehat{\boldsymbol{A}_1}=\frac{1}{\sqrt{2\pi}}\int_{-\infty}^{+\infty}\widehat{\widehat{A}}_1 e^{ik_xx}dk_x$$

得到拉氏傅氏域磁矢量位的表示式为：

空气层：

$$\begin{aligned}\widehat{\boldsymbol{A}}_0(x,k_y,z)&=\frac{1}{\sqrt{2\pi}}\frac{P_m}{2\pi s}\int_0^{+\infty}\frac{1}{u_0}\left(\frac{u_0-u_1}{u_0+u_1}e^{-2u_0z_0+u_0z}+e^{-u_0|z|}\right)\cos(k_xx)dk_x\\&=\frac{R_m}{\mu s}\int_0^{+\infty}\frac{1}{u_0}\left(\frac{u_0-u_1}{u_0+u_1}e^{-2u_0z_0+u_0z}+e^{-u_0|z|}\right)\cos(k_xx)dk_x,\ z\leqslant z_0\end{aligned} \tag{A-26}$$

即空气层中

$$\begin{aligned}\widehat{\boldsymbol{A}}_0(x,k_y,z)&=\frac{1}{\sqrt{2\pi}}\frac{P_m}{2\pi s}\int_0^{+\infty}\frac{1}{u_0}\left(\frac{u_0-u_1}{u_0+u_1}e^{-2u_0z_0+u_0z}+e^{-u_0z}\right)\cos(k_xx)dk_x,\ 0<z\leqslant z_0\\&=\frac{1}{\sqrt{2\pi}}\frac{P_m}{2\pi s}\int_0^{+\infty}\frac{1}{u_0}\left(\frac{u_0-u_1}{u_0+u_1}e^{-2u_0z_0+u_0z}+e^{u_0z}\right)\cos(k_xx)dk_x,\ z<0\end{aligned} \tag{A-27}$$

地下介质层：

$$\begin{aligned}\widehat{\boldsymbol{A}}_1(x,k_y,z)&=\frac{1}{\sqrt{2\pi}}\frac{P_m}{2\pi s}\int_0^{+\infty}\frac{2}{u_0+u_1}e^{(u_1-u_0)z_0-u_1z}\cos(k_xx)dk_x\\&=\frac{R_m}{\mu s}\int_0^{+\infty}\frac{2}{u_0+u_1}e^{(u_1-u_0)z_0-u_1z}\cos(k_xx)dk_x,\ z>z_0\end{aligned} \tag{A-28}$$

其中，

$k_0^2=-\mu s(\varepsilon_0 s+\sigma_0)$，$k_1^2=-\mu s(\varepsilon_1 s+\sigma_1)$，

$u_0=\sqrt{k_x^2+k_y^2-k_0^2}u_1=\sqrt{k_x^2+k_y^2-k_1^2}$。

A.3 均匀半空间上空垂直磁偶极子电磁场的表达式

根据(A－11)和(A－12)两式，可以得到拉氏域中电磁场各分量为：

$$\hat{E}_x = -\mu s \frac{\partial A}{\partial y}, \quad \hat{H}_x = \frac{\partial^2 \boldsymbol{A}}{\partial x \partial z}$$

$$\hat{E}_y = -\mu s \frac{\partial A}{\partial x}, \quad \hat{H}_y = \frac{\partial^2 \boldsymbol{A}}{\partial y \partial z}$$

$$\hat{E}_z = 0, \qquad \hat{H}_z = \frac{\partial^2 A}{\partial z^2} + k^2 \boldsymbol{A}$$

再对上述各分量沿 y 方向取反傅氏变换，可得拉氏傅氏域中各电磁场分量为：

$$\begin{aligned}&\tilde{E}_x = ik_y \mu s \widehat{\boldsymbol{A}}, \quad \tilde{H}_x = \frac{\partial^2 \widehat{\boldsymbol{A}}}{\partial x \partial z}\\&\tilde{E}_y = \mu s \frac{\partial \widehat{\boldsymbol{A}}}{\partial x}, \quad \tilde{H}_y = -ik_y \frac{\partial \widehat{\boldsymbol{A}}}{\partial z}\\&\tilde{E}_z = 0, \qquad H_z = \frac{\partial^2 \widehat{\boldsymbol{A}}}{\partial z^2} + k^2 \widehat{\boldsymbol{A}}\end{aligned} \tag{A-29}$$

将(A-27)式代入(A-29)式中的各分量，得到拉氏傅氏域中空气层($z \leqslant z_0$)中电磁场各分量：

$$\tilde{E}_{0,x} = ik_y \mu s \widehat{A}_0 = \begin{cases} \dfrac{ik_y \mu}{\sqrt{2\pi}} \dfrac{P_m}{2\pi} \displaystyle\int_0^{+\infty} \dfrac{1}{u_0} \left(\dfrac{u_0 - u_1}{u_0 + u_1} \mathrm{e}^{-2u_0 z_0 + u_0 z} + \mathrm{e}^{-u_0 z} \right) \cos(k_x x) \mathrm{d}k_x, \ 0 < z \leqslant z_0 \\ \dfrac{ik_y \mu}{\sqrt{2\pi}} \dfrac{P_m}{2\pi} \displaystyle\int_0^{+\infty} \dfrac{1}{u_0} \left(\dfrac{u_0 - u_1}{u_0 + u_1} \mathrm{e}^{-2u_0 z_0 + u_0 z} + \mathrm{e}^{u_0 z} \right) \cos(k_x x) \mathrm{d}k_x, \ z < 0 \end{cases} \tag{A-30}$$

$$\tilde{E}_{0,y} = \mu s \frac{\partial \widehat{A}_0}{\partial x} = \begin{cases} -\dfrac{\mu}{\sqrt{2\pi}} \dfrac{P_m}{2\pi} \displaystyle\int_0^{+\infty} \dfrac{1}{u_0} \left(\dfrac{u_0 - u_1}{u_0 + u_1} \mathrm{e}^{-2u_0 z_0 + u_0 z} + \mathrm{e}^{-u_0 z} \right) k_x \sin(k_x x) \mathrm{d}k_x, \ z \leqslant z_0 \\ -\dfrac{\mu}{\sqrt{2\pi}} \dfrac{P_m}{2\pi} \displaystyle\int_0^{+\infty} \dfrac{1}{u_0} \left(\dfrac{u_0 - u_1}{u_0 + u_1} \mathrm{e}^{-2u_0 z_0 + u_0 z} + \mathrm{e}^{u_0 z} \right) k_x \sin(k_x x) \mathrm{d}k_x, \ z < 0 \end{cases} \tag{A-31}$$

$$\tilde{E}_{0,z} = 0 \tag{A-32}$$

$$\tilde{H}_{0,x} = \frac{\partial^2 \widehat{A}}{\partial x \partial z} = \begin{cases} -\dfrac{1}{\sqrt{2\pi}} \dfrac{P_m}{2\pi s} \displaystyle\int_0^{+\infty} \left(\dfrac{u_0 - u_1}{u_0 + u_1} \mathrm{e}^{-2u_0 z_0 + u_0 z} - \mathrm{e}^{-u_0 z} \right) k_x \sin(k_x x) \mathrm{d}k_x, \ 0 < z < z_0 \\ -\dfrac{1}{\sqrt{2\pi}} \dfrac{P_m}{2\pi s} \displaystyle\int_0^{+\infty} \left(\dfrac{u_0 - u_1}{u_0 + u_1} \mathrm{e}^{-2u_0 z_0 + u_0 z} + \mathrm{e}^{u_0 z} \right) k_x \sin(k_x x) \mathrm{d}k_x, \ z < 0 \end{cases} \tag{A-33}$$

$$\tilde{H}_{0,y} = -ik_y\frac{\partial\widehat{A}}{\partial z} = \begin{cases} -\dfrac{ik_y}{\sqrt{2\pi}}\dfrac{P_m}{2\pi s}\displaystyle\int_0^{+\infty}\left(\dfrac{u_0-u_1}{u_0+u_1}e^{-2u_0z_0+u_0z} - e^{-u_0z}\right)\cos(k_xx)dk_x, \ 0<z<z_0 \\ -\dfrac{ik_y}{\sqrt{2\pi}}\dfrac{P_m}{2\pi s}\displaystyle\int_0^{+\infty}\left(\dfrac{u_0-u_1}{u_0+u_1}e^{-2u_0z_0+u_0z} + e^{u_0z}\right)\cos(k_xx)dk_x, \ z<0 \end{cases} \tag{A-34}$$

$$\tilde{H}_{0,z} = \frac{\partial^2\widehat{A}}{\partial z^2} + k^2\widehat{A}$$

$$= \begin{cases} \dfrac{1}{\sqrt{2\pi}}\dfrac{P_m}{2\pi s}\displaystyle\int_0^{+\infty}\dfrac{k_x^2+k_y^2}{u_0}\left(\dfrac{u_0-u_1}{u_0+u_1}e^{-2u_0z_0+u_0z} + e^{-u_0z}\right)\cos(k_xx)dk_x, \ 0<z<z_0 \\ \dfrac{1}{\sqrt{2\pi}}\dfrac{P_m}{2\pi s}\displaystyle\int_0^{+\infty}\dfrac{k_x^2+k_y^2}{u_0}\left(\dfrac{u_0-u_1}{u_0+u_1}e^{-2u_0z_0+u_0z} + e^{u_0z}\right)\cos(k_xx)dk_x, \ z<0 \end{cases} \tag{A-35}$$

将式(A－28)代入式(A－29)中各分量，得到拉氏傅氏域中地下介质层($z>z_0$)中电磁场各分量表达式为：

$$\tilde{E}_{1,x} = ik_y\mu s\widehat{A} = \frac{ik_y\mu}{\sqrt{2\pi}}\frac{P_m}{\pi}\int_0^{+\infty}\frac{e^{(u_1-u_0)z_0-u_1z}}{u_0+u_1}\cos(k_xx)dk_x \tag{A-36}$$

$$\tilde{E}_{1,y} = \mu s\frac{\partial\widehat{A}}{\partial x} = -\frac{\mu}{\sqrt{2\pi}}\frac{P_m}{\pi}\int_0^{+\infty}\frac{e^{(u_1-u_0)z_0-u_1z}}{u_0+u_1}k_x\sin(k_xx)dk_x \tag{A-37}$$

$$\tilde{E}_{1,z} = 0 \tag{A-38}$$

$$\tilde{H}_{1,x} = \frac{\partial^2\widehat{A}}{\partial x\partial z} = \frac{1}{\sqrt{2\pi}}\frac{P_m}{\pi s}\int_0^{+\infty}\frac{u_1e^{(u_1-u_0)z_0-u_1z}}{u_0+u_1}k_x\sin(k_xx)dk_x \tag{A-39}$$

$$\tilde{H}_{1,y} = -ik_y\frac{\partial\widehat{A}}{\partial z} = \frac{ik_y}{\sqrt{2\pi}}\frac{P_m}{\pi s}\int_0^{+\infty}\frac{u_1e^{(u_1-u_0)z_0-u_1z}}{u_0+u_1}\cos(k_xx)dk_x \tag{A-40}$$

$$\tilde{H}_{1,z} = \frac{\partial^2\widehat{A}}{\partial z^2} + k^2\widehat{A} = \frac{1}{\sqrt{2\pi}}\frac{P_m}{\pi s}\int_0^{+\infty}\frac{e^{(u_1-u_0)z_0-u_1z}}{u_0+u_1}(k_x^2+k_y^2)\cos(k_xx)dk_x \tag{A-41}$$

A.4 矩形回线源形成的瞬变电磁场

前人已描述了从磁偶极子求解矩形线圈产生的电磁场的思路及过程[53]，直接给出结果。

拉氏傅氏域中矩形回线源在空气层($z\leqslant z_0$)中电磁场各分量：

$$\tilde{E}_{0,x}^{R}=\begin{cases}\sqrt{\dfrac{2}{\pi}}\dfrac{i\mu I\sin(k_y b)}{\pi}\displaystyle\int_0^{+\infty}\dfrac{1}{u_0k_x}\left(\dfrac{u_0-u_1}{u_0+u_1}e^{-2u_0z_0+u_0z}+e^{-u_0z}\right)\sin(k_xa)\cos(k_xx)dk_x,\ 0<z\leqslant z_0\\ \sqrt{\dfrac{2}{\pi}}\dfrac{i\mu I\sin(k_y b)}{\pi}\displaystyle\int_0^{+\infty}\dfrac{1}{u_0k_x}\left(\dfrac{u_0-u_1}{u_0+u_1}e^{-2u_0z_0+u_0z}+e^{u_0z}\right)\sin(k_xa)\cos(k_xx)dk_x,\ z<0\end{cases}\tag{A-42}$$

$$\tilde{E}_{0,y}^{R}=\begin{cases}-\sqrt{\dfrac{2}{\pi}}\dfrac{\mu I\sin(k_y b)}{\pi k_y}\displaystyle\int_0^{+\infty}\dfrac{1}{u_0}\left(\dfrac{u_0-u_1}{u_0+u_1}e^{-2u_0z_0+u_0z}+e^{-u_0z}\right)\sin(k_xa)\sin(k_xx)dk_x,\ z\leqslant z_0\\ -\sqrt{\dfrac{2}{\pi}}\dfrac{\mu I\sin(k_y b)}{\pi k_y}\displaystyle\int_0^{+\infty}\dfrac{1}{u_0}\left(\dfrac{u_0-u_1}{u_0+u_1}e^{-2u_0z_0+u_0z}+e^{u_0z}\right)\sin(k_xa)\sin(k_xx)dk_x,\ z<0\end{cases}\tag{A-43}$$

$$\tilde{E}_{0,z}^{R}=0\tag{A-44}$$

$$\tilde{H}_{0,x}^{R}=\begin{cases}-\sqrt{\dfrac{2}{\pi}}\dfrac{I\sin(k_y b)}{\pi s k_y}\displaystyle\int_0^{+\infty}\left(\dfrac{u_0-u_1}{u_0+u_1}e^{-2u_0z_0+u_0z}-e^{-u_0z}\right)\sin(k_xa)\sin(k_xx)dk_x,\ 0<z\leqslant z_0\\ -\sqrt{\dfrac{2}{\pi}}\dfrac{I\sin(k_y b)}{\pi s k_y}\displaystyle\int_0^{+\infty}\left(\dfrac{u_0-u_1}{u_0+u_1}e^{-2u_0z_0+u_0z}+e^{u_0z}\right)\sin(k_xa)\sin(k_xx)dk_x,\ z<0\end{cases}\tag{A-45}$$

$$\tilde{H}_{0,y}^{R}=\begin{cases}-\sqrt{\dfrac{2}{\pi}}\dfrac{ik_yIsin(k_y b)}{\pi s}\displaystyle\int_0^{+\infty}\left(\dfrac{u_0-u_1}{u_0+u_1}e^{-2u_0z_0+u_0z}-e^{-u_0z}\right)\dfrac{\sin(k_xa)}{k_x}\cos(k_xx)dk_x,\ 0<z\leqslant z_0\\ -\sqrt{\dfrac{2}{\pi}}\dfrac{ik_yI\sin(k_y b)}{\pi s}\displaystyle\int_0^{+\infty}\left(\dfrac{u_0-u_1}{u_0+u_1}e^{-2u_0z_0+u_0z}+e^{u_0z}\right)\dfrac{\sin(k_xa)}{k_x}\cos(k_xx)dk_x,\ z<0\end{cases}\tag{A-46}$$

$$\tilde{H}_{0,z}^{R}=\begin{cases}\sqrt{\dfrac{2}{\pi}}\dfrac{I\sin(k_y b)}{\pi s k_y}\displaystyle\int_0^{+\infty}\left(\dfrac{u_0-u_1}{u_0+u_1}e^{-2u_0z_0+u_0z}+e^{-u_0z}\right)\dfrac{k_x^2+k_y^2}{u_0k_x}\sin(k_xa)\cos(k_xx)dk_x,\ 0<z\leqslant z_0\\ \sqrt{\dfrac{2}{\pi}}\dfrac{I\sin(k_y b)}{\pi s k_y}\displaystyle\int_0^{+\infty}\left(\dfrac{u_0-u_1}{u_0+u_1}e^{-2u_0z_0+u_0z}+e^{u_0z}\right)\dfrac{k_x^2+k_y^2}{u_0k_x}\sin(k_xa)\cos(k_xx)dk_x,\ z<0\end{cases}\tag{A-47}$$

拉氏傅氏域中矩形回线源地下介质层($z>z_0$)中电磁场各分量：

$$\tilde{E}_{1,x}^{R}=\sqrt{\frac{2}{\pi}}\frac{2i\mu I\sin(k_yb)}{\pi}\int_0^{+\infty}\frac{e^{(u_1-u_0)z_0-u_1z}}{u_0+u_1}\frac{1}{k_x}\sin(k_xa)\cos(k_xx)dk_x\tag{A-48}$$

$$\tilde{E}_{1,y}^{R}=-\sqrt{\frac{2}{\pi}}\frac{2\mu I\sin(k_yb)}{\pi k_y}\int_0^{+\infty}\frac{e^{(u_1-u_0)z_0-u_1z}}{u_0+u_1}\sin(k_xa)\sin(k_xx)dk_x\tag{A-49}$$

$$\tilde{E}_{1,z}^{R}=0\tag{A-50}$$

$$\tilde{H}_{1,x}^{R} = \sqrt{\frac{2}{\pi}} \frac{2I\sin(k_y b)}{\pi s k_y} \int_0^{+\infty} \frac{u_1 e^{(u_1-u_0)z_0-u_1 z}}{u_0+u_1} \sin(k_x a)\sin(k_x x)\,dk_x \tag{A-51}$$

$$\tilde{H}_{1,y}^{R} = \sqrt{\frac{2}{\pi}} \frac{2iI\sin(k_y b)}{\pi s} \int_0^{+\infty} \frac{u_1 e^{(u_1-u_0)z_0-u_1 z}}{u_0+u_1} \frac{1}{k_x} \sin(k_x a)\cos(k_x x)\,dk_x \tag{A-52}$$

$$\tilde{H}_{1,z}^{R} = \sqrt{\frac{2}{\pi}} \frac{2I\sin(k_y b)}{\pi s k_y} \int_0^{+\infty} \frac{e^{(u_1-u_0)z_0-u_1 z}}{u_0+u_1} \frac{(k_x^2+k_y^2)}{k_x} \sin(k_x a)\cos(k_x x)\,dk_x \tag{A-53}$$

附录 B 单元面积分

假设采用的规则网格单元为三角单元，根据节点有限元方法的线性 Lagrange 插值方法，即单元基函数随 x 与 z 线性变化，单元内的场值可以用单元节点上场值线性插值得到。如图 B－1 所示，已知平面上三点按逆时针顺序排序，编号为 i、j、k，其坐标为(x_i, z_i)、(x_j, z_j)和(x_k, z_k)。这三点组成一个三角单元 Δ_{ijk}，其面积用 Δ 表示。三角形中的点 $p(x, z)$ 与 i、j、k 的连线将三角形分割成三个小三角形，其面积分别为 Δ_i、Δ_j、Δ_k，则 p 点在单元中的位置可以表示为

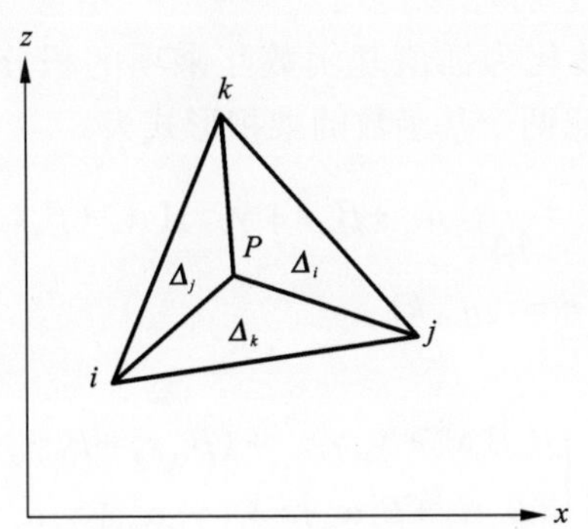

图 B－1 平面三角单元表示

$$N_i(x, y) = \frac{\Delta_i}{\Delta},\ N_j(x, y) = \frac{\Delta_j}{\Delta},\ N_k(x, y) = \frac{\Delta_k}{\Delta} \tag{B-1}$$

式(B－1)中，N_i、N_j、N_k 为二维自然坐标，即单元上的局部坐标，是坐标变量 x，y 的函数，可以证明它们也是三角单元中的线性插值基函数（徐世浙，1994）。

线性插值前提下，基函数 N_i、N_j、N_k 的具体形式可以写为如下矩阵形式：

$$\begin{pmatrix} N_i \\ N_j \\ N_k \end{pmatrix} = \frac{1}{2\Delta}\begin{pmatrix} \alpha_i & \beta_i & \gamma_i \\ \alpha_j & \beta_j & \gamma_j \\ \alpha_k & \beta_k & \gamma_k \end{pmatrix}\begin{pmatrix} 1 \\ x \\ y \end{pmatrix},\ \Delta = \frac{1}{2}(\beta_i\gamma_j - \beta_j\gamma_i) \tag{B-2}$$

这里，

$$\begin{aligned} &\alpha_i = x_j z_k - x_k z_j \quad \beta_i = z_j - z_k \quad \gamma_i = x_k - x_j \\ &\alpha_j = x_k z_i - x_i z_k \quad \beta_j = z_k - z_i \quad \gamma_j = x_i - x_k \\ &\alpha_k = x_i z_j - x_j z_i \quad \beta_k = z_i - z_j \quad \gamma_k = x_j - x_i \end{aligned} \tag{B-3}$$

此时，单元内场值 E 和 H(分量)用矩阵形式可表达如下：

$$\begin{pmatrix} E \\ H \end{pmatrix} = \begin{pmatrix} E_i & E_j & E_k \\ H_i & H_j & H_k \end{pmatrix} \begin{pmatrix} N_i \\ N_j \\ N_k \end{pmatrix} \tag{B-4}$$

对于真实电场与伴随电场间的点积，引入单元节点上的场值 $E_n(n=i,\ j,\ k)$ 与插值基函数后，同样可以将其乘积写成矩阵形式，以 X 分量为例：

$$E_X \cdot E_X^+ = (E_{X,i} \quad E_{X,j} \quad E_{X,k}) \begin{pmatrix} N_i^2 & N_i N_j & N_i N_k \\ N_j N_i & N_j^2 & N_j N_k \\ N_k N_i & N_k N_j & N_k^2 \end{pmatrix} \begin{pmatrix} E_{X,i}^+ \\ E_{X,j}^+ \\ E_{X,k}^+ \end{pmatrix} \tag{B-5}$$

这样，点积的积分转化为插值基函数互乘项的积分，然后实行矩阵相乘即可。根据(B-2)式，任意两个基函数的乘积形式为：

$$\begin{cases} N_m N_n = \dfrac{1}{4\Delta^2}(\alpha_m + \beta_m x + \gamma_m z)(\alpha_n + \beta_n x + \gamma_n z) \\ (m,\ n = i,\ j,\ k) \end{cases} \tag{B-6}$$

乘积项展开，得到

$$N_m N_n = \frac{1}{4\Delta^2}\left[\begin{aligned} &\beta_m \beta_n x^2 + \gamma_m \gamma_n z^2 + (\beta_m \gamma_n + \beta_n \gamma_m) xz + \\ &(\beta_m \alpha_n + \beta_n \alpha_m) x + (\gamma_m \alpha_n + \gamma_n \alpha_m) z + \alpha_m \alpha_n \end{aligned}\right] \tag{B-7}$$

本书中，目前采用的是结构化的三角单元，所有三角单元均为二维 $x-z$ 坐标下的直角三角形，并且直角边平行于 $x-z$ 轴，如图 B-2 所示。

这里的斜边直线方程可以简单地写为：

$$z = f_z(x) = kx + b \tag{B-8}$$

如设每个单元内有

$$\Delta z = z_{\max} - z_{\min};\ \Delta x = x_{\max} - x_{\min} \tag{B-9}$$

则有：

$$\begin{cases} k = -\dfrac{\Delta z}{\Delta x} \\ \dfrac{1}{4\Delta^2} = \dfrac{1}{(\Delta z \cdot \Delta x)^2} \\ z_{\min} = kx_{\max} + b \Rightarrow b = z_{\min} - kx_{\max} \end{cases} \tag{B-10}$$

于是，基函数的二维积分具体展开式为：

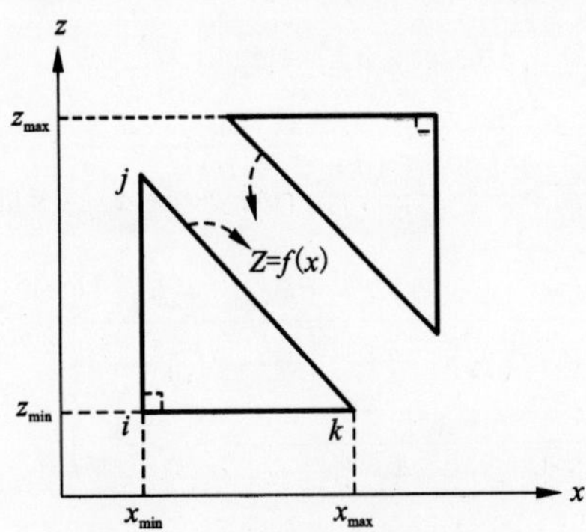

图 B-2　采用的三角单元结构

$$\begin{cases} \iint\limits_{area} N_m N_n \mathrm{d}A = \int_{x_{\min}}^{x_{\max}} \int_{z_{\min}}^{f_z(x)} N_m N_n dz\mathrm{d}x \\ \text{or:} \\ \iint\limits_{area} N_m N_n \mathrm{d}A = \int_{x_{\min}}^{x_{\max}} \int_{f_z(x)}^{z_{\max}} N_m N_n \mathrm{d}z\mathrm{d}x \end{cases} \tag{B-11}$$

以图 B-2 中三角单元为例，将式(B-7)中右端的同类项分别积分如下：

第一项 A_1：

$$\begin{cases} \int_{x_{\min}}^{x_{\max}} \int_{z_{\min}}^{f_z(x)} x^2 \mathrm{d}z\mathrm{d}x = \int_{x_{\min}}^{x_{\max}} [kx^3 + (b - z_{\min})x^2]\mathrm{d}x \\ = \left[\frac{k}{4}(x_{\max}^4 - x_{\min}^4) + \frac{b - z_{\min}}{3}(x_{\max}^3 - x_{\min}^3)\right] \\ = \left[\frac{k}{4}(x_{\max}^4 - x_{\min}^4) - \frac{k}{3}x_{\max}(x_{\max}^3 - x_{\min}^3)\right] \end{cases} \tag{B-12}$$

$$\Rightarrow A_1^{left} = \frac{\frac{k}{4}(x_{\max}^4 - x_{\min}^4) - \frac{k}{3}x_{\max}(x_{\max}^3 - x_{\min}^3)}{(\Delta z \cdot \Delta x)^2} \tag{B-13}$$

$$\Rightarrow A_1^{\mathrm{right}} = \frac{\frac{\Delta z}{3}(x_{\max}^3 - x_{\min}^3) - \left[\frac{k}{4}(x_{\max}^4 - x_{\min}^4) - \frac{k}{3}x_{\max}(x_{\max}^3 - x_{\min}^3)\right]}{(\Delta z \cdot \Delta x)^2} \tag{B-14}$$

第二项 A_2：

$$\begin{cases}\int_{x_{\min}}^{x_{\max}}\int_{z_{\min}}^{f_z(x)} z^2\mathrm{d}z\mathrm{d}x = \frac{1}{3}\int_{x_{\min}}^{x_{\max}}[(kx+b)^3 - z_{\min}^3]\mathrm{d}x \\ \quad = \frac{1}{3}\left[\frac{(kx_{\max}+b)^4-(kx_{\min}+b)^4}{4k} - z_{\min}^3(x_{\max}-x_{\min})\right] \\ \quad = \frac{1}{3}\Delta x\left[\frac{[(kx_{\max}+b)^2+(kx_{\min}+b)^2](kx_{\max}+kx_{\min}+2b)}{4} - z_{\min}^3\right] \\ \quad = \frac{1}{3}\Delta x\left(\frac{(z_{\min}^2+z_{\max}^2)(z_{\min}+z_{\max})}{4} - z_{\min}^3\right)\end{cases} \tag{B-15}$$

$$\Rightarrow A_2^{\text{left}} = \frac{1}{3}\Delta x\left(\frac{(z_{\min}^2+z_{\max}^2)(z_{\min}+z_{\max})}{4} - z_{\min}^3\right)\frac{1}{(\Delta z\cdot\Delta x)^2}$$

$$= \frac{1}{3}\left(\frac{(z_{\min}^2+z_{\max}^2)(z_{\min}+z_{\max})}{4} - z_{\min}^3\right)\frac{1}{\Delta x\,(\Delta z)^2} \tag{B-16}$$

$$\Rightarrow A_2^{\text{right}} = \frac{1}{3}\left\{(z_{\max}^3 - z_{\min}^3) - \left[\frac{(z_{\min}^2+z_{\max}^2)(z_{\min}+z_{\max})}{4} - z_{\min}^3\right]\right\}\frac{1}{\Delta x\,(\Delta z)^2} \tag{B-17}$$

第三项 A_3：

$$\begin{cases}\int_{x_{\min}}^{x_{\max}}\int_{z_{\min}}^{f_z(x)} xz\cdot\mathrm{d}z\mathrm{d}x \\ = \frac{1}{2}\int_{x_{\min}}^{x_{\max}} x[f_z^2(x) - z_{\min}^2]\mathrm{d}x \\ = \frac{1}{2}\int_{x_{\min}}^{x_{\max}}[k^2x^3 + 2kbx^2 + (b^2 - z_{\min}^2)x]\mathrm{d}x \\ = \frac{1}{2}\left[\frac{k^2}{4}(x_{\max}^4 - x_{\min}^4) + \frac{2kb}{3}(x_{\max}^3 - x_{\min}^3) + \frac{b^2 - z_{\min}^2}{2}(x_{\max}^2 - x_{\min}^2)\right]\end{cases} \tag{B-18}$$

$$\Rightarrow A_3^{\text{left}} = \frac{1}{24}\left[\frac{3k^2(x_{\max}^4 - x_{\min}^4) + 8kb(x_{\max}^3 - x_{\min}^3) + 6(b^2 - z_{\min}^2)(x_{\max}^2 - x_{\min}^2)}{(\Delta z\cdot\Delta x)^2}\right] \tag{B-19}$$

$$\Rightarrow A_3^{\text{right}} = \frac{1}{24}\left[\begin{array}{c}\frac{6(x_{\min}+x_{\max})(z_{\min}+z_{\max})}{\Delta z\cdot\Delta x} \\ \frac{3k^2(x_{\max}^4 - x_{\min}^4) + 8kb(x_{\max}^3 - x_{\min}^3) + 6(b^2 - z_{\min}^2)(x_{\max}^2 - x_{\min}^2)}{(\Delta z\cdot\Delta x)^2}\end{array}\right] \tag{B-20}$$

第四项 A_4：

$$\begin{cases}\int_{x_{\min}}^{x_{\max}}\int_{z_{\min}}^{f_z(x)} x\cdot \mathrm{d}z\mathrm{d}x \\ =\int_{x_{\min}}^{x_{\max}} x(kx+b-z_{\min})\mathrm{d}x \\ =\left[\frac{k}{3}(x_{\max}^3-x_{\min}^3)+\frac{b-z_{\min}}{2}(x_{\max}^2-x_{\min}^2)\right] \\ =\left[\frac{k}{3}(x_{\max}^3-x_{\min}^3)-\frac{k}{2}x_{\max}(x_{\max}^2-x_{\min}^2)\right]\end{cases} \tag{B-21}$$

$$\Rightarrow A_4^{\text{left}}=\left[\frac{k}{3}(x_{\max}^3-x_{\min}^3(-\frac{k}{2}x_{\max}(x_{\max}^2-x_{\min}^2)\right]\frac{1}{(\Delta z\cdot\Delta x)^2} \tag{B-22}$$

$$\Rightarrow A_4^{\text{right}}=\left\{\frac{(x_{\min}+x_{\max})\Delta z\Delta x}{2}-\left[\frac{k}{3}(x_{\max}^3-x_{\min}^3)-\frac{k}{2}x_{\max}(x_{\max}^2-x_{\min}^2)\right]\right\}\frac{1}{(\Delta z\cdot\Delta x)^2} \tag{B-23}$$

第五项 A_5：

$$\begin{cases}\int_{x_{\min}}^{x_{\max}}\int_{z_{\min}}^{f_z(x)} z\cdot \mathrm{d}z\mathrm{d}x \\ =\frac{1}{2}\int_{x_{\min}}^{x_{\max}}[(kx+b)^2-z_{\min}^2]\mathrm{d}x \\ =\frac{1}{2}\left[\frac{k^2}{3}(x_{\max}^3-x_{\min}^3)+kb(x_{\max}^2-x_{\min}^2)+(b^2-z_{\min}^2)\Delta x\right]\end{cases} \tag{B-24}$$

$$\Rightarrow A_5^{\text{left}}=\frac{1}{2}\left[\frac{k^2}{3}(x_{\max}^3-x_{\min}^3)+kb(x_{\max}^2-x_{\min}^2)+(b^2-z_{\min}^2)\Delta x\right]\frac{1}{(\Delta z\cdot\Delta x)^2} \tag{B-25}$$

$$\Rightarrow A_5^{\text{right}}=\frac{1}{2}\left\{\begin{matrix}(z_{\min}+z_{\max})\Delta x\Delta z \\ \left[\frac{k^2}{3}(x_{\max}^3-x_{\min}^3)+kb(x_{\max}^2-x_{\min}^2)+(b^2-z_{\min}^2)\Delta x\right]\end{matrix}\right\}\frac{1}{(\Delta z\cdot\Delta x)^2} \tag{B-26}$$

第六项 A_6：

$$\begin{cases} \int_{x_{\min}}^{x_{\max}} \int_{z_{\min}}^{f_z(x)} \mathrm{d}z\mathrm{d}x \\ = \int_{x_{\min}}^{x_{\max}} (kx + b - z_{\min})\mathrm{d}x \\ = \Delta x\left[\frac{k}{2}(x_{\max} + x_{\min}) + b - z_{\min}\right] \\ = \Delta x\left(-\frac{k}{2}\Delta x\right) = \frac{\Delta x\Delta z}{2} \end{cases} \tag{B-27}$$

$$\Rightarrow A_6 = \frac{\Delta x\Delta z}{2}\frac{1}{(\Delta z \cdot \Delta x)^2} = \frac{1}{2 \cdot \Delta x\Delta z} \tag{B-28}$$

$$\Rightarrow A_6^{\text{right}} = A_6 = \frac{1}{2 \cdot \Delta x\Delta z} \tag{B-29}$$

这样，式(B－11)可以简化写为：

$$\begin{cases} \iint\limits_{area} N_m N_n dA = \beta_m\beta_n A_1 + \gamma_m\gamma_n A_2 + (\beta_m\gamma_n + \beta_n\gamma_m)A_3 + \\ \qquad (\beta_m\alpha_n + \beta_n\alpha_m)A_4 + (\gamma_m\alpha_n + \gamma_n\alpha_m)A_5 + \alpha_m\alpha_n A_6 \\ \qquad m, n = i, j, k \end{cases} \tag{B-30}$$

由于式(B－5)中的基函数互乘矩阵为对称矩阵，故只需要计算包括对角元素在内的2/3的矩阵元素即可。